Flutter
从0基础到App上线

萧文翰◎编著

电子工业出版社
Publishing House of Electronics Industry
北京·BEIJING

内 容 简 介

在移动互联网高速发展的今天，跨平台的移动开发框架层出不穷。为了帮助广大开发者快速掌握跨平台的移动开发并降低互联网公司的产品研发成本，本书从开发环境的搭建、Dart 编程语言基础和高级应用、Flutter 框架中的组件（包括通用组件、Android 风格和 iOS 风格的组件）、Flutter App 中的数据持久化方案、多语言国际化、使用设备传感器、和原生代码通信、App 的测试和 Dart 调试技巧及 App 上线流程等方面，全面阐述了 Flutter 框架的开发技巧。在多个章节后面都附有练习题，你可以通过练习来巩固相应知识。

此外，本书还具有很强的工具属性。它既可以作为入门书籍来使用，也可以用于在必要时随时查阅某一个知识点；既适合零基础的学员，也适合有一定开发基础的朋友。

未经许可，不得以任何方式复制或抄袭本书之部分或全部内容。
版权所有，侵权必究。

图书在版编目（CIP）数据

Flutter 从 0 基础到 App 上线 / 萧文翰编著. —北京：电子工业出版社，2020.3
ISBN 978-7-121-38296-3

Ⅰ. ①F… Ⅱ. ①萧… Ⅲ. ①移动终端-应用程序-程序设计 Ⅳ. ①TN929.53

中国版本图书馆 CIP 数据核字（2020）第 021709 号

责任编辑：高洪霞
印　　刷：山东华立印务有限公司
装　　订：山东华立印务有限公司
出版发行：电子工业出版社
　　　　　北京市海淀区万寿路 173 信箱　　　邮编：100036
开　　本：787×980　1/16　　印张：26.75　　字数：564 千字
版　　次：2020 年 3 月第 1 版
印　　次：2020 年 12 月第 2 次印刷
定　　价：118.00 元

凡所购买电子工业出版社图书有缺损问题，请向购买书店调换。若书店售缺，请与本社发行部联系，联系及邮购电话：(010) 88254888，88258888。
质量投诉请发邮件至 zlts@phei.com.cn，盗版侵权举报请发邮件至 dbqq@phei.com.cn。
本书咨询联系方式：010-51260888-819，faq@phei.com.cn。

前　　言

十几年前，iPhone 的诞生开启了全新的移动互联网时代。移动互联网产品以迅雷不及掩耳之势迅速占领市场，改变人们生活的同时默默地冲击着传统互联网行业。大到世界 500 强的公司，小到摊贩，都能享受到移动互联网的便捷。同时，移动开发领域的竞争也在日益加剧，做出一款易用、美观、稳定的 App 已成为企业追求的目标。这就要求开发者能够适应加快产品上线的步伐、快速进行更新迭代的需求，本书便为企业和开发者提供了一套解决方案——Flutter 跨平台开发。

本书以实践为主，理论为辅，二者相结合的方式，阐述了 Dart 编程语言的基础和高级用法，以及 Flutter 框架的开发。本书图文并茂、通俗易懂，从最基础的编程语言语法开始，逐步实现从 0 到 1 开发出一款 App 的目标。无论是想要入门跨平台开发的朋友，还是有一定编程基础的开发者，都能从本书中获益。

本书特色

1. 侧重基础，学习无门槛

本书内容涵盖了开发 Flutter App 必需的 Dart 编程语言知识，从内容上特别注重对基础知识的理解和把握。万丈高楼平地起，没有稳固扎实的地基是不行的。

2. 示例贴近生活，贴近实际开发场景

本书采用的示例，大多是生活或开发中的典型示例，更易于理解，也更贴近实际开发

场景。在某些章节的练习中，还可以自己动手设计。

3. 运用大量实际运行效果图，内容翔实

本书在讲解 Flutter 的知识点时，运用了大量的实际运行效果图。这一方面可以直观地查看运行结果；另一方面在你自行练习时，也可以直接对照效果图，自行编写代码，而后对照。实现需求的方法不止一个，而这种根据图片编写代码的方法更能激发你的思考。

本书内容及体系结构

第 1 章　Flutter 简介

本章回顾了移动开发的历史和现状，详细分析了 Flutter 的优点，同时还介绍了 Flutter 框架的整体架构模型，以便可以在了解跨平台移动开发历史的同时了解 Flutter 框架的重要概念。

第 2 章　初次遇见 Flutter

本章以 mac OS 系统为例，详细讲解了开发 Flutter App 所需要的环境搭建过程。对于某些需要注意的地方和容易出错的位置均做了注明，对于常识性的知识也做了简明扼要的讲解。通过本章的学习，你可以实现在 Android 和 iOS 平台上运行起简单的 Flutter App——计数器。此外，本章还介绍了 Flutter 的热修复特性。

第 3 章　Dart 语言基础

本章讲解了 Dart 编程语言的基础知识。Dart 语言本身易于学习和使用，但是为了打好基础，还是需要对这部分知识进行系统的学习。

第 4 章　Dart 语言的面向对象应用

本章讲解 Dart 语言的面向对象特性，该特性是 Dart 编程语言的重要特性之一，在实际开发中也会经常用到。

第 5 章　Dart 语言的高级使用技巧

本章介绍了"库"的概念、异步处理的方法等，它们在实际开发中都会经常使用。

第 6 章　绘制赏心悦目的界面

本章详细描述了 Flutter 框架提供的常用布局和组件，以及动画等界面相关的内容。通

过本章的学习，你可以做出各式各样的界面样式，因此这部分内容既可以用来学习使用各种组件，也可以用来作为工具书，以便在日后的开发中随时查阅。

第7章　数据的传递和持久化保存

本章详细描述了如何使用 Flutter 框架提供的功能实现数据的保存和网络请求，具体涉及本地文件的读写、数据库的增删改查、保存 App 设置参数，以及 HTTP 请求响应处理等。

第8章　使用设备硬件实现更多功能

在本章中，你可以通过运用多种库实现设备硬件的访问。比如，GPS 定位芯片、摄像头、蓝牙模块、距离传感器及 NFC 等。

第9章　使 App 更加通用——国际化的实现

本章详细讲解了如何添加 App 的多语言功能，实现在不同语言环境下自适应语言显示的目的，这对于需要在多个国家上线的 App 来说格外重要。

第10章　与原生代码交互

本章详细介绍如何让数据在 Flutter 框架和原生代码之间传递，以及方法的调用。

第11章　Material Design（Android）风格设计

除基本组件外，Flutter 提供了完全符合 Android 平台设计哲学的界面库。如果想要打造完全 Android 风格的 App，本章的内容就不能错过。

第12章　Cupertino（iOS）风格设计

本章主要介绍 iOS 风格的组件库。同样地，如果想要打造完全 iOS 风格的 App，本章的内容也是不能错过的。

第13章　实战演练：头条新闻

本章通过实际开发案例带你体会一个 App 从 0 到 1 的诞生过程。同时，在最后提出了更多产品化的要求，你可以结合自身使用习惯继续完善这个 App。

第14章　测试与调试应用

本章主要介绍如何对代码进行调试和对 App 进行测试。无论是测试过程还是代码调试过程，有一套好用的工具尤为重要，本章将为你介绍这些工具。

第 15 章　发布应用

本章针对 Android 平台和 iOS 平台，分别介绍了如何将 App 打包发布到应用市场中。

本书读者对象

- 想要从事 Flutter App 开发的朋友。
- 想要入门移动互联网开发的 0 基础学员。
- 有一定编程经验，想要多掌握一门语言或涉足移动开发领域的开发者。
- 对移动 App 开发有浓厚兴趣的学生。
- 各企业负责移动 App 研发的产品经理和项目经理。

目　　录

第 1 章　Flutter 简介 1
　1.1　移动 App 开发的前世今生 2
　1.2　为什么选择 Flutter 3
　　1.2.1　Flutter 的优势 3
　　1.2.2　Flutter 强大的跨平台
　　　　　特性 4
　　1.2.3　Flutter 的明天 5
　1.3　Flutter 的体系结构 6

第 2 章　初次遇见 Flutter 8
　2.1　开发环境搭建 8
　　2.1.1　下载 JDK 9
　　2.1.2　安装 JDK 9
　　2.1.3　安装和配置 Xcode 10
　　2.1.4　下载 Flutter SDK 11
　　2.1.5　配置 Flutter SDK 11
　　2.1.6　配置必备组件 12
　2.2　集成开发环境的选择 12
　　2.2.1　配置 Android Studio 13
　　2.2.2　配置 Visual Studio
　　　　　Code 17
　2.3　第一个程序——Hello World 18
　　2.3.1　运行自诊断脚本 18
　　2.3.2　启动 Android 模拟器 19
　　2.3.3　将项目运行在模拟
　　　　　器上 21

　　2.3.4　探索 Flutter 热修复
　　　　　特性 22
　2.4　升级 Flutter 23
　2.5　练习 24

第 3 章　Dart 语言基础 25
　3.1　Dart 语言简介 25
　　3.1.1　Dart 发展史 25
　　3.1.2　Dart 重要概念 26
　　3.1.3　Hello Dart 27
　3.2　变量与常量 29
　　3.2.1　变量 29
　　3.2.2　常量 30
　3.3　基本数据类型 31
　　3.3.1　数值型 31
　　3.3.2　字符串 32
　　3.3.3　布尔 34
　　3.3.4　集合 34
　　3.3.5　UTF-32 编码表示法 39
　3.4　方法 39
　　3.4.1　定义一个方法 39
　　3.4.2　参数 40
　　3.4.3　主方法 42
　　3.4.4　作用域 42
　　3.4.5　闭包 42
　　3.4.6　检查两个方法是否
　　　　　相等 43

3.4.7 返回值 ... 43
3.5 运算符 ... 43
   3.5.1 算术运算符 ... 45
   3.5.2 关系运算符 ... 46
   3.5.3 类型判定运算符 ... 47
   3.5.4 赋值运算符 ... 48
   3.5.5 逻辑运算符 ... 49
   3.5.6 位操作运算符 ... 50
   3.5.7 条件表达式 ... 51
   3.5.8 级联运算符 ... 52
   3.5.9 其他运算符 ... 52
3.6 流程控制 ... 52
   3.6.1 if-else 条件语句 ... 53
   3.6.2 for 循环 ... 53
   3.6.3 while 循环和 do-while 循环 ... 54
   3.6.4 break 语句和 continue 语句 ... 55
   3.6.5 switch-case 条件语句 ... 56
   3.6.6 断言 ... 58
3.7 异常 ... 59
   3.7.1 Throw ... 59
   3.7.2 Catch ... 60
   3.7.3 Finally ... 62
3.8 练习 ... 62

第 4 章 Dart 语言的面向对象应用 ... 63

4.1 类 ... 63
   4.1.1 类的实例化 ... 63
   4.1.2 实例变量 ... 65
   4.1.3 getter()方法和 setter()方法 ... 66
   4.1.4 静态变量 ... 67
   4.1.5 构造方法 ... 67
   4.1.6 实例方法 ... 73
   4.1.7 静态方法 ... 73
   4.1.8 扩展类 ... 74
   4.1.9 可复写的运算符 ... 77
   4.1.10 抽象方法 ... 78
   4.1.11 抽象类 ... 80
   4.1.12 接口 ... 80
   4.1.13 利用 Mixin 特性扩展类 ... 82
   4.1.14 枚举 ... 83
4.2 泛型 ... 84
   4.2.1 泛型的作用 ... 84
   4.2.2 泛型的使用示例 ... 85
   4.2.3 限制泛型类型范围 ... 85
   4.2.4 使用泛型方法 ... 86
4.3 练习 ... 87

第 5 章 Dart 语言的高级使用技巧 ... 88

5.1 库 ... 88
   5.1.1 使用库 ... 89
   5.1.2 创建库 ... 91
5.2 异步处理 ... 91
   5.2.1 声明异步的方法 ... 92
   5.2.2 使用 await 表达式 ... 93
   5.2.3 异步在循环中的使用 ... 93
5.3 可调用的类 ... 93
5.4 Dart 的 isolates 运行模式 ... 94
5.5 方法类型定义 ... 94
5.6 元数据 ... 96
5.7 注释 ... 96
   5.7.1 单行注释 ... 96
   5.7.2 多行注释 ... 97
   5.7.3 文档注释 ... 97
5.8 编写更有效的 Dart 代码 ... 97
5.9 练习 ... 98

第 6 章 绘制赏心悦目的界面 ... 99

6.1 第一个 Flutter 项目 ... 99
   6.1.1 Flutter 项目的结构 ... 100
   6.1.2 日志工具的使用 ... 100

6.2 Flutter 基础 101
　6.2.1 Flutter 框架结构 101
　6.2.2 App 启动入口 101
　6.2.3 一切皆为组件 102
　6.2.4 组件的组合运用 102
　6.2.5 何为状态 103
　6.2.6 自定义组件 114
6.3 基本组件 120
　6.3.1 基本组件简介 120
　6.3.2 文本组件 120
　6.3.3 按钮组件 124
　6.3.4 图片组件 126
　6.3.5 开关和复选框组件 129
　6.3.6 单选框组件 130
　6.3.7 输入框组件和表单
　　　　组件 131
6.4 多元素布局组件 147
　6.4.1 布局类组件 147
　6.4.2 线性布局 149
　6.4.3 堆叠布局 152
　6.4.4 弹性布局 155
　6.4.5 流式布局 156
6.5 容器类组件 159
　6.5.1 内边距 159
　6.5.2 约束 160
　6.5.3 装饰 161
　6.5.4 变换 164
　6.5.5 容器 165
6.6 滚动列表组件 166
　6.6.1 滚动列表组件简介 166
　6.6.2 单个子组件的滚动
　　　　视图 166
　6.6.3 线性列表组件 168
　6.6.4 网格列表组件 174
　6.6.5 自定义滚动组件 177
　6.6.6 滚动的控制及实时
　　　　状态监听 178
6.7 其他重要的组件 181

　6.7.1 拦截返回键 181
　6.7.2 在组件树之间共享
　　　　数据 183
　6.7.3 触摸事件监听 186
　6.7.4 手势识别 188
　6.7.5 通知组件 190
　6.7.6 全局事件广播 193
6.8 App 资源管理 196
　6.8.1 放置资源 196
　6.8.2 使用资源 197
　6.8.3 跨平台使用共享
　　　　资源 197
6.9 动画 200
　6.9.1 基本概念 200
　6.9.2 补间动画 200
　6.9.3 物理模拟动画 202
　6.9.4 非线性动画 202
　6.9.5 共享元素过渡动画 203
　6.9.6 多个动画的叠加 206
6.10 字体 210
　6.10.1 放置字体 210
　6.10.2 使用字体 211
6.11 主题 211
　6.11.1 使用主题 211
　6.11.2 全局主题 212
　6.11.3 局部主题 212
　6.11.4 扩展现有主题 213
6.12 练习 213

第 7 章　数据的传递和持久化保存 214

7.1 页面跳转 214
　7.1.1 页面的跳转和返回 214
　7.1.2 数据的传递和返回 216
7.2 本地文件 221
　7.2.1 本地文件的路径 222
　7.2.2 本地文件的读写 222
7.3 网络请求 225
　7.3.1 发起 HTTP 请求 226

7.3.2	Json 解析	228
7.4	保存用户设置	239
7.5	数据库操作	240
7.6	练习	248

第 8 章 使用设备硬件实现更多功能 249

8.1	GPS 定位技术	249
8.2	相机	252
8.3	蓝牙	254
8.4	音视频	259
	8.4.1 音频录放	259
	8.4.2 视频录放	262
8.5	距离传感器	263
8.6	NFC 近场通信	265
8.7	练习	269

第 9 章 使 App 更加通用——国际化的实现 270

9.1	识别当前系统的首选语言	270
9.2	使 App 支持多语言环境	272
9.3	练习	276

第 10 章 与原生代码交互 277

10.1	平台通道	277
	10.1.1 平台通道的概念	278
	10.1.2 平台通道支持的数据类型和解码器	278
10.2	与 Android 原生代码交互	279
	10.2.1 使用 Java 语言实现	283
	10.2.2 使用 Kotlin 语言实现	285
10.3	与 iOS 原生代码交互	287
	10.3.1 使用 Objective-C 语言实现	287
	10.3.2 使用 Swift 语言实现	289
10.4	练习	290

第 11 章 Material Design（Android）风格设计 291

11.1	脚手架组件	291
11.2	顶部程序栏组件	294
11.3	水平选项卡与内容视图组件	296
11.4	底部导航栏组件	298
11.5	抽屉组件	300
11.6	浮动悬停按钮组件	302
11.7	扁平按钮组件	303
11.8	图标按钮组件	303
11.9	浮动动作按钮组件	305
11.10	弹出式菜单组件	305
11.11	滑块组件	307
11.12	日期时间选择组件	309
11.13	简单对话框	312
11.14	提示框	314
11.15	可展开的列表组件	315
11.16	底部提示组件	317
11.17	标签组件	318
11.18	帮助提示组件	320
11.19	卡片组件	320
11.20	水平和圆形进度组件	322
11.21	练习	323

第 12 章 Cupertino（iOS）风格设计 324

12.1	脚手架组件	324
12.2	顶部导航栏组件	326

12.3 底部导航栏组件 329
12.4 操作表单组件 332
12.5 动作指示器组件 335
12.6 提示框组件 336
12.7 按钮组件 338
12.8 时间日期选择组件 340
12.9 时间选择组件 341
12.10 选择器组件 342
12.11 滑块组件 344
12.12 练习 345

第 13 章 实战演练：头条新闻 346

13.1 功能需求和技术可行性分析 346
 13.1.1 功能需求分析 347
 13.1.2 技术可行性分析 347
13.2 绘制产品原型图 349
13.3 将代码托管到 Git 350
 13.3.1 注册 GitHub 账号 351
 13.3.2 新建代码仓库 351
 13.3.3 代码仓库的克隆 353
 13.3.4 代码的提交 354
13.4 数据的获取和解析 355
 13.4.1 HTTP 请求和返回处理 355
 13.4.2 Json 解析 356
 13.4.3 定义新闻频道列表 ...358
13.5 绘制界面 359
 13.5.1 构建和绘制新闻标题列表 359
 13.5.2 跳转查看新闻详情 ...363
13.6 进一步：还可以做些什么 370

第 14 章 测试与调试应用 371

14.1 测试概述 371

14.2 单元测试 372
 14.2.1 添加测试库 372
 14.2.2 创建测试类和被测试类 372
 14.2.3 开发业务逻辑 373
 14.2.4 开发测试类 373
 14.2.5 运行测试类 374
14.3 组件测试 374
 14.3.1 添加测试库 374
 14.3.2 创建要被测试的组件 375
 14.3.3 创建组件测试类 375
 14.3.4 使用 WidgetTester 创建组件 375
 14.3.5 使用 find 查找组件 375
 14.3.6 使用 Matcher 验证结果 376
14.4 集成测试 377
 14.4.1 创建要测试的 App 378
 14.4.2 添加必要的测试库 ...379
 14.4.3 创建测试类 380
 14.4.4 构建指令化的 Flutter 应用程序类 380
 14.4.5 构建集成测试用到的类 381
 14.4.6 运行测试 382
14.5 Dart 分析器 382
14.6 Dart 单步调试法 383
14.7 调试应用程序的层 386
 14.7.1 组件层 386
 14.7.2 渲染层 389
 14.7.3 转储层级关系 391
 14.7.4 语义调试 395
 14.7.5 调试调度 398
14.8 可视化调试 399
14.9 调试动画 400
14.10 性能优化 400
 14.10.1 启动时间分析 401

14.10.2 代码执行时间分析 401
14.11 使用性能图表 402
14.12 Material 基线网格 403
14.13 使用组件检查器 404

第 15 章 发布应用 406

15.1 Android 平台 406
  15.1.1 自定义 App 图标 406
  15.1.2 签名 407
  15.1.3 代码混淆 408
  15.1.4 检查 Android Manifest.xml 409
  15.1.5 复查 App 兼容性配置 409
  15.1.6 编译用于发布的 Apk 410
  15.1.7 将 Apk 发布到应用市场 410
15.2 iOS 平台 410
  15.2.1 在 iTunes Connect 上注册 411
  15.2.2 复查 XCode 项目属性 411
  15.2.3 自定义 App 图标 412
  15.2.4 构建发布版本 413
  15.2.5 在 TestFlight 上分发 App 413
  15.2.6 将 App 发布到 App Store 413

第 1 章
Flutter 简介

Flutter 是一个由 Google 与社区开发的开源移动应用软件开发工具包,可以用于 Android App 的开发,也可以用于 iOS App 的开发。

虽然 Flutter 诞生的时间不长,但是已被广泛地应用于众多成熟的 App 中,如闲鱼、京东金融等,而且越来越多的厂商在技术选型上选择了 Flutter,因此我们也会看到越来越多的使用 Flutter 技术的 App 出现。此外,它除了支持流行的 Android 和 iOS 平台,也是 Google 新的操作系统 Fuchsia 开发应用的主要工具。Fuchsia 操作系统同样开源,且可运行在各种平台的设备上,如移动电话、平板电脑,甚至 PC。Fuchsia 将会成为现代的、面向物联网的操作系统。

由此可见,Flutter 具备很大的发展潜力。如果你想成为或者已经是一名移动开发工程师,那么开发基于 Flutter 的 App 也许就是当前必知、必会的技能。

但正如各位所知,想要使用 Flutter,除了掌握其本身的常用 API,还要学习一门新的语言——Dart。本书将带你一步步掌握 Dart 语言和 Flutter 的各种开发技巧。

下面,就让我们一起走进 Flutter 的世界。

1.1 移动 App 开发的前世今生

2007年1月9日,第一代 iPhone 正式发布。在硬件上,它具有3.5英寸的触摸显示屏、金属材质的机身和仅提供拍照功能的相机,支持多点触控;在软件上,用户需要付费才能使用完整版的 iPhone OS(后来改名为 iOS),甚至连壁纸都无法实现自定义更换。这些配置在现在看来也许非常落后,但在当时 iPhone 的出现着实让人眼前一亮。它让人们意识到,原来手机并不只是能打电话、发短信,还可以用来浏览网页、拍摄照片,而且运行在手机上的程序那么实用且美观。

2008年6月,随着 iPhone 3G 的发布,iPhone OS 2.0.1 版本随之发布,App Store 也随之诞生。从此,用户不仅可以使用设备出厂自带的几款应用程序,还可以从 App Store 中浏览和下载自己需要的应用程序;同时,那些为 iPhone OS(iOS)开发 App 的第三方开发者也可以从付费应用中获利,移动 App 的开发正式兴起。

另外,2003年10月,Andy Rubin 等4人在加利福尼亚州创建了 Android Inc.,并开发了 Android 操作系统。令人没有想到的是,起初这一仅面向数码相机的操作系统,由于智能手机的快速成长,已经逐渐成为面向智能手机的操作系统。2005年在被 Google 收购后,经过不断改良、创新并开源,最终 Android 操作系统遍布在不同厂商、不同价位的设备上。截止到2010年,市场占有率遥遥领先。当然,Android 操作系统达到如此普及的地步和丰富多彩的 App 是分不开的。

根据 Net Market Share 机构的统计,截止到2018年12月,在全球的移动操作系统市场占有率中,Android 以68.93%的占比遥遥领先于第二名 iOS 的29.29%,成为市场占有率最高的移动操作系统。

开始,在人们开发这些用于不同操作系统平台的 App 时,都是使用平台各自的编程语言和特性分别进行开发。其中,Android 平台大多使用 Java(近些年诞生了 Kotlin),iOS 平台大多使用 Objective-C(近些年诞生了 Swift)。这也就意味着,对于同样一款程序,人们往往要经历两次完整的软件开发过程,而这一过程有时是很消耗时间成本的,少则几个月多则一年。而在互联网行业竞争异常激烈的今天,如何减少成本、缩短开发周期已成为需要解决的重要问题。

后来,人们渐渐地意识到,如果能有一种开发语言或者开发工具,只需要编码一次就能开发出既适用于 iOS 平台,又适用于 Android 平台的 App,那么将会使开发效率翻倍。于是,跨平台的思维就诞生了。

经过开发者对跨平台的不懈努力,到今天为止,实现跨平台的技术路线概括起来有 Web

App、Hybrid 混合开发和跨平台框架三条。

Web App 可谓是其他两条路线的前辈了。因为早在智能机尚未普及的时候，适用于移动端的网页就已经出现了，如 Wap 腾讯新闻、Wap QQ 等，其中通过 Wap QQ 可以和 QQ 好友聊天、去 QQ 空间偷菜等。这类 App 无须用户安装，只需要访问指定的地址就可以运行。与上述这些传统的 Wap 网站相比，Google 推出的 PWA（渐进式网络应用）更像一个原生应用。它可以在主屏幕上创建快捷方式，以完全独立的方式运行，甚至在断网状态下依然可用，其体验和原生应用很相近。但是，PWA 依然有局限性，考虑到受网络环境的影响较大，因此在我国的使用率并不高。

Hybrid 混合开发是指 App 的一部分采用原生技术开发，另一部分使用 Web 网页开发，二者之间依靠 WebView 交互。为了更好地处理这种交互，诞生了很多用于混合开发的框架，如 PhoneGap（后来的 Cordova），还有国产的 DCloud。它们都是通过 JavaScript 去访问设备的硬件，以实现和原生 App 同样的能力。但是它们仍然有局限性，即当 WebView 性能降低时，App 的反应随之变慢，用户体验极差。

在跨平台框架中，我们比较熟悉的是 React Native。React Native 的渲染在 UI 层，使用的仍然是平台各自的控件，因此，在性能上要优于 Web App 和 Hybrid 模式，而且支持热修复，这为 App 的更新提供了方便。但是，它在动画性能上仍略显不足，而且并不能完全摆脱原生代码，再加上调试困难使得一部分人不得不放弃 React Native，甚至连 Airbnb 的技术团队也宣布弃用 React Native。

Flutter 最早出现在 2015 年，属于跨平台框架，其前身为 Sky，并使用 Dart 编程语言作为开发语言，提供了最为接近原生的体验。

为什么选择 Flutter？它到底有哪些地方吸引我们？和其他框架相比，它又有哪些优势？带着这些疑问，我们进入下一节的学习。

1.2 为什么选择 Flutter

这一节主要讲述为什么选择 Flutter 框架来开发 App，也就是 Flutter 的优势、特性及发展。

1.2.1 Flutter 的优势

Flutter 的优势如图 1.1 所示。

图 1.1　Flutter 的优势

快速开发和迭代。Flutter 自身具有热修复（热重载）的功能，尽管有使用的限制，但是它依然能够为开发过程提供更高的效率。另外，Flutter SDK 还允许我们修复崩溃和继续从应用程序停止的地方进行调试。

界面流畅，样式美观。对于不同的平台（Android 和 iOS），Flutter 提供了风格不同的控件，以满足不同平台的设计理念。

提供原生性能。Flutter 提供了一种响应式视图，无须 JavaScript 做桥接；强大的 API 使得实现复杂的界面效果成为可能；高性能的渲染机制使得 120 FPS（frames per second，帧每秒）的高帧率（在 120Hz 刷新率的设备上）可以轻而易举地实现。当界面上的图片数量越来越多时，与 React Native 相比，Flutter 的优势会越来越明显。

灵活的跨平台开发。Flutter 可以单独作为开发框架完成整个 App 的开发，也可以与现有原生代码相结合实现 Hybrid 混合模式的开发。

1.2.2　Flutter 强大的跨平台特性

Flutter 支持 iOS，Android 及 Fuchsia 平台的 App 开发。正如前文中提及的那样，Flutter 的优势之一就是灵活的跨平台开发。

Flutter 具备统一的应用开发体验。它拥有丰富的工具和库，正是这些工具和库使得开发者可以同时在 iOS 和 Android 平台上尽情挥洒自己的创意。

同时，Flutter 又可以访问本地功能和 SDK。它可以复用现有的代码，虽然各平台有所区别，但它仍能很好地处理 iOS 平台和 Android 平台的差异，实现原生和 Flutter 框架之间的无缝对接，甚至可以满足和 NDK 之间的通信。

此外，Flutter 保持了不同平台的 UI 设计理念，如对于 iOS 平台使用 Cupertino 风格、对于 Android 平台使用 Material Design 风格，这很好地处理了不同 UI 设计语言的差异性，确保用户能有 Pure iOS 和 Pure Android 的体验，而不是简单粗暴地使用一种 UI 风格来满足不同平台。

图 1.2 是 Flutter 官网列出的适用于 iOS 平台和 Android 平台不同 UI 风格的组件的一部分。

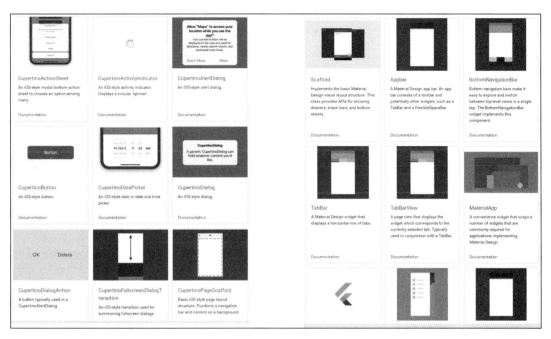

图 1.2　iOS 平台和 Android 平台不同风格的组件库

Flutter 的目标是用来创建高性能、高稳定性、高帧率、低延迟的 Android 和 iOS 应用。

1.2.3　Flutter 的明天

目前，阿里巴巴、谷歌、京东、腾讯等越来越多的厂商使用 Flutter 技术。在 Flutter 官方网站的 Showcase 页面上，展示了众多使用 Flutter 技术开发的产品，如图 1.3 所示。

与此同时，Flutter 自身一直在快速发展、迭代更新，截止到 2019 年 4 月，GitHub 上的 Flutter 代码仓库已经有超过 13 500 次的提交，超过 140 个 Release。而且从 issues 的处理反馈上看，解决数量之多、响应速度之快，令人称赞。再加上背靠 Google 这座大山，相信未来 Flutter 开发技术会得到开发者越来越多的青睐，会有越来越多的 App 使用 Flutter SDK 进行开发；Flutter SDK 自身也会日趋完善，功能日益丰富。

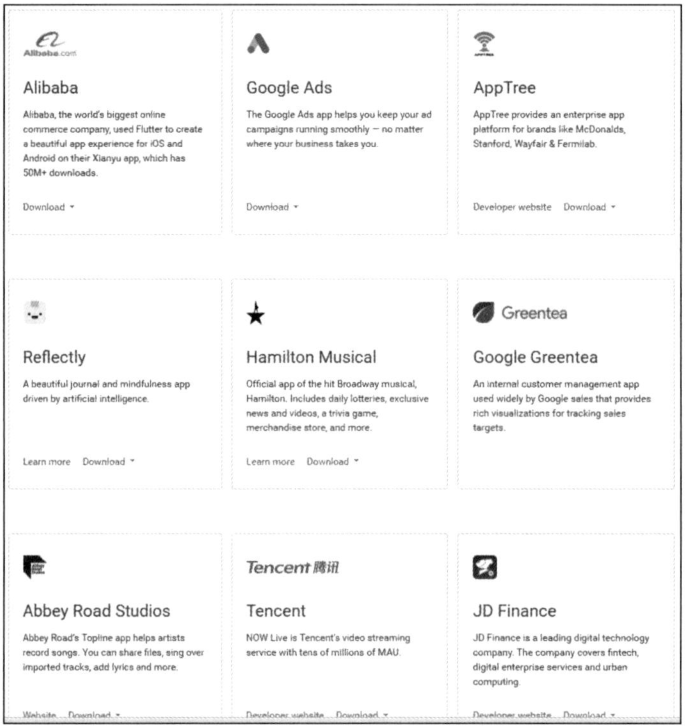

图 1.3 Flutter 官网的 Showcase 页面

1.3 Flutter 的体系结构

Flutter 的分层框架结构图如图 1.4 所示。

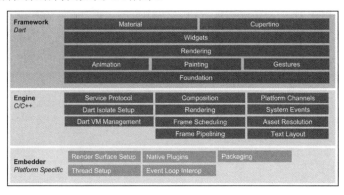

图 1.4 Flutter 的分层框架结构图

从图 1.4 中我们可以看到，Flutter 是一个分层结构框架，每一层都建立在其上一层的基础上。它主要包括三大层级，分别是 Framework（框架层）、Engine（引擎层）和 Embedder（嵌入层），其中 App 都是基于 Framework 开发并运行在 Engine 层上的。

Framework 层使用 Dart 实现，它包含了所有和 UI 相关的组件、动画、手势等。

Engine 层使用 C/C++实现，主要涵盖了 Skia，Dart 和 Text。其中，Skia 是开源的图形库，提供适用于多种软硬件平台的 API；Dart 层包含了在 Dart 运行时的垃圾收集、JIT 编译（Just In Time 动态即时编译，用于 Debug 模式）、AOT 编译（Ahead Of Time 静态提前编译，用于 Release/Profile 模式）；Text 则负责文本渲染。

Embedder 层能确保各平台的兼容性。在 Android 和 iOS 平台上，Embedder 层负责将上层完美地嵌入到它们中。而上层只提供画布，所有内容的绘制渲染逻辑均在 Flutter 内部完成，这实现了 Flutter App 和平台的无关性。

Flutter 内部的绘制渲染是整个 Flutter 跨平台技术的核心。它直接使用 Skia 引擎来渲染每个组件，既摆脱了对浏览器的束缚，又摆脱了和平台密切相关的原生控件。由于 Flutter 对 Android 和 iOS 平台都是采用 AOT 编译的方式，因此确保了使用 Flutter 开发技术的 App 都能够使用本机指令集运行。换言之，这一设计既满足了所谓统一的应用开发体验，又确保了 App 的运行性能。

在实际开发过程中，我们经常用到的是位于最上层层级提供的功能。例如，Material 和 Cupertino 分别对应 Android 和 iOS 的 UI 设计风格，它们都使用了 Widgets 层的控件，只不过是做了很多的搭配组合。同样，我们也可以混搭各种 Widgets 来实现自定义控件。类似地，Widgets 层也是依赖 Rendering 层来构建的。

如果其中某一层无法满足项目需求，也可以使用更下一层的能力来自定义。如此灵活的层级结构满足了多种需求，也正是这一点吸引了更多开发者纷纷投入 Flutter 的怀抱。

第 2 章
初次遇见 Flutter

从现在起，我们就要亲自动手实践了。俗话说：工欲善其事，必先利其器。高效的开发环境能够帮助我们花更少的时间和精力开发出更加优秀的 App。本章的内容就是让你学会如何搭建高效的开发环境，即无论你使用的是 mac OS，Windows 操作系统，还是 Linux 操作系统，都能顺利完成开发前的准备工作。

当然，软件的版本会随着时间的推移发生变化。在你读到这里的时候，可能有更新的 OS 版本、SDK 版本发布，这不可避免。不同版本之间虽然有些差别，除非是跨度比较大，否则在配置的时候还是大同小异。

希望通过本章的学习，你们都能轻松地掌握并搭建属于自己的开发环境。

2.1 开发环境搭建

虽然 Flutter 本身支持跨平台开发，但是如果想编译和运行 iOS 应用，仍然需要 mac OS 平台。因此，本书以 mac OS 平台作为后续讲解所使用的操作系统，版本是 mac OS High Sierra10.13.6。

2.1.1 下载 JDK

从官网下载 JDK（Java SE Development Kit），本书使用的 JDK 版本为 8u201，选择 Mac OS X x64 平台对应的下载地址即可下载，如图 2.1 所示。

Java SE Development Kit 8u201

You must accept the Oracle Binary Code License Agreement for Java SE to download this software.
Thank you for accepting the Oracle Binary Code License Agreement for Java SE; you may now download this software.

Product / File Description	File Size	Download
Linux ARM 32 Hard Float ABI	72.98 MB	jdk-8u201-linux-arm32-vfp-hflt.tar.gz
Linux ARM 64 Hard Float ABI	69.92 MB	jdk-8u201-linux-arm64-vfp-hflt.tar.gz
Linux x86	170.98 MB	jdk-8u201-linux-i586.rpm
Linux x86	185.77 MB	jdk-8u201-linux-i586.tar.gz
Linux x64	168.05 MB	jdk-8u201-linux-x64.rpm
Linux x64	182.93 MB	jdk-8u201-linux-x64.tar.gz
Mac OS X x64	245.92 MB	jdk-8u201-macosx-x64.dmg
Solaris SPARC 64-bit (SVR4 package)	125.33 MB	jdk-8u201-solaris-sparcv9.tar.Z
Solaris SPARC 64-bit	88.31 MB	jdk-8u201-solaris-sparcv9.tar.gz
Solaris x64 (SVR4 package)	133.99 MB	jdk-8u201-solaris-x64.tar.Z
Solaris x64	92.16 MB	jdk-8u201-solaris-x64.tar.gz
Windows x86	197.66 MB	jdk-8u201-windows-i586.exe
Windows x64	207.46 MB	jdk-8u201-windows-x64.exe

图 2.1 下载 JDK

2.1.2 安装 JDK

和安装其他软件类似，双击打开下载的 dmg 文件开始安装，如图 2.2 所示。

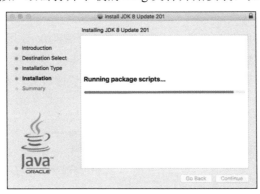

图 2.2 安装 JDK

安装完成后，可以运行 Terminal（终端），输入“java-version”可以检查安装的 JDK 版本。

对于 mac OS 操作系统而言，按照向导完成 Java 的安装后就可以正常使用 Java 命令。但对于 Windows 系统和 Linux 系统而言，仍然需要对其进行环境变量的配置。

初学者可能会问：何为环境变量，它有什么作用，为什么要配置它？

首先，环境变量是一种变量，由变量名和变量值组成，指的是在操作系统中用来指定操作系统运行环境的一些参数，如临时文件夹的位置、系统文件夹的路径等。因此，变量值通常会是一个路径。

其次，配置环境变量主要是为了共用和方便。例如，如果设置了系统的临时文件夹，那么除了系统本身，其他应用程序也可以获得这个路径值并把自己的临时文件存放到临时文件夹中。同样，如果把 Java 命令的路径添加到环境变量中，就可以使用命令行在任何时候直接调用这些命令，而无须输入这些命令的原始路径。

最后，无论是 mac OS 系统，Windows 系统还是 Linux 系统，它们的环境变量都有系统变量和用户变量之分。这是因为上述三大类系统都是多用户系统，都允许多个用户共同使用一套操作系统。系统变量和用户变量的区别：前者是对于整个系统而言的，即不管系统中有多少个用户存在，如果某个环境变量是系统级别的，那么这个环境变量就会在所有用户中生效；而用户变量则只对当前用户生效，不会影响到其他用户。如果两者中具有相同变量名的环境变量，操作系统就会对其进行叠加处理；如果一个操作系统只包含一个用户账户，那么系统变量就可以简单地等价于用户变量。

本书中涉及的环境变量均为用户变量，mac OS 系统配置环境变量的方法在下文中会介绍，Windows 系统和 Linux 系统的配置方法不再详述。

2.1.3 安装和配置 Xcode

Xcode 不仅可以帮助我们编译调试 iOS App，而且还包含了要用到的命令（比如 Git），因此有必要安装它。其安装方法十分简单，只需要去 App Store 搜索它，然后安装即可，如图 2.3 所示。由于 Xcode 包含了大量用于开发的内容，因此体积比较大，安装可能需要较长的时间。

图 2.3　安装 Xcode

2.1.4 下载 Flutter SDK

打开 Flutter 的官网页面，根据不同的操作系统选择下载即可，如图 2.4 所示。

图 2.4　下载 Flutter SDK

2.1.5 配置 Flutter SDK

下载完成后，将压缩文件解压到一个位置，这个位置可以看作安装位置。例如，在官网的示例中将解压后的 flutter 文件夹放到用户文件夹下的 Development 文件夹中，如图 2.5 所示。

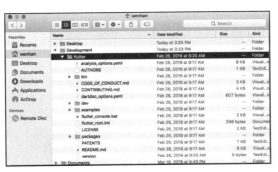

图 2.5　解压后的 flutter 文件夹

接下来要配置环境变量，其目的是更方便地在终端使用 Flutter 命令。具体操作是启动 Terminal（终端）并输入以下命令：

```
sudo vi ~/.bash_profile
```

在 vi 编辑器中，输入下列内容：

```
export PATH="$PATH:~/Development/flutter/bin"
```

保存并退出（关于 vi 的具体用法请参考使用手册）。完成后，再输入
```
source ~/.bash_profile
```
使新的环境变量生效。在完成上述操作后，可通过 echo $PATH 指令查看环境变量的设置情况。从图 2.6 中可以看到，Flutter 的路径已经被追加到 PATH 环境变量的最后了。

图 2.6　PATH 环境变量

2.1.6　配置必备组件

为了可以正常调试 iOS App，还需要安装 Homebrew。

Homebrew 是用于 mac OS 系统和 Linux 系统的软件包管理工具，更多的时候用在 mac OS 系统中。当系统提示缺少某些组件时，Homebrew 就能派上用场，堪称不可或缺的组件管理器。

打开 Homebrew 网站可以看到安装脚本，复制并在终端执行，然后依次执行下列命令：

```
brew update
brew install -HEAD usbmuxd
brew link usbmuxd
brew install -HEAD libimobiledevice
brew install ideviceinstaller ios-deploy cocoapods
pod setup
```

2.2　集成开发环境的选择

Google 官方推荐 Android Studio（或 IntelliJ Idea）或 Visual Studio Code 作为 IDE（集成开发环境）。当然，除了上述两款 IDE，如果习惯使用其他的也可以，只要具备基本的代码编辑功能即可，本书使用 Android Studio。

2.2.1 配置 Android Studio

Android Studio 是 Google 基于 IntelliJ Idea 推出的集成开发环境,和 IntelliJ Idea 不同的是,Android Studio 提供了 Gradle 支持、Android 开发的某些专有特性。其替代了早期的 Eclipse ADT,用于开发和调试 Android App。

虽然对于开发 Flutter 应用而言,使用 IntelliJ Idea 也可以,但是如果要和原生代码做混合开发,可能仍然要依赖 Android Studio 提供的功能,如布局预览等。因此,Android Studio 理所当然地成了最佳选择。

1. 下载 Android Studio

Android Studio 的下载和安装很简单,打开 Android 开发者官网即可轻松找到下载链接。网站会自动识别当前的操作系统并提供相应的安装文件,这里以 mac OS 平台为例,如图 2.7 所示。

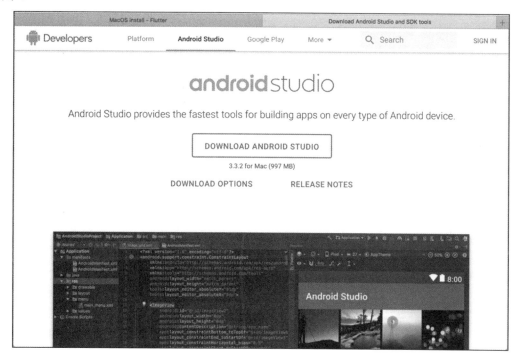

图 2.7 下载 Android Studio

2. 安装 Android Studio

打开下载的文件，拖拽左侧的 App 到 Application 文件夹即可完成安装，如图 2.8 所示。

图 2.8　安装 Android Studio

对于 Windows 平台，下载 Google 推荐的 exe 执行文件，然后打开文件启动安装向导即可；对于 Linux 平台，解压下载的文件即可完成，之后只需执行 studio.sh 即可启动 Android Studio。

3. 配置 Android SDK

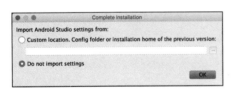

图 2.9　导入之前版本的设置

首次运行 Android Studio 会启动配置向导。由于是首次运行并非升级安装，因此在导入设置环节中选择不导入，如图 2.9 所示。

根据网络环境的不同，稍后可能会提示设置 Proxy（代理），我们暂且不管它，直接来到欢迎向导，然后一直点击"Next"按钮，下载并安装推荐的 SDK 组件，完成整个首次运行的配置，如图 2.10 所示。

Windows 平台和 Linux 平台的启动配置与上述的过程基本一致，这里不再详细介绍。需要强调的是，官方推荐安装的 SDK 组件并非是完整版。按照以往的规律，默认只会安装最新版本的 Android SDK，而在实际开发过程中，通常还需要下载更多的 SDK 组件，而且为了避免稍后出现"Android licenses not accepted"错误（在执行自诊断脚本时），推荐各位将 SDK 全部安装。

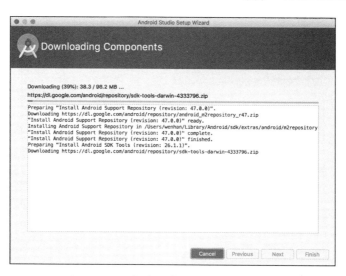

图 2.10 下载并安装 Android SDK 组件

具体方法是在启动 Android Studio 后，展开右下角的 Configure（配置）下拉菜单，选取 SDK Manager（SDK 管理器）菜单项，并选取想要安装的版本，最后单击"OK"按钮，程序就会自动从网上获取并安装相应的 SDK 组件。

4. 配置 Android SDK 环境变量

在 Terminal（终端）中输入
```
sudo vi ~/.bash_profile
```
来编辑 bash_profile，并在文件末尾追加如下内容：
```
ANDROID_HOME=/Users/wenhan/Library/Android/sdk
export PATH=$PATH:$ANDROID_HOME/tools
export PATH=$PATH:$ANDROID_HOME/platform-tools
```
需要注意的是，上述路径中的 ANDROID_HOME 值并非适用于每台电脑，需要根据自己电脑的路径进行修改。对于 Windows 平台和 Linux 平台，也需要添加上述环境变量，以便能正常使用 adb 等 Android 调试命令。

5. 安装插件

要使用 Android Studio 进行 Flutter 开发需要安装两个 Plugin（插件）。在启动 Android Studio 后，展开右下角的 Configure 下拉菜单，选取 Plugins 菜单项，打开插件设置窗口，再点击 Browse repositories（浏览库），打开插件搜索窗口，如图 2.11 所示。

图 2.11 安装 Flutter 插件

需要安装的两个插件分别是 Flutter 和 Dart。比较简单的安装方法是直接在窗口左上角的搜索框中搜索"Flutter",然后安装它。在安装 Flutter 的过程中,Dart 会被提示作为依赖自动安装,这样可以省去单独安装 Dart 插件的过程。

安装后,软件会提示需要重新启动。在重启 Android Studio 后会发现在启动界面上多了一个可选项 "Start a new Flutter project",如图 2.12 所示。

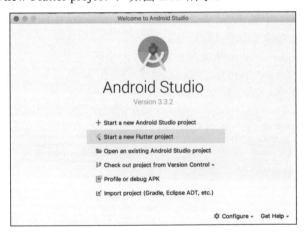

图 2.12 Android Studio 配置完成

至此,Android Studio 就配置完成了。Windows 平台和 Linux 平台的配置方法与上述基本相同,这里不再详细介绍。

2.2.2 配置 Visual Studio Code

Visual Studio Code 是微软公司推出的一款编辑器，风格和自家的 Visual Studio 类似，但是更加轻量。使用 Visual Studio Code 和 Flutter 插件，也可以开发跨平台的 Flutter 应用。

由于 Visual Studio Code 也是一款跨平台的软件，所以在 mac OS，Windows 和 Linux 操作系统中都可以使用。

1. 下载 Visual Studio Code

最新和最安全的版本可以到官方网站上获取，下载页面可以检测当前的操作系统并提供合适的下载版本，默认会下载 Stable（稳定）版。

在 mac OS 系统中，只需将下载的文件拖拽到 Application（应用程序）文件夹中即可完成安装；对于 Windows 系统，要使用 exe 可执行程序启动安装向导完成安装；对于 Linux 系统，提供了 deb 和 rpm 两种安装包，分别对应 Debian 系列发行版和 Red hat 系列发行版，你可以根据正在使用的 Linux 发行版下载相应的安装包。

2. 安装插件

如果要使用 Visual Studio Code 开发 IDE，就需要安装 Flutter 扩展。具体做法如图 2.13 所示，启动 Visual Studio Code 后切换左侧视图到 Extensions（扩展），然后输入 Flutter 进行搜索，并安装这个扩展。

图 2.13　在 Visual Studio Code 中安装 Flutter 插件

安装后即可使用 Visual Studio Code 进行开发。Windows，Linux 与 mac OS 的配置方法类似，可参考上述操作进行扩展的安装。

2.3 第一个程序——Hello World

下面我们来运行一个 Demo，以检验配置的成果。习惯上，我们把搭建好环境后的首个程序称为"Hello World"，本小节以 mac OS 系统和 Android Studio 为例。

2.3.1 运行自诊断脚本

启动 Terminal 运行自诊断脚本，它将会检查环境配置是否有问题，或者是否缺少组件等。同时，还将为自身的运行做首次配置。而在运行自诊断脚本前，需要先运行下列指令：

```
sudo xcodebuild -license
```

这里的操作要求反复按空格键，直到出现可以输入"agree"为止。此时，输入"agree"并按回车键，即同意 Xcode 许可协议。然后运行

```
sudo xcode-select --switch /Applications/Xcode.app/Contents/Developer
```

为 Xcode 做最后的配置。

之后，需要执行下列语句，并同意 Android SDK 的许可协议：

```
flutter doctor --android-licenses
```

在每次询问是否同意时，都输入"y"并按回车键。

最后输入：

```
flutter doctor
```

启动自诊断脚本。这一过程可能需要输入当前账户的密码，而且时间略长。最后，如图 2.14 所示，即表明环境配置正确无误。

图 2.14　配置无误的终端提示

如果此处出现了感叹号甚至红叉号的错误提示，则需要根据提示内容复查配置内容。这里要注意，某些感叹号只是警告并非是必须要解决的问题。

2.3.2　启动 Android 模拟器

为了保证 App 的普适性，如无例外，本书将尽量以模拟器作为示例的运行平台。其版本为 Android 8.1，模拟的设备为 Google Pixel。

创建模拟器的过程十分简单：启动 Android Studio，展开右下方的 Configuration 下拉菜单，选择 AVD Manager（虚拟设备管理器）。在弹出的窗口中单击"Create Virtual Device（创建虚拟设备）"按钮，依次选择 Pixel，然后选择下载 API 27 的 Oreo 版本，如图 2.15 所示。

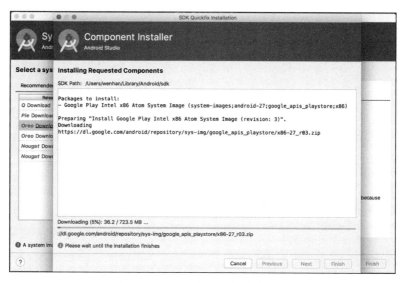

图 2.15　下载虚拟设备镜像文件

选择下载好的镜像，然后单击"Finish"按钮，新建的模拟器设备就出现在虚拟设备列表中了，如图 2.16 所示。

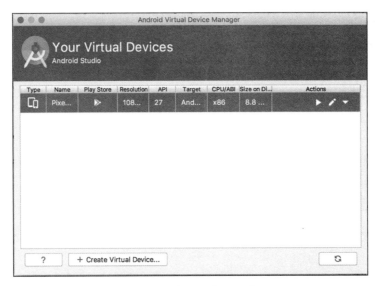

图 2.16 建好的虚拟设备

图 2.17 虚拟的 Pixel 手机

点击在 Actions 一列中的左侧三角图标启动虚拟设备，会看到一部无论是外形还是系统都和真实的 Pixel 手机相同的设备，如图 2.17 所示。

选择 AVD 和 Android 8.1 是由 Android 系统版本在当前市场上的占有率决定的。众所周知，Android 操作系统的碎片化很严重，有不同的版本、尺寸等。

在实际开发中，首先，要考虑的就是兼顾大多数用户，因此，选取一个当前市场占有率最高的 Android 系统版本是明智之举。其次，虽然各厂商对 Android 操作系统都有不同程度的定制，但是本质上还是一样的，所以使用 AVD 更具有通用性，可以规避某一个品牌或机型的差异性。

2.3.3　将项目运行在模拟器上

在 Android Studio 的启动界面中选择 Start a new Flutter project，开启新建项目向导。我们选择 Flutter Application，然后单击"Next"按钮进入下一步，如图 2.18 所示，再输入必要的信息进入设置包名的相关步骤。

图 2.18　新建 Flutter 项目

注意：Project name 必须以小写字母开头，而且不可以有空格。

我们可以跳过这一步的设置，直接单击"Finish"按钮。图 2.19 所示为 Android Studio 的工作区，之后的编码、调试等工作基本上都会在这个环境中进行。随着练习的逐步深入，会逐步了解 Android Studio 的各种功能并将其设置为自己习惯的界面风格。

单击界面右上角的三角图标，程序开始编译代码，然后运行在已经启动的模拟器上。这样，一个简单的 Flutter 应用程序就运行起来了，如图 2.20 所示。

图 2.19　Android Studio 工作区

图 2.20　Hello Flutter

2.3.4　探索 Flutter 热修复特性

和传统的原生开发不同，Flutter 具有热修复（在某些情况下称之为热重载）特性。热修复特性是 Flutter 的重要特性之一。所谓热修复，指的是无须重新启动 App，即可快速地将修改后的源代码文件注入正在运行的 Dart 虚拟机中，而 Dart 虚拟机会立即套用修改后的代码。Flutter 框架会自动重新构建组件树实现热修复。

我们来动手实践一次，体会一下这既神奇又实用的特性。在上面的 Hello World 程序中，每点击一次右下方的"+"按钮，上方的计数器就会增加 1。打开 main.dart 文件，找到下列代码：

```
void _incrementCounter() {
  setState(() {
    // …
    _counter++;
  });
}
```

将其改为

```
void _incrementCounter() {
  setState(() {
    // …
    _counter+=2;
  });
}
```

然后按"Command+S"组合键进行保存，再次回到模拟器，点击右下角的"+"按钮，这时发现计数器每次增加 2。虽然这里程序的逻辑已经发生变化，但是并没有重新安装 App 的过程。

打开 Android Studio 的控制台输出，发现如下日志：

```
Initializing hot reload...
Syncing files to device Android SDK built for x86...
Reloaded 1 of 432 libraries in 2,078ms.
```

由日志得知，是热修复特性起了作用。特别注意的是，以下几种情况无法执行热修复。

- 编译错误：如果修改的代码存在编译错误，那么就无法执行热修复，如语句末尾少了分号。
- 修改后的代码影响了修改前的状态（即数据）：实际上，Flutter 的热修复可以保留运行时的状态，如用户登录状态，但如果代码的更改影响到了这些状态，则有可能导致热修复后的运行效果和期望的不一致。
- 对于静态字段：对于 final 修饰的常量值，在修改后不会有所变化，仍为修改前的值。
- 对于 UI 组件：如果修改后的代码不会因重新构建 Widget 组件树而被重新执行的话，热修复就对其不起作用，并且不会抛出任何异常。
- 枚举类型更改为常规类，或常规类更改为枚举类型，都会导致热修复失败。
- 更改泛型类型声明会导致热修复失败。

2.4 升级 Flutter

由于 Flutter 正处于快速发展阶段，所以不可避免地会出现迭代更新。另外，Flutter SDK 由 Git 版本控制系统管理，其分支包含 Stable 等 11 个分支，而且可能会越来越多，因此建议你跟踪 Stable 分支。在 Flutter 官网下载到的版本，即 Stable 分支。

当 Flutter 推出功能更全面的版本时，如果你使用 Flutter SDK 进行开发，那么该如何升级呢？

1. 升级 Flutter SDK

对于 Flutter SDK 的升级，仅需在命令行执行：

```
flutter upgrade
```

即可。升级脚本会自动从网上获取最新的稳定版本，并在获取后自动执行 flutter doctor 指令检查环境配置。

2. 升级依赖库

我们的 App 可能会依赖多个库，这些库在 pubspec.yaml 文件中被列出。如果要想获取这些库，就需要在命令行执行：

```
flutter packages get
```

如果想更新这些库到最新版本，就需要在命令行执行：

```
flutter packages upgrade
```

2.5 练习

1. 启动 iOS 模拟器，并将"Hello World"程序运行在 iOS 设备上。
2. 尝试使用 Visual Studio Code 编译并运行。
3. 尝试在 Windows 系统或 Linux 系统环境下完成本章的内容。
4. 探索项目的文件结构。

第 3 章 Dart 语言基础

本章我们快速来了解 Dart 编程语言的基础知识。由于 Dart 语言具有易于学习和使用的特性，这一过程并不困难。如果你有任何一种其他编程语言的使用经验，相信就会更快上手。

3.1 Dart 语言简介

本节的重点是 Dart 编程语言的几个重要概念，在使用 Dart 语言时，需要记住这些概念，因为它们是学习 Dart 和开发 Flutter App 的根基。

3.1.1 Dart 发展史

2011 年 10 月，在丹麦的奥胡斯举行的 GOTO 大会上，Dart 语言首次亮相于世人面前。Dart 和 Java，C++等语言一样，是一种高级编程语言，但它的发展历程却不是一帆风顺的。

开始，Dart 是被 Google 用来替代 JavaScript 的编程语言。但到今天，JavaScript 仍然存在。如果不是 Flutter，估计没人知道 Dart 语言的存在。一些跨平台框架，如 React Native，采用的就是 JavaScript 语言而非 Dart 语言。甚至在 2015 年左右，Google 在 Chrome 中已经移除了 Dart 引擎。这无疑让本来就不起眼的 Dart，更加淡出了公众的视线。

但是，Google 并没有放弃自己的"亲骨肉"，工程师用 Dart 语言编写了一套移动平台开发框架，叫作 Sky，也就是 Flutter 的前身。而在未面世的 Fuchsia 操作系统中，更是将 Dart 作为官方开发语言。

目前，Dart 在完成 2.1 版本的蜕变后，已经变成了一门强类型语言（同时仍然支持弱类型语言的某些特性），而且不断地迭代更新也使得 Dart 编程语言运行得更快速、更稳定、更安全。同时，为了降低学习成本，Dart 又具有易于理解、规范简洁等优势。它有自己的 VM，可以像 Java 语言一样运行在虚拟机上，又可以被编译成 Native Code 直接运行在硬件上（比如 Flutter）。因此，快速、灵活、简单已经成为 Dart 的代名词。

3.1.2 Dart 重要概念

在开始学习和使用 Dart 编程语言之前，熟悉概念是很有必要的。

一切皆对象。在 Dart 中，一切数据类型均继承自 Object，即使是一个整数或方法，甚至 null。

自由的强类型。从 2.0 版本开始，Dart 就是一门强类型语言了。但是即使如此，Dart 仍然可以推断出变量的类型，除非开发者明确表示某个变量不被指定为任何一种类型。建议使用静态类型，这样能够增强代码的可读性，让代码运行得更高效，也更方便让代码审查工具分析代码。没有明确指定类型的变量将会默认指定为 dynamic 类型。

通吃前后端。开发者可以使用 Dart 语言开发客户端 Web 应用（Angular 2 框架），同时也可以运行在服务端（借助 DartVM）。

可见性。作为库，可能包含一个或者多个*.dart 文件。在大多数情况下，所有的变量、方法和类等对外均可见，除非它们以"_"开头。

运行模式。Dart 在运行时提供两种运行方式：Production 和 Checked。在默认情况下会以 Production 方式运行，这时就会优先考虑性能，关闭类型检查和断言；而 Checked 模式更利于在开发阶段调试使用。

方法和变量。Dart 支持顶级方法（主方法 main()就是一个顶级方法），支持静态函数和实例函数，开发者还可以在方法中创建方法以实现闭包。同时，Dart 也支持顶级变量，以及静态变量和实例变量。

表达式和语句。Dart 包含表达式和语句，其中表达式包含运行时的值。一个语句中通常包含一个或多个表达式，但是一个表达式不能直接包含一个语句。

警告和错误。Dart 代码分析工具可以指出代码中哪些是警告，哪些是错误。其中，警告只是表明代码可能存在一些问题，但还是可以被运行的；错误分为编译错误和运行错误，前者会直接阻止代码运行,后者会在代码运行时抛出异常。

命名方式。变量的命名方式以字母或下画线"_"作为首字符,之后可使用任意字母或数字。

关键字。Dart 编程语言包含表 3.1 所示的关键字,这些关键字无法作为变量名使用。

表 3.1 Dart 编程语言的关键字

abstract	dynamic	implements	show
as	else	import	static
assert	enum	in	super
async	export	interface	switch
await	extends	is	sync
break	external	library	this
case	factory	mixin	throw
catch	false	new	true
class	final	null	try
const	finally	on	typedef
continue	for	operator	var
covariant	Function	part	void
default	get	rethrow	while
deferred	hide	return	with
do	if	set	yield

在上述这些关键字中,有一些是为了方便从 JavaScript 中移植过来的,有些是继 Dart 1.0 版本之后新增的,还有一些是保留词。关键词无论以哪种方式存在,在开发过程中,我们都不能使用任何一个作为变量名。

3.1.3 Hello Dart

本章中,我们不需要任何移动设备或虚拟移动设备,仅仅通过编译运行控制台程序即可完成学习,这里暂时使用 Visual Studio Code 作为讲解和练习的 IDE。由于 Visual Studio Code 本身是跨平台的 IDE,因此第 3、4、5 章的内容都可以在 mac OS,Windows 和 Linux 系统中进行学习,但前提是已经安装了 Visual Studio Code 和 Dart 插件(暂时不会用到 Flutter 插件)。

为了验证所配置的环境准确无误,启动 Visual Studio Code 并新建一个文件夹用于保存

Dart 代码，然后在其中新建一个.dart 代码文件（即扩展名为 dart），保存成功后的文件属性如图 3.1 所示。

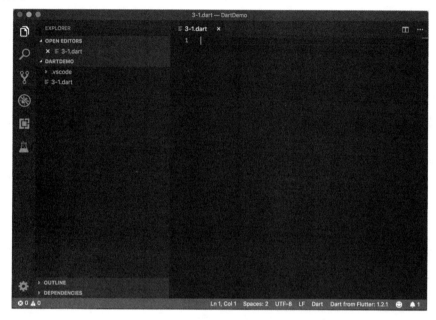

图 3.1 .dart 文件属性

在右侧的代码编辑区输入以下代码片段，用于测试 Dart 环境。

```
main(List<String> args) {
  print("Hello Dart!");
}
```

然后，单击菜单栏的 Debug（调试），在下拉菜单中选择 Open Configurations（打开配置），将名为 Program 的值改为 3-1.dart。完整的代码如下：

```
{
    // Use IntelliSense to learn about possible attributes.
    // Hover to view descriptions of existing attributes.
    // For more information, visit: https://go.microsoft.com/fwlink/?linkid=830387
    "version": "0.2.0",
    "configurations": [
        {
            "name": "Dart",
            "program": "3-1.dart",
            "request": "launch",
```

```
            "type": "dart"
        }
    ]
}
```

修改后,保存并关闭文件。需要注意的是,如果之后要运行另一个 Dart 程序,就需要将 Program 的值改为对应的文件路径。

最后,单击 Debug 菜单项,在弹出的下拉菜单中选择 Start without debuging(非调试执行),或按"Ctrl+F5"组合键即可在 Debug Console(调试控制台)看到如下输出:

```
Hello Dart!
Exited
```

到此,表明 Visual Studio Code 和 Dart 插件运行正常。

3.2 变量与常量

在程序中,经常用大量的数据来代表程序的状态,其中有些数据的值在程序运行过程中会发生改变,有些数据的值不能发生改变,这些数据在程序中分别叫作变量和常量。

3.2.1 变量

所谓变量,就是用来储存值的对象,它可能是一个整数,也可能是一段话,其值通过变量名来访问。在 Dart 编程语言中,声明一个变量的方法非常简单。比如,要保存一个值为 David 的名字,操作如下:

```
// 初始化一个字符串,内容为David,用来表示一个人名
var name = "David";
```

在读取它时,仅仅按照 name 这个变量名去获取值即可。

现在,使用 Dart 内置的 Print()方法向控制台输出名为 name 的变量值,代码片段如下:

```
// 初始化一个字符串,内容为David,用来表示一个人名
var name = "David";
print(name);
```

运行结果如下:

```
David
Exited
```

在这个例子中,name 储存了一个字符串数据对象的引用,值为 David。当然,也可以直接使用 String(字符串)类型或 dynamic(动态)类型,而不是用 var 来对 name 进行声明。具体做法如下:

```
// 使用 dynamic 对 name 进行初始化
dynamic name = "David";
```
或者：
```
// 指明 String 对 name 进行初始化
String name = "David";
```

对于局部变量（指仅拥有局部作用域的变量，如一个方法内部）而言，根据代码建议的风格，建议使用 var 来声明变量。

在前文中提到，在 Dart 中一切皆对象。因此，未经初始化的变量的默认值为 null。使用如下代码测试：
```
// 未经初始化的变量，值为 null
var nullTest;
print(nullTest);
```
运行结果如下：
```
null
Exited
```

3.2.2 常量

常量，也称为最终变量。简单地说，一旦一个对象成了常量，其引用的对象就不再可变。在 Dart 语言中，可使用 final 或 const 关键字来声明一个常量。如下所示：
```
// 使用 final 声明常量
final weight = 67.5;
final int height = 170;
```
或者
```
// 使用 const 声明常量
const int age = 18;
const gender = "female";
```

或许有人会产生疑问：final 和 const 都可用来声明一个常量，有什么区别呢？const 声明的常量是一种编译时常量，如下：
```
// final 和 const 的区别
var singlePrice = 1;
final buyTen = singlePrice * 10;
const buyTwo = singlePrice * 2;
```

从上面代码中可以发现，IDE 会自动检查出在 buyTwo 值中的错误，因为 const 是一种编译时常量（即在运行前），所以同样需要用 const 来声明 singlePrice。

const 关键字也可以用来创建不变的值，甚至定义构造函数为 const 类型，即不可变对象，且任意变量都可以有一个不变的值。代码片段如下：
```
// 使用 const 创建常量值
var intList = const[];
intList = [1,2,3];
```
创建的 intList 变量的值为一个常量值（中括号表示一个数组）。虽然 intList 的值为常量不可变，但由于其本身声明使用了 var，因此它仍然可以改变其引用。上述代码相当于：
```
// 使用 const 创建常量值
const temp = [];
var intList_2 = temp;
intList_2 = [1,2,3];
// 下面一行会报错，因为 temp 本身是 const，不可变
temp = [1,2,3];
```

3.3 基本数据类型

在 Dart 中，有几种内置的数据类型：数值型、字符串、布尔、集合、键值对等。

3.3.1 数值型

Dart 的数值包含 Int 和 Double 两种类型，分别表示整数和小数。

Int：用于表示整数的 int 类型，长度为 64 位，因此，可以表示的数值范围是 -2^{63}～$2^{63}-1$。编译为 JavaScript 语言的 Dart 使用 JavaScript 的数值范围 -2^{53}～$2^{53}-1$。

Double：用于表示小数的 double 类型，提供长度为 64 位的双精度，其范围是 $-1.7E308$～$1.7E308$。

从 Dart 2.1 版本开始，如果声明是 double 类型的变量，而值却是一个整数，那么这个变量就会自动转换成 double 类型（在 Dart 2.1 之前的版本中，这样的写法将会报错）。比如：
```
// 自动转换整型为浮点型
double intValue = 1;
print(intValue);
```
输出结果：
```
1.0
Exited
```
由此可见，之前作为 int 类型的值（1）自动转换成了 double 类型的值。

3.3.2 字符串

Dart 中的字符串表示一个由多个字符组成的序列，采用 UTF-16 编码。在声明字符串时，可以用单引号也可以用双引号，但要注意其中的区别。示例如下：

使用单引号声明的字符串：

```
// 使用单引号声明字符串
var string_1 = 'I\'m David';
```

使用双引号声明的字符串：

```
// 使用双引号声明字符串
var string_2 = "I'm David";
```

你可能会发现，在使用单引号声明的字符串中，有一个反斜杠（\），这个反斜杠称为转义字符。其目的是区分字符串中的单引号是作为值的内容存在的，而不是代表字符串值的结束。类似地，如果使用双引号来声明字符串，当字符串值中包含双引号时，也要在双引号前加反斜杠，意思是这个双引号是其值的一部分，而非意味着字符串的结束。

接下来，想象这样一个真实情况。当用户成功登录后，给出一条欢迎信息，如"张先生，欢迎您的使用"。在这里，无论是哪位用户登录系统，后面的欢迎词都不变，变的只是前面的称呼。对于这样的情况，可以使用类似于下面的代码片段简化代码量，提取不变的部分：

```
// 使用表达式作为字符串的一部分
var userName = "张先生";
final welcome = "$userName, 欢迎您的使用。";
print(welcome);
```

输出结果如下：

```
张先生，欢迎您的使用。
Exited
```

在这段代码中，使用了{表达式}。如果表达式是一个变量，则可省略大括号来插入另一个变量值，最后组成一句话。在这段代码中，welcome 变量的值是不变的，可以将其声明为 final。

当然，对于上例，也可以使用加号（+）联结它们，具体写法如下：

```
// 使用加号联结
final welcome_2 = userName + ", 欢迎您的使用。";
print(welcome_2);
```

输出结果相同。

要想判断两个字符串（或其他对象）的内容是否完全一致，可以使用连等号（==），如下例所示：

```
// 使用连等号判断两个字符串（对象）的值是否完全一致
String strA = "abc";
String strB = "abc";
String strC = "xyz";
print(strA == strB);
print(strB == strC);
```

输出结果如下：

```
true
false
Exited
```

接下来看下面这段代码：

```
String longStr = "菜单\n（新菜品！）蒸羊羔（感谢孙大厨）\n蒸熊掌\n蒸鹿尾\n烧花鸭\n烧雏鸡\n烧子鹅\n";
```

其中，"\n"是换行符。想象一下，如果几十道菜的菜单这样延续下去，可读性就非常差。因此，我们可以使用三个单引号或三个双引号将上面的变量声明改为如下所示：

```
String longStr = """
菜单
（新菜品！）蒸羊羔（感谢孙大厨）
蒸熊掌
蒸鹿尾
烧花鸭
烧雏鸡
烧子鹅
""";
```

这样的代码更易读、整洁，而且也不需要再手动添加换行符，引号内的所有内容将以原样输出。然后使用print()方法在控制台输出longStr的值，将得到如下结果：

```
菜单
（新菜品！）蒸羊羔（感谢孙大厨）
蒸熊掌
蒸鹿尾
烧花鸭
烧雏鸡
烧子鹅
```

在某些特定的情况下，我们还需要在数字和字符串之间进行转换。比如，一个字符串的内容是1000，如果想得到其乘以5的结果，由于字符串是无法直接参与算术运算的，所以就需要先将其转换为int类型。代码片段如下：

```
// String 类型转换为 int 类型
String toIntStr = "1000";
int toIntValue = int.parse(toIntStr);
```

```
print(toIntValue);
```
输出结果如下：
```
1000
Exited
```
int 类型转换为 String 类型，代码如下：
```
// int 类型转换为 String 类型
int toStringInt = 1000;
String toStringValue = toStringInt.toString();
print(toStringValue);
```
输出结果如下：
```
1000
Exited
```
注意，虽然输出的结果看上去一样，但类型不同。类似地，对于 double 类型的转换也可采用同样的方式。

字符串值和带有一个或多个表达式插值的字符串都属于编译时常量。

3.3.3 布尔

布尔类型有两个结果值：true 和 false，用于表示真和假或作为条件判断的依据，可以使用 var 声明，也可以使用 bool，如下：
```
// 布尔类型的声明
var isChecked = true;
print(isChecked);
```
输出结果如下：
```
true
Exited
```

3.3.4 集合

Dart 2.0 版本提供了三种核心集合类型，分别是列表（List）对象、集合（Set）对象和映射（Map）对象。

1. 列表对象

在 Dart 中，使用数组表示列表对象。可以像如下所示，声明一个列表对象：
```
// 声明列表对象
```

```
var listExp = [1,2,3];
print(listExp);
```

当然，也可以用列表来声明。列表中的元素可以包含其他类型，如 double 类型和 String 类型，甚至可以将它们混合使用，如下：

```
// 声明列表对象
var listExp = [1,"Hello",3.456];
print(listExp);
```

输出结果如下：

```
[1, Hello, 3.456]
Exited
```

此外，与其他的编程语言类似，Dart 中的列表也支持获取长度，即元素个数。调用 length() 方法即可获取某个列表的元素个数，如下：

```
//获取列表长度
int listLength = listExp.length;
print("列表长度为:" + listLength.toString());
```

其中，listExp 变量是上面例子中的列表对象。

运行代码片段结果如下：

列表长度为：3

列表中的元素索引下标从 0 开始到 list.length-1 结束，总长度是 list.length。如果要取出第 2 个元素，对上例而言，就应写成 listExp[1]。

为什么要使用这样的方法获取长度呢？通常来讲，当需要遍历某个列表中的所有对象时，会使用列表的长度作为重要的结束依据。换言之，取出列表中的每个元素需要进行遍历，到最后一个元素结束遍历。如果这个列表的长度可能发生改变，就不能把长度写成一个定值。而在上例中，获取到的长度却总是正确的，从而保证了代码逻辑既不会落下该遍历的元素，又不会产生下标越界的错误。

2. 集合对象

集合对象是 Dart 编程语言中的第二种集合类型，和 t 列表对象不同，它没有顺序且不允许重复。声明集合对象很简单，如下：

```
// 声明集合对象
var setExp = {'Alice', 'Bob', 'Cindy', 'David'};
```

和列表对象类似，我们也可以使用集合来声明集合对象，并且也支持不同类型的混合使用，代码片段如下所示：

```
// 声明集合对象
Set setExp = {'Alice', 'Bob', 'Cindy', 'David', 123, 456, 7.89};
```

```
print(setExp);
```
输出结果如下:
```
{'Alice', 'Bob', 'Cindy', 'David', 123, 456, 7.89}
Exited
```

从输出结果来看,似乎集合是有序的,但实际上,其内部是无序的,而且也不能像列表对象那样通过下标来取值;但是集合仍能通过 set.length() 方法获取集合大小,即元素个数。

除此之外,集合还提供了 add(), remove(), contains(), clear() 等方法。

add() 方法为动态添加元素提供了方便。通过 add() 方法可以随时向集合对象中添加元素。当然,由于集合本身不具有包含重复对象的特性,因此添加一个重复的元素将是无效的代码片段,如下:

```
// 向集合添加元素
setExp.add('Elan');
setExp.add('Bob');
print(setExp);
```

运行结果如下:
```
{'Alice', 'Bob', 'Cindy', 'David', 123, 456, 7.89, Elan}
Exited
```

其中,Elan 作为新添加的值被追加到名为 setExp 的集合对象中,而 setExp 已经含有 Bob,因此新添加的 Bob 无效。

remove() 方法提供了删除某个元素的功能,现在将 Bob 从集合中删除,参考下面的代码:

```
// 删除集合中的某个元素
setExp.remove('Bob');
print(setExp);
```

运行结果如下:
```
{'Alice', 'Cindy', 'David', 123, 456, 7.89, Elan}
Exited
```

可以看到,Bob 已经从集合中移除了。

那么,我们怎么来确定集合中是否已经包含了某个元素呢?这时,就要用到 contains() 方法了。现在,分别测试 Alice 和 Fiona 是否包含在集合中,具体代码如下:

```
// 检测某个元素是否包含在集合中
print(setExp.contains('Alice'));
print(setExp.contains('Fiona'));
```

输出结果:
```
true
false
```

由此可见,Alice 在集合中,Fiona 不在集合中。

如果我们想一次性清空整个集合，就可以调用 clear()方法。彻底清空 setExp 集合，如下：

```
// 清空集合
setExp.clear();
print(setExp);
```

运行结果：

```
{}
Exited
```

到此，整个集合被清空了。

实际上，集合对象提供的实用和方便的方法还有很多。比如，一次性追加多个元素可以使用 addAll()方法；类似地，还有 removeAll()方法和 containsAll()方法等。在实际开发中，这些方法提供了很多便利，掌握并灵活运用它们，可以提高开发效率。

3．映射对象

通常意义上讲，映射对象由一个或多个 key（键）- value（值）对组成，每个键值对是一个元素，键和值可分别为任意类型。其中，相同的键在映射对象中不支持重复，相同的值可以和不同的键对应。比如，我们要送新年礼物给每个人，代码片段如下：

```
// 声明一个映射
var newYearGift = {
  "雁雁" : "唇膏",
  "婷婷" : "精装书",
  "童童" : "精装书",
  "雯雯" : "手表"
};
print(newYearGift);
```

运行结果：

```
{雁雁: 唇膏, 婷婷: 精装书, 童童: 精装书, 雯雯: 手表}
Exited
```

在上面的代码中，冒号左侧是键，右侧是值。而左侧的人（键）是不会重复的，右侧的礼物（值）是可以重复的。因为前文限定了每个人只能有一件礼物，也就意味着，一旦决定送给某人某件礼物，如果他想得到其他的，就只能用另一件礼物来替代。代码如下：

```
// 更改一个映射中某个键对应的值
newYearGift["童童"] = "乐高玩具";
print(newYearGift);
```

运行结果：

```
{雁雁: 唇膏, 婷婷: 精装书, 童童: 乐高玩具, 雯雯: 手表}
```

因此，童童得到了乐高玩具，不再是精装书。这里要特别注意，在修改某个键对应的值时，务必要把键写对。上例代码如果写成如下所示：

```
// 更改一个映射中某个键对应的值
newYearGift["彤彤"] = "乐高玩具";
print(newYearGift);
```

运行结果：

{雁雁：唇膏，婷婷：精装书，童童：精装书，雯雯：手表，彤彤：乐高玩具}

可见，童童依然会得到精装书，而乐高玩具送给了彤彤。除此之外，如果想要知道送给某人的礼物是什么，也可以凭借键去获取，代码如下：

```
// 获取某个映射中对应键的值
print(newYearGift["童童"]);
```

运行结果：

乐高玩具
Exited

和集合对象类似，要想删除某个元素可使用 remove()方法，只是要用键来删除。再回到这个案例中，删掉刚刚错误添加进去的彤彤，操作如下：

```
// 删除某个映射中对应的键值对
newYearGift.remove("彤彤");
print(newYearGift);
```

运行结果：

{雁雁：唇膏，婷婷：精装书，童童：乐高玩具，雯雯：手表}
Exited

到此，由于失误添加进去的彤彤已被移除。那么，能不能避免这种加入新人的错误呢？

答案是肯定的。我们在对某个键值操作前，可以先判断这个键是否存在。比如，先判断一下有没有彤彤这个人，如果有，再进行操作；如果没有，就是找错人了。这样一来，就成功地避免了出现的失误。具体代码如下：

```
// 检查是否存在指定的键
print(newYearGift.containsKey("彤彤"));
print(newYearGift.containsKey("童童"));
```

运行结果：

false
true
Exited

和列表、集合类似，映射同样支持使用 length()方法获取整个映射对象的长度，即元素个数。

3.3.5 UTF-32 编码表示法

前面提到在 Dart 中字符串是 UTF-16 编码的，那么对于超过 16 位编码的情况怎么处理呢？此时，就要借助 Runes 类型，利用它可以处理高达 32 位 Unicode 编码的字符串。在一般情况下，要表示一个 32 位 Unicode 字符，写法是 "\uXXXX"，其中 X 代表一个十六进制数。比如，要输出一个心形（♥）的图案，可以参照如下的写法：

```
// Runes 表示 32 位 Unicode 字符
var heartLogo = "\u2665";
print(heartLogo);
```

运行结果：

```
♥
Exited
```

除此之外，还有一些特殊的不是 4 个数字的情况，就需要使用大括号将数字部分括起来。比如要输出一个表情：

```
Runes happyLogo = new Runes('\u{1f47b}');
print(happyLogo);
```

运行结果：

```
👻
Exited
```

由此可见，我们可以简单地使用 var 来声明，也可以使用 Runes 来创建 Runes 对象，然后输出结果。

3.4 方法

Dart 是一个面向对象的语言，其特性之一为一切皆对象。因此，一个方法（也称为函数）也是一个对象，而且具有一种类型，即 Function。故它可以赋值给某个变量，也可以当作其他方法中的某个参数，还可以当作方法调用 Dart 类的一个实例。

3.4.1 定义一个方法

声明一个方法：

```
// 声明一个方法
int getNumber(){
```

```
    return 150;
}
```

观察上面的代码，开头的 int 是静态类型定义，表示执行这个方法将会得到一个 int 型的结果。静态类型定义可以省略，但是为了保证具有更好的可读性，建议加上它。

对于像上述简单到只有一个表达式的方法，可以简写为

```
// 只有一个表达式的方法的简单写法
double getDouble() => 1.5 * getNumber();
```

其中，"=>" 语法等同于 return，有时称其为箭头语法。在箭头语法和最后结尾的分号之间只能使用表达式，不能使用语句。

3.4.2 参数

方法的参数包括必选参数和可选参数两种。

1. 必选参数

在参数列表中，必选参数在最前面，可选参数随后。代码如下：

```
// 声明一个带有必选参数的方法
newFriend(String name, var age){
  print("I have a new friend: $name, age is $age");
}
```

这和上面声明一个方法的代码类似，只是在小括号中加了一个参数列表，即 String（也可以写成 var）类型的 name 和 var（也可以写成 int）类型的 age。在方法体中，输出一个字符串就需要上述两个参数。在调用这个方法时，IDE 会自动提示需要给定这两个参数值，即这两个值为必选参数。一个典型的方法调用如下所示：

```
newFriend("Alice", 25);
```

运行结果：

```
I have a new friend: Alice, age is 25
Exited
```

需要注意，参数在方法体中的引用方式需要使用 "$"。

2. 可选参数

在 Dart 中，可选参数分为可选命名参数和基于位置的参数，二者是互斥关系，不能同时出现。声明一个带有可选命名参数的方法十分简单，参考下面的代码：

```
// 声明一个带有可选命名参数的方法
```

```
double getPrice({bookName : "非热门图书"}){
  if(bookName == "Dart 编程入门"){
    return 78.5;
  } else {
    return 50.0;
  }
}
```

和之前声明一个方法的示例不同，这次在小括号内添加了一个可选命名参数，其结构是"属性名：值"，并用大括号包裹。在调用此类方法时，由于参数可选，因此需要指明给定的值是属于哪一个参数的。

一个可选位置参数和之前讲过的拼接字符串类似，先来看以下代码片段：

```
//声明一个带有可选位置参数的方法
String sayWelcome([String name]){
  return "$name, 欢迎您的使用";
}
```

将参数放置在中括号中，便成了可选位置参数。在调用此方法时，只需如下代码即可：

```
print(sayWelcome('张先生'));
```

运行结果：

```
张先生, 欢迎您的使用
Exited
```

最后，做一个测试。如果在调用上面的方法时，不传递任何参数值，即如下的写法，会有怎样的输出？

```
print(sayWelcome());
```

输出结果：

```
null, 欢迎您的使用
Exited
```

这显然不是理想的结果，对于不知道名字的用户，或许需要一个默认值，输出类似"您好，欢迎您的使用"的欢迎词，而不是用 null。那么，怎样去定义这个默认值呢？我们可以对 sayWelcome() 方法稍加修改，代码片段如下：

```
//声明一个带有可选位置参数的方法
String sayWelcome([String name = "您好"]){
  return "$name, 欢迎您的使用";
}
```

运行结果：

```
您好, 欢迎您的使用
Exited
```

这就是为某个参数定义默认值的方法，对于可选命名参数和可选位置参数来讲都一样。

3.4.3 主方法

在 Dart 中，main()方法即主方法。主方法表示程序从这个方法的方法体中开始执行，因此，也称为入口函数。

main()方法返回 void（即没有返回值），以及一个可选的参数 List<String>。

一般来讲，在 Visual Studio Code 中输入 main 时，IDE 的自动提示功能会出现提示下拉列表，其中包含 main()方法。

3.4.4 作用域

Dart 是静态作用域语言，变量的作用域通常在其定义时就确定了。一个简单的判断依据是查找距离它最近的大括号，因为一个变量的作用域只能在大括号所包裹的范围中访问。代码片段如下：

```
// 变量的作用域
void scopeTest(){
  var scope_a = 1;
  void scopeTestInner(){
    var scope_b = 2;
    print(scope_a);
    print(scope_b);
  }
  print(scope_a);
  print(scope_b);
}
```

上述代码中的倒数第二行（print(scope_b)）会被报错，无法编译。这是因为名为 scope_b 的变量，其作用域只作用于 scopeTestInner()方法中，故倒数第二行的 print(scope_b) "看不到" scope_b 变量，因此会出现编译错误。但和 scope_b 不同，scope_a 变量作用域覆盖整个 scopeTest()方法，而 scopeTestInner()方法又被 scopeTest()方法包含，因此在 scopeTestInner() 方法内可以正常使用 scope_a，因为程序能够"看到"它。

3.4.5 闭包

所谓闭包，即方法的对象，即无论该方法对象在何处被调用，该对象总是可以访问其作用域内的变量。对之前声明带有必选参数的方法稍加改造，如下：

```
// 闭包
Function newFriend_2(String name, var age){
  print("I have a new friend: $name, age is $age");
}
```

其中，name 和 age 两个变量的作用域在这个方法内，即无论它们在哪里被调用，在方法内始终可用。

3.4.6　检查两个方法是否相等

检查两个方法是否相等和判断两个变量是否相等类似，都是采用连等号（==）来判断，代码如下：

```
// 判断两个方法是否相等 - 左侧
int leftSide(){
  return 2 + 3;
}
// 判断两个方法是否相等 - 右侧
int rightSide(){
  return 3 + 2;
}
  // 判断两个方法是否相等
  print(leftSide() == rightSide());
```

在上述代码中，由于 leftSide()方法和 rightSide()方法的返回值都是 5，因此在最后的判断中结果将输出 true。

3.4.7　返回值

在 Dart 中，当一个方法没有声明返回类型和 return 语句时，将默认为 return null；否则，将按照代码中指定的返回类型作为返回值。

3.5　运算符

运算符，也称为操作符。Dart 编程语言定义了很多运算符，如表 3.2 所示。

表 3.2　Dart 的运算符

描述	运算符
一元后缀	expr++, expr--, (), [], ., ?.
一元前缀	-expr, !expr, ~expr, ++expr, --expr
乘法	*, /, %, ~/
加法	+, -
移位	<<, >>, >>>
按位与	&
按位异或	^
按位或	|
关系和类型测试	>=, >, <=, <, as, is, is!
相等判断	==, !=
逻辑与	&&
逻辑或	||
如果为空判断	??
条件	expr1?expr2:expr3
级联	..
赋值	=, *=, /=, +=, -=, &=, ^=等

所有带有运算符的都是表达式。在上述表格中，运算符的优先级顺序为从左到右，从上到下。对比下面两个表达式：

```
// 运算符优先级
if((1 % 2 == 1) || (2 % 3 == 1)){
  print("true");
}
if(1 % 2 == 1 || 2 % 3 == 1){
  print("true");
}
```

由于"%"的优先级高于"=="，且"=="的优先级高于"||"，因此上述代码运行后的结果如下：

```
true
true
Exited
```

要注意的是，对于有两个操作数的运算符，其功能取决于左侧的操作数。

3.5.1 算术运算符

算术运算符很好理解，和传统的数学意义最为类似。所有算术运算符如表 3.3 所示。

表 3.3 算术运算符

运算符	定义
+	相加
-	相减
-expr	取反
*	相乘
/	除法
~/	除法（返回整数）
%	取余
++var	自增
var++	自增
--var	自减
var--	自减

如表 3.3 所示，加法、减法、乘法、除法、取反都很好理解。但在 Dart 中直接做除法时，如果不能整除，就不会只返回整数，而是自动转换为小数返回。如果要只取整数部分，就需要使用"~/"。具体的算术运算符示例如下所示：

```
// 算术运算符
// 加法
print(2 + 3);
// 减法
print(4 - 1);
print(4 - 5);
// 乘法
print(3 * 6);
// 除法
print(1 / 2);
// 除法（只取整数）
print(9 ~/ 2);
// 取反
print(- (1 - 4));
```

```
    // 取余
    print(9 % 2);
```
运行结果如下:
```
5
3
-1
18
0.5
4
3
1
Exited
```
和其他高级语言一样,Dart 也支持变量自增/自减操作。经过自增操作,值比原来大 1; 经过自减操作,值比原来小 1。我们会发现,自增和自减分别有两种不同的写法,那么它们的区别是什么呢?用下面的代码进行测试:
```
// 自增操作
var a = 1;
print(++a);
print(a);
print(a++);
print(a);
```
输出结果:
```
2
2
2
3
Exited
```
由此可见,++a 立即见效,其表达式已经是自增之后的结果。而 a++ 则不同,其表达式结果仍为原来的数值,在之后才会做加 1 的操作。同样地,自减操作也如此。在实际开发中,注意这个问题有助于规避一些算术错误。

3.5.2 关系运算符

关系运算符如表 3.4 所示。

表 3.4 关系运算符

运算符	定义
==	相等判断
!=	不等判断
>	大于
<	小于
>=	大于等于
<=	小于等于

表 3.4 列出了所有关系运算符，下面是一些具体的示例：

```
// 关系运算符
// 相等运算符
print((2 + 3) == (3 + 2));
// 不等运算符
print((1 + 4) != (6 - 1));
// 大于运算符
print((1 + 4) > (6 - 1));
// 大于等于运算符
print((1 + 4) >= (6 - 1));
// 小于运算符
print((1 + 4) > (6 - 1));
// 小于等于运算符
print((1 + 4) >= (6 - 1));
```

输出结果：

```
true
false
false
true
false
true
Exited
```

要注意的是，如果两个对象均返回 null，即使其类型不同，但其值相同，也是相等的。

3.5.3 类型判定运算符

类型判定运算符是在运行时判断两个对象类型是否一致的运算符，如表 3.5 所示。

表 3.5　类型判定运算符

运算符	定义
as	类型转换
is	是指定类型
is!	非指定类型

下面来看具体的示例：
```
// 类型判定运算符
// 转换类型
String stringObj = "I'm String";
print((stringObj as Object).hashCode);
// 判断是否为指定类型
int intObj = 100;
print(intObj is int);
// 判断是否为非指定类型
print(intObj is! String);
```
输出结果：
```
508878895
true
true
Exited
```

我们知道，String 类型是一个对象，属于 Object 的子类，因此 String 类也会具备 Object 类的一些方法。所以，可以将 String 类型转换为 Object 类型，然后使用 Object 类的方法。

3.5.4　赋值运算符

Dart 编程语言中的赋值运算符如表 3.6 所示。

表 3.6　赋值运算符

=	-=	/=	%=	>>=	^=
+=	*=	~/=	<<=	&=	|=

除了等号运算符直接将右侧的值赋给左侧，其他的运算符均相当于先执行运算，然后把运算后的值赋给左边的变量。看下面的代码示例：
```
// 赋值运算符
```

```
var assignmentValue = 10;
assignmentValue += 5;
print(assignmentValue);
```
运行结果：
```
15
Exited
```
详细的过程相当于"assignmentValue = assignmentValue + 5"。

3.5.5 逻辑运算符

表 3.7 展示了 Dart 中的所有逻辑运算符。

表 3.7 逻辑运算符

运算符	定义
!expr	取反
||	逻辑或
&&	逻辑与

逻辑运算符的左右两侧通常都是布尔类型的表达式，经过逻辑运算符运算后依然得到布尔类型的结果。代码示例：

```
// 逻辑运算符
// 取反运算符
print(!true);
// 或运算符
print(true || false);
// 与运算符
print(true && false);
```
运行结果：
```
false
true
false
Exited
```

取反运算符的意义就是原布尔值的相反的结果，即原来是 true 的变为 false，原来是 false 的变为 true。

或运算符的意义就是对于两个或多个布尔表达式，只要其中一个为 true，那么整体结果为 true。因此，在 IDE 中，类似于示例中或运算符的写法可能会在 false 那里出现警告，因为第一个值已经是 true，所以代码不会运行到 false，这也是由编程语言中的懒特性决定的。

与运算符的意义是对于两个或多个布尔表达式，只有当表达式的值均为 true 时，整体的结果才为 true；只要有一个表达式的结果为 false，整体的计算结果就是 false。因此，会得到上面的运行结果。

3.5.6 位操作运算符

Dart 支持按位操作。在实际开发过程中，按位操作可能不及算术运算用处那么广泛，但在某些情况下，使用它可以使性能更高效、算法更巧妙。Dart 的位操作运算符如表 3.8 所示。

表 3.8 位操作运算符

运算符	定义
&	按位与
|	按位或
^	按位异或
~expr	一元位补码
<<	左移位
>>	右移位

其中，按位与、按位或和按位异或看上去和之前介绍过的逻辑运算符很像，要注意它们之间的区别。具体用法的示例如下：

```
// 位操作运算符
var bitValue = 0x22;
var bitValueMask = 0x0f;
// 按位与
print((bitValue & bitValueMask) == 0x02);
// 一元位补码
print(~bitValue);
// 按位或
print((bitValue | bitValueMask) == 0x2f);
// 按位异或
print((bitValue ^ bitValueMask) == 0x2d);
// 左移位
print((bitValue << 4) == 0x220);
// 右移位
```

```
print((bitValue >> 4) == 0x02);
```
输出结果：
```
true
-35
true
true
true
true
Exited
```

位操作都是先将其转换为二进制数。比如按位与，bitValue 的十六进制数是 0x22，转换为二进制数后是 100010；bitValueMask 的十六进制数是 0x0f，转换为二进制数后是 001111。然后将这两个二进制数的每一位进行与操作，将得到 000010 的结果，这个结果仍然是二进制数，转换为十六进制数为 0x02。因此，上面代码中的判断运算符将得到 true 的输出结果。你可以对其他的运算符如法炮制，先转换为二进制数，再运算，最后将二进制数转换为十六进制数，即最后的结果。

3.5.7 条件表达式

Dart 编程语言支持两种条件表达式，其中一种格式如下：

条件？ 表达式 1：表达式 2

如果条件判断为 true，则执行表达式 1，并返回结果；反之则执行表达式 2，并返回结果。
另一种格式如下：

表达式 1 ?? 表达式 2

如果表达式 1 的值不是 null，则返回表达式 1 的结果；反之则返回表达式 2 的结果。
示例如下：

```
// 条件表达式
var conditionBool = true;
print(conditionBool? 'true': 'false');
conditionBool = null;
print(conditionBool?? 'careful it is null');
```

运行结果：
```
true
careful it is null
Exited
```

上述示例很好地诠释了两种条件表达式的用法和区别。在某些条件和返回足够简单的情况下，建议使用条件表达式来替代 if-else 语句。

3.5.8 级联运算符

从严格意义上说，级联运算符实际上是 Dart 编程语言的一个特殊语法，并不是一个运算符。它的写法是两个点（..），用于在同一对象上的连续调用。考虑这样一个情况，现在有一个自定义坐标点的对象，其中包含 x，y，z 坐标值，给它赋值，并调用类自身的 toString() 方法输出这个对象的值。如果不采用级联运算符的话，代码如下：

```
Point pointExp = new Point();
pointExp.setX(10);
pointExp.setY(20);
pointExp.setZ(30);
print(pointExp.toString());
```

毫无疑问，在代码中对 x，y，z 分别进行设置，然后输出结果，不存在任何问题。但是如果运用级联运算符的话，代码就可以更简洁，如下：

```
print(new Point()..setX(10)..setY(20)..setZ(30)..toString());
```

这样一行就搞定了，而且还避免了创建 pointExp 这个临时变量。

3.5.9 其他运算符

在 Dart 中，还有一些其他运算符，见表 3.9。

表 3.9　其他运算符

运算符	名称	使用
()	使用方法	调用一个方法
[]	访问列表	访问列表中特定位置的元素
.	访问成员变量	访问一个对象中的成员变量
?.	条件成员访问	如果左边的对象不是 null，则返回右边的值；反之，则返回 null

本书对这些运算符不再详细说明，请自行编写测试代码实践。

3.6　流程控制

和其他高级编程语言类似，Dart 同样支持流程控制，而且使用方法也十分相似。如果你有其他编程语言的经验，可以跳过本节，但笔者的建议是最好通读一遍，因为有一些写法还是和其他编程语言不同。比如，Java 中的 for-each 这里变成了 for-in。

3.6.1　if-else 条件语句

Dart 编程语言提供 if-else 结构的流程控制语句，其中 if 语句是必选的，else 可选。示例如下：

```
// if-else
var volumeLevel = 7;
if(volumeLevel < 0){
  print("音量值非法");
} else if(volumeLevel < 3){
  print("低音量");
} else if(volumeLevel < 7){
  print("中音量");
} else if(volumeLevel <= 10){
  print("高音量");
}
```

运行结果：
```
高音量
Exited
```

在示例中，由于存在 4 个条件判断依据，因此 else 不可省略且需要继续判断。

3.6.2　for 循环

在实际开发中，for 循环非常常用且多用于遍历集合，示例如下：

```
// for 循环
var studentName = ['雁雁','婷婷','彤彤','雯雯'];
for (var i = 0; i < studentName.length; i++){
  print(studentName[i]);
}
```

输出结果：
```
雁雁
婷婷
彤彤
雯雯
Exited
```

在上述代码中，for 后面小括号内的内容分别对应循环的初始化（var i = 0）、循环的终止条件（i＜studentName.length）和每次循环的操作（i++）。在初始化语句中，i=0 的意思是从下标索引为 0 开始取 studentName 集合的值，使用 list.length 作为循环结束的判断。在每一次循环过程结束时，i 的值自增 1，即在下次循环时，取下一个 studentName 集合中的值。

遍历一个集合是 for 循环的典型应用且使用相当广泛，是开发者必须要掌握的技巧。

除了上述 for 循环写法，Dart 还提供了一种 for 循环的简便写法。在讲集合的章节中，提到其无法通过下标来获取值，而这种简便写法可以巧妙地解决这个问题，代码片段如下：

```
// for-in 遍历 Set
Set setExp = {'Alice', 'Bob', 'Cindy', 'David', 123, 456, 7.89};
for (var x in setExp) {
  print(x);
}
```

运行结果：

```
Alice
Bob
Cindy
David
123
456
7.89
Exited
```

3.6.3　while 循环和 do-while 循环

和 for 循环不同，while 循环没有初始化条件，只有判断是否终止的条件。它在循环的起始进行判断，如果不满足条件，则不会执行循环体。代码如下：

```
// while 循环
var i = 0;
while (i < 100){
  i++;
}
print(i);
```

输出结果：

```
100
Exited
```

while 循环以 i＜100 作为停止循环的判断依据，当满足这个条件时，就执行 i++，即自增 1。当 i 增加到 100，不再满足 while 的判断条件时，程序就结束循环，最后输出 i 的值为 100。

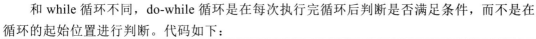

和 while 循环不同，do-while 循环是在每次执行完循环后判断是否满足条件，而不是在循环的起始位置进行判断。代码如下：

```
// do-while 循环
var j = 100;
do {
  j--;
} while (j > 0);
print(j);
```

输出结果：

```
0
Exited
```

在上面的代码中，首先执行 j-- 的循环操作，然后判断是否为 j > 0。一开始 j 的值肯定是大于 0 的，即满足条件，继续执行循环体。当 j 的值减小到不再满足 j > 0 的条件时，程序就结束循环，输出 j 的结果即 0。

3.6.4　break 语句和 continue 语句

break 语句和 continue 语句可以用来控制循环的进行，在某些情况下很实用。考虑一种实际情况：输出从 27 到 100 之间第一个可以被 26 整除的数。我们可以简单地使用循环语句从 27 开始遍历到 100，如果余数为 0 即得到第一个解。此时，就需要结束循环，而这一操作需要借助 break 语句来实现。代码如下：

```
// break
for (int i = 27; i < 100; i++){
  if (i % 26 == 0){
    print(i);
    break;
  }
}
```

输出结果：

```
52
Exited
```

结果是正确的。

在上面的 for 循环体中，通过判断 i 除以 26 的余数是否为 0，为 0 即可以被 26 整除。若不满足条件，for 循环就继续执行 i++；若满足条件，break 语句就起作用，直接阻止 for 循环继续进行，循环结束。因此，不会看到 78 的结果。

接下来考虑另外一种实际情况：找出从 0 到 100 的整数中，所有可以被 10 整除的数。

代码如下:

```
// continue
for (int i = 0; i < 100; i++){
  if (i % 10 != 0){
    continue;
  }
  print(i);
}
```

输出结果:

```
0
10
20
30
40
50
60
70
80
90
Exited
```

输出结果是正确的。

在上面的 for 循环体中，就是判断 i 除以 10 余数是否为 0。如果为 0，输出这个数；反之，停止当前循环，直接开始下一次循环。因此，我们发现，continue 语句的作用是结束当前循环并直接开始下一次循环。

3.6.5　switch-case 条件语句

对于一个变量与多个条件匹配的情况，使用 swtich-case 语句将会使代码更具有可读性。当然写成多个 else if 语句也可以正常运行，但显得冗余。如果把前面送礼物的例子写成一个典型的 switch-case 语句，代码如下所示:

```
// switch-case
var name = "雁雁";
switch (name){
  case "雁雁":
    print("唇膏");
    break;
  case "婷婷":
    print("精装书");
```

```
    break;
  case "童童":
    print("精装书");
    break;
  case "雯雯":
    print("手表");
    break;
  default:
    print("不知道你是谁,不送了");
}
```

运行结果:

```
唇膏
Exited
```

在这段代码中,我们定义了一个 name 的变量,值为雁雁。在 switch 后面的小括号内是表示对 name 变量值的判断。大括号包裹的内容是对 name 不同的值进行不同的处理。当值为雁雁时,输出唇膏。因此,在最后的结果中,看到了唇膏的输出。

在使用 switch-case 语句时,有几点需要注意。

在大括号包括的各种 case 中,default 表示默认情况的处理。在上述示例中,如果 name 的值为彤彤,程序就找不到匹配的 case,因此就会执行 default 中的语句,输出"不知道你是谁,不送了"。

另外,在不同的 case 中,如果一个 case 的内容非空,就要用 break 隔开;否则,就会被接下来 case 中的语句一起执行。比如,我们去掉 case "雁雁"中的 print()语句和 break 语句,代码如下:

```
// switch-case
var name = "雁雁";
switch (name){
  case "雁雁":
  case "婷婷":
    print("精装书");
    break;
  case "童童":
    print("精装书");
    break;
  case "雯雯":
    print("手表");
    break;
  default:
    print("不知道你是谁,不送了");
```

}
```

运行结果：

```
精装书
Exited
```

这样雁雁和婷婷的两个 case 均按照同一种情况进行处理，她们都会收到精装书，显然这不是我们想要的结果。实际上，婷婷和童童应该收到精装书，因此，正确的代码写法如下：

```
// switch-case
var name = "雁雁";
switch (name){
  case "雁雁":
    print("唇膏");
    break;
  case "婷婷":
  case "童童":
    print("精装书");
    break;
  case "雯雯":
    print("手表");
    break;
  default:
    print("不知道你是谁，不送了");
}
```

和传统的 else if 语句相比，switch-case 语句结构更加简洁、易懂。

3.6.6 断言

为了方便开发者调试自己的程序，Dart 编程语言提供了断言（assert）。因此，断言只在开发模式下起作用，在正式的生产环境（即发布环境）中无效。断言可以检查程序中某些可能出现的运行逻辑错误。如下代码：

```
// assert
var intValue = 300;
assert(intValue == 299);
```

很明显，intValue 不满足和 299 相等的条件，此时如果在开发环境中运行程序，就会看到控制台报错。而如果一旦切换到生产模式，则不会收到任何错误提示。这对程序员检查代码中某些隐含的逻辑问题十分有效。
```

3.7 异常

在代码实际运行中，难免会出现一些问题导致程序发生错误甚至崩溃，我们称之为异常。在 Dart 中，也会抛出（即出现）异常和捕捉异常。如果异常未经补货，就很可能造成程序崩溃。

Dart 编程语言提供了 Exception 和 Error 两类异常。除此之外，还有很多它们的子类，甚至还可以自定义异常类型，其中自定义的异常类型不能为空值。下面来看一看如何抛出异常，以及如何捕捉它们。

3.7.1 Throw

先来看一下如何抛出一个已知类型的异常：

```
// 抛出一个已知类型的异常
throw new FormatException("Data format exception occurred");
```

运行代码，控制台将会出现报错提示：

```
Unhandled exception:
FormatException#2
_RawReceivePortImpl._handleMessage(dart:isolate/runtime/libisolate_patch.dart:171:12)
Exited (255)
```

一旦程序发生异常，就会终止运行，后面的逻辑将不会被执行。实际上，如果尝试在 IDE 中抛出异常的代码后面继续写代码的话，就会出现 Dead Code 警告。因为 IDE 检测到了抛出异常的代码，在此之后的代码就不会被执行，所以在此后面的代码均为 Dead Code。

那么，如何自定义异常呢？同样非常简单，代码片段如下：

```
// 抛出一个自定义的异常
throw 'Custom exception';
```

运行代码，控制台依然会有报错提示：

```
Unhandled exception:
Custom exception #2_RawReceivePortImpl._handleMessage(dart:isolate/runtime/libisolate_patch.dart:171:12)
Exited (255)
```

从输出的结果上看，自定义的 Custom exception 已经得到体现。

当然，这样的自定义异常似乎是没有任何意义的，只能做讲解演示用。在实际生产环境中，自定义异常通常的做法是写一个类，声明 Error 或 Exception 类中的方法。这会涉及类、继承等知识，我们会在下一章讲解。

3.7.2　Catch

更多的时候，我们希望程序能够捕捉一些可能发生的异常情况，以避免程序崩溃。这就好像生活中我们打的预防针，因为身体提前有了抗体，所以就可以抵抗病毒了，而在 Dart 中是通过 Catch 来捕捉异常的。首先尝试运行如下代码：

```
// 捕捉异常
var intArray = [10, 20, 30, 40, 50];
print(intArray[5]);
```

我们知道列表的下标是从 0 开始的，而上例中最后一个下标是 4，但在 print()方法中却取了 5 号下标，因此，程序会崩溃。运行结果如下：

```
Unhandled exception:
RangeError (index): Invalid value: #3_RawReceivePortImpl._handleMessage
(dart:isolate/runtime/libisolate_patch.dart:171:12)
Exited (255)
```

千万不要以为自己能够完全规避这类问题。当程序的逻辑愈加复杂时，开发者有可能真的会出现这样的问题。而问题一旦发生，程序就会崩溃，对于使用者就是一次非常不好的体验。

为了规避程序崩溃的风险，正确的做法实际上是将值改正确。但在这里为了讲解方便，故意不改这个错误的值，而是使用 Catch 来捕获这个异常并处理它。代码片段如下：

```
// 捕捉异常
var intArray = [10, 20, 30, 40, 50];
try {
  print(intArray[5]);
} catch (e) {
  print(e.toString());
  print(intArray[4]);
}
```

运行结果：

```
RangeError (index): Invalid value: Not in range 0..4, inclusive: 5
50
Exited
```

在上面的代码中，首先使用一个 try 的代码块来包裹可能出现异常的代码，然后 catch 紧跟其后，e 是包含异常信息的对象。处理的方法是将异常信息输出，然后按照正确的写法输出值，便得到了上面的运行结果。

在某些情况下，由于被 try 包裹起来的代码不一定只发生一种类型的异常，所以就需要分别对每一种异常进行处理。对于这种分情况进行处理的需求，只需要去捕捉不同的异常即可。代码如下：

```
// 捕捉异常
var intArray = [10, 20, 30, 40, 50];
try {
  print(intArray[5]);
} on RangeError{
  print(intArray[4]);
} on FormatException{
   print("FormatException");
} catch(e) {
  print(e.toString());
}
```

运行结果：

```
50
Exited
```

这一次并没有输出详细的错误信息，因为代码的逻辑走到了 on RangeError 分支，而输出详细的错误信息是作为默认异常处理才会被执行的。

在某些情况下，我们可能需要再次抛出异常，尽管这种情况很少见。其实再次抛出异常很简单，只需要在 catch 的代码块中使用 rethrow 即可。代码如下：

```
// 捕捉异常
var intArray = [10, 20, 30, 40, 50];
try {
  print(intArray[5]);
} on RangeError{
  print(intArray[4]);
  rethrow;
} on FormatException{
   print("FormatException");
} catch(e) {
  print(e.toString());
}
```

运行结果：

```
50
Unhandled exception:
RangeError (index): Invalid value: Not in range 0..4, inclusive: 5
#0      List.[] (dart:core/runtime/libgrowable_array.dart:145:60)
#1      main (file:///D:/Projects/dart_learn/demo.dart:13:19)
```

```
#2          _startIsolate.<anonymous closure> (dart:isolate/runtime/libisolat#3
_RawReceivePortImpl._handleMessage
(dart:isolate/runtime/libisolate_patch.dart:171:12)
   Exited (255)
```

3.7.3 Finally

当在运行完一些可能引起异常的代码逻辑后，仍需要执行一些语句完成后面的工作时，就需要使用 finally 代码块包裹后面的代码。具体参考如下示例：

```
// Finally 语句
try {
  print(intArray[4]);
} catch (e){
  print(e.toString());
} finally {
  print("程序运行结束");
}
```

运行结果：
```
50
程序运行结束
Exited
```

当然，这是没有抛出异常的情况。你可以自行尝试依然执行 print(intArray[5])，观察在出现异常时的运行结果。

3.8 练习

1. 编写程序实现对给定的 25、32、13、48 四个整数按从大到小的顺序排列。
2. 用 while 循环，计算 1~200 所有 3 的倍数的数之和。
3. 编程求 1~10 000 的所有完全数（完全数是该数的所有因子之和等于该数的数）。例如，6 的因子有 1，2，3，且 6=1+2+3，即 6 是完全数。

第 4 章
Dart 语言的面向对象应用

Dart 语言是一门面向对象的编程语言，在实际开发中，会经常用到面向对象的特性。而如果要利用好这一特性，就需要掌握类的相关知识。在第 3 章中，提到和用到的 String 和 int 实际上都是一个对象，而这些对象就是一个类的实例。

4.1 类

和其他面向对象的高级编程语言类似，Dart 所有的类都是 Object 的子类，即继承于 Object 类。不同的是，Dart 的基本数据类型属于对象，甚至 null 也属于对象。因此，可以说 Dart 是一种真正面向对象的语言。

4.1.1 类的实例化

首先来看下面一段代码：

```
main(List<String> args) {
  // 类的实例化
  var alice = new Person('alice', 25, 'female');
  print(alice.toString());
```

```
}
class Person{
  var name;
  var age;
  var gender;
  Person(var name, var age, var gender){
    this.name = name;
    this.age = age;
    this.gender = gender;
  }
  @override
  String toString() {
    return "name: $name, age: $age, gender: $gender";
  }
}
```

运行结果：

```
name: alice, age: 25, gender: female
Exited
```

在上面的代码中，有一段代码和 main()方法的缩进一样，即 Person 类。这个类是一个自定义的类，其大括号包含了这个类的实现。实际上，在使用 String 类的实例时，String 作为基本数据类型，其类不需要自定义，直接拿来用即可，所以看不到 String 类的源码。在使用 Person 类时，可以把它当作 String 类看待。

在定义类时，我们可以像上面的例子一样直接把多个类写到一个文件中，也可以用单独的一个文件来实现一个类。例如，对于上例而言，新建一个文件，命名为 Person.dart，把 Person 类的具体内容写到这个文件中，然后删掉原先的 Person 类实现。由于删掉了 Person 类的实现内容，原先的代码会报错。此时，需要指明要使用的类，即 import（导入）Person 类。最终的代码将如下所示：

.dart 代码：

```
import 'Person.dart';
main(List<String> args) {
  // 类的实例化
  var alice = new Person('alice', 25, 'female');
  print(alice.toString());
}
```

Person.dart 代码：

```
class Person{
  var name;
  var age;
```

```
  var gender;
  Person(var name, var age, var gender){
    this.name = name;
    this.age = age;
    this.gender = gender;
  }
  @override
  String toString() {
    return "name: $name, age: $age, gender: $gender";
  }
}
```

运行结果和前面的相同。通常意义上讲，为了确保代码的可读性和可维护性，会将不同的类放在不同的文件中单独处理。一个完整可用的类通常包括方法（也称为函数）和数据（也称为变量）。在调用时，通常使用一个点（.）来引用类中的变量。比如，我们只输出 alice 的年龄，则上面 main() 方法中的代码如下：

```
print(alice.age);
```

输出结果：

```
25
```

如果忘记初始化名为 alice 的对象，或无意中给 null 赋值，在调用时就会出现空指针异常。为了做非空判定，通常的做法如下：

```
if (alice != null){
    // 调用 alice 的代码逻辑
}
```

为了简化上述操作，提供了?.的调用方法，同时需要手动设置默认值。如下所示：

```
alice?.age = 20;
```

上面代码的意思是，当调用 alice.age 时，如果 alice 不为空，则使用 alice 对象中 age 变量的值；否则，将 20 作为值使用。最后，如果不清楚某一个对象的类型，就可以通过 runtimeType 来判断，代码如下：

```
print(alice.runtimeType);
```

运行结果：

```
Person
```

如此，可得到类名，从而得知其对象类型。

4.1.2 实例变量

现在把注意力集中在 Person 类，发现在开始时有三个变量声明，如下：

```
var name;
var age;
var gender;
```

这三个变量就称为实例变量。在声明时，可以对其赋值，未被赋值过的实例变量的默认值是 null。而被赋值的变量的赋值操作将在该类被实例化时发生，且发生在构造方法和初始化列表操作前。

有关构造方法和初始化列表的知识将在后面的小节中讲解，这里可以简单地认为赋值是类在实例化操作中的第一步。要强调的是，构造函数的执行顺序为初始化参数列表→父类的无名构造函数→本类的无名构造函数。

4.1.3 getter()方法和 setter()方法

和某些面向对象的高级编程语言不同，Dart 是不需要手动去写 getter()方法和 setter()方法的，它会自动为每一个实例变量生成 getter()方法。对于非 final 修饰的实例变量，也会自动生成 setter()方法。在使用时，可以直接以"对象.实例变量"的方式访问。同时，Dart 也支持自定义 getter()方法和 setter()方法，方法使用 get 和 set 关键字。

接下来实现一个功能：当我们使用姓名、年龄和性别去初始化一个对象后，通过一个方法得到这个人的年龄阶段描述，如儿童、少年、青年，而这要根据年龄来判断。代码片段如下：

```
String get getAgeGrades{
    if(age < 0){
      ageGrades = "非法数据";
    } else if (age < 44){
      ageGrades = "青年期";
    } else if (age < 59){
      ageGrades = "中年期";
    } else if (age < 74){
      ageGrades = "年轻老人";
    } else if (age < 89){
      ageGrades = "老年人";
    } else if (age > 89){
      ageGrades = "长寿老人";
    }
    return ageGrades;
}
```

将上述代码放到 Person 类中，然后回到 main()方法中调用它：

```
print(alice.getAgeGrades);
```

运行结果：
青年期
Exited

4.1.4 静态变量

静态变量，又称为类变量。和实例变量不同的是，静态变量是对于一个类而言的。在 Person 类中，声明一个静态变量的方法是使用 static 关键字，如下所示：

```
// 类变量
static var notice = "Only for test";
```

再回到 main()方法中，当尝试用 alice 对象访问 notice 时，会发现根本无法访问，更不要说更改它了。因此，只能用 Person 类访问 notice，如下所示：

```
Person.notice;
```

和实例变量不同，静态变量在第一次使用时就需要初始化，即使没有创建任何该类的对象。

4.1.5 构造方法

除变量外，我们会发现 Person 类中还有一段代码：

```
Person(var name, var age, var gender){
    this.name = name;
    this.age = age;
    this.gender = gender;
}
```

这就是 Person 类的构造方法。由于在上面构造方法体中，利用参数给实例变量（下一节中会解释实例变量）赋值的场景非常常见，故 Dart 提供了简便写法，如下所示：

```
Person(this.name, this.age, this.gender);
```

1. 默认构造方法

默认构造方法很明显也是一个方法，只不过它和类的名字一样，小括号中的参数是可选的。在 Dart 中，如果一个类不包含任何构造方法，Dart 就会自动添加一个没有任何参数的默认构造方法，如下所示：

```
Person(){
}
```

因此，如果想定义默认构造方法，其实不用去写，因为 Dart 已经默认提供了。你可能会问，在构造方法的方法体中为什么要写 this，它是什么意思？this 关键字代表当前实例。根据 Dart 代码风格样式规范，实际上是不推荐使用 this 关键字的，但是在上面带有参数的构造方法中，如果直接忽略 this，就会变成：

```
name = name;
age = age;
gender = gender;
```

显然这是没有意义的。因此，这是借助 this 关键字来解决变量名冲突的问题。

2. 命名构造方法

除了上述使用类名作为构造方法名的构造方法，还有命名构造方法。具体代码片段如下：

```
Person.myself(var age){
   name = "Wenhan.Xiao";
   this.age = age;
   this.gender = "male";
}
```

在 main()方法中，调用这个构造方法需要创建对象：

```
var me = new Person.myself(28);
print(me.toString());
```

运行结果：

```
name: Wenhan.Xiao, age: 28, gender: male
Exited
```

当然，这里出于实际的代码逻辑考虑，仅仅要求一个参数，即年龄，因为名字和性别不会轻易更改。

3. 调用父类的构造方法

当一个类作为子类存在时，它的构造方法会自动调用其父类的无名无参数的默认构造方法，调用的时机是在子类的构造方法开始执行之前。当父类没有无名构造方法时，则需要使用冒号（:）调用父类的其他构造方法。代码片段如下：

Person.dart 代码：

```
class Person {
  // 实例变量
  var name;
  var age;
  var gender;
```

```dart
    var ageGrades;
    // 类变量
    static var notice = "Only for test";
    // 构造方法
    Person(this.name, this.age, this.gender);
    Person.myself(var age){
      name = "Wenhan.Xiao";
      this.age = age;
      this.gender = "male";
    }
    // 自定义gettter()
    String get getAgeGrades{
      if(age < 0){
        ageGrades = "非法数据";
      } else if (age < 44){
        ageGrades = "青年期";
      } else if (age < 59){
        ageGrades = "中年期";
      } else if (age < 74){
        ageGrades = "年轻老人";
      } else if (age < 89){
        ageGrades = "老年人";
      } else if (age > 89){
        ageGrades = "长寿老人";
      }
      return ageGrades;
    }
    @override
    String toString() {
      return "name: $name, age: $age, gender: $gender";
    }
}
class Student extends Person {
  Student.myself(var age) : super.myself(age) {
    print("I'm student, $age years old.");
  }
}
```

main.dart 代码:

```dart
// 调用父类的构造方法
var studentPerson = new Student.myself(16);
if (studentPerson is Person) {
```

```
        studentPerson.name = "Student";
    }
    print(studentPerson.toString());
```
运行结果：
```
I'm a student, 16 years old.
name: Student, age: 16, gender: male
Exited
```

Student 类是 Person 类的子类，使用 extends 关键字表示继承关系。它调用了父类的 myself 构造方法，可以看到，最后输出的 gender 值为 male，age 为 16，正是父类构造方法执行后的结果。在执行完父类构造方法后，才执行本类中的代码，将 name 的值赋为 Student，并且在打印 "I'm student, $age years old." 后结束自身的构造方法。因此，调用 toString() 方法输出了希望看到的结果。

在调用父类的构造方法前，还可以通过初始化列表来初始化变量的值。首先在 Person 类中添加下面的构造方法：

```
Person.withoutAge(var name, var gender) :
    this.name = name,
    this.gender = gender {
        print(this.name);
        print(this.gender);
}
```

然后在 main() 方法中使用此构造方法进行实例化：

```
var noAgeInfo = Person.withoutAge("Bob", "male");
print(noAgeInfo.toString());
```

最后运行，结果如下：
```
Bob
male
name: Bob, age: null, gender: male
Exited
```

4. 重定向构造方法

对于一个类，有时候可能存在多个构造方法，而这些方法中可能存在某些相同的逻辑。为了使代码足够简洁和易于维护，我们可以把共同的部分提取出来，然后分别实现不同逻辑的部分即可。

对于上面的 Person 类，为了简化使用，在输入性别时，不再输入 male 和 female，而是简单地输入 0 代表 male，1 代表 female，但是要求在输出结果时按照 male 和 female 输出。此时，重定向构造方法便是一种解决途径。依然在 Person 类中加入构造方法，这一次按照如下写法来添加：

```
Person.easyGender(var name, var age, var gender) :
    this(name, age, gender == 0? "male" : "female" );
```

然后在 main()方法中测试：

```
// 重定向构造方法
var easyGenderTest = new Person.easyGender("Cindy", "30", 1);
print(easyGenderTest.toString());
```

运行结果：

```
name: Cindy, age: 30, gender: female
Exited
```

在 easyGender 的命名构造方法中，对 0 和 1 的性别输入进行相应的转换，然后调用其他的构造方法简化了重复赋值的操作。

5. 常量构造方法

如果不允许 Person 类中的变量在实例化后随意更改，就要用到常量构造方法。常量构造方法使用 const 关键字，并声明所有类的变量为 final。如上所述，在 Person.dart 中新建一个类：

```
// 常量构造方法
class Myself {
  final String name;
  final num age;
  final String gender;
  const Myself(this.name, this.age, this.gender);
  static final Myself me = const Myself("Wenhan", 28, "male");
  @override
  String toString() {
    return "name: $name, age: $age, gender: $gender";
  }
}
```

然后在 main()方法中实例化：

```
// 常量构造方法
var whoIam = Myself.me;
print(whoIam.toString());
```

运行结果：

```
name: Wenhan, age: 28, gender: male
Exited
```

使用常量构造方法初始化的对象，其 final 修饰的变量无法再被更改。如

```
whoIam.age = 22;
```
将会提示语法错误。

6. 工厂方法的构造方法

前面所述的众多构造方法均会返回一个新的实例。为了减少硬件资源的消耗，Dart 的设计者提供了工厂方法。所谓工厂方法，就是提供缓存，如果一个对象已经被实例化过，那么从缓存中取出来返回即可，不需要再生成一个新的对象。

因此，使用工厂方法不一定总是返回一个新的对象。也正因为如此，它可以减少实例化对象的时间。参考下面名为 Person_2 的新类：

```
class Person_2 {
  final String name;
  static final Map<String, Person_2> _cache =
    new Map<String, Person_2>();
  factory Person_2(String name) {
    if (_cache.containsKey(name)) {
      return _cache[name];
    } else {
      final person = new Person_2.newPerson(name);
      _cache[name] = person;
      return person;
    }
  }
  Person_2.newPerson(this.name);
  void say(String content) {
    print(content);
  }
}
```

在创建缓存区时使用了 Map 的组织形式，在类的内部使用了_cache 对象。前面的 String 即 key，用于保存某个人的姓名。只要有了姓名，就能找到他。然后，回到 main()方法中写下如下代码：

```
// 工厂方法的构造方法
Person_2 sayHello = new Person_2("David");
sayHello.say("Hello!");
print(sayHello.hashCode);
Person_2 sayHello_2 = new Person_2("David");
print(sayHello_2.hashCode);
Person_2 sayHello_3 = new Person_2("Elan");
print(sayHello_3.hashCode);
```

运行结果：
```
Hello!
766674089
766674089
346682784
Exited
```

通过调用对象.hashcode 可以判断是不是两个不同的实例。如上所示，虽然 sayHello 和 sayHello_2 都是通过 new Person_2 去实例化的，但由于都使用了 David 作为缓存 key，因此会得到同一个对象。而对于新来的 Elan，由于 _cache 中没有 Elan，因此将返回一个新的对象。

4.1.6 实例方法

实际上，我们已经多次使用过实例方法，如 Person_2 类中的 say()方法。

Dart 编程语言中的实例方法也是类成员方法，可以访问实例变量和 this。因此，若要判断一个方法是不是实例方法，仅看这个方法体中能否使用实例变量和 this 关键字即可。

4.1.7 静态方法

和静态变量相似，静态方法也是对于整个类而言的，因此也被称为类方法，同时它也无法在类的实例上执行。举例来说，扩展之前的 Person_2 类如下：

```
class Person_2 {
  final String name;
  static final Map<String, Person_2> _cache =
      new Map<String, Person_2>();
  factory Person_2(String name) {
    if (_cache.containsKey(name)) {
      return _cache[name];
    } else {
      final person = new Person_2.newPerson(name);
      _cache[name] = person;
      return person;
    }
  }
  Person_2.newPerson(this.name);
  void say(String content) {
      print(content);
  }
```

```
// 静态方法
static String readme() {
  return "我是一个工厂方法的构造方法的应用举例。";
}
}
```

注意,在最后的 readme() 方法前加了 static 关键字,这是一个静态方法。在使用静态方法时,只需要使用"类名.静态方法"即可。具体如下:

```
// 静态方法
print(Person_2.readme());
```

运行结果:
我是一个工厂方法的构造方法的应用举例。
Exited

同样地,如果使用类的实例,如 sayHello,调用 readme() 方法就会收到语法错误提示。

4.1.8 扩展类

所谓扩展类,实际上就是类的继承(使用 extends 关键字)及方法的复写(添加@Override 注解)。不管是类的继承还是方法的复写,在之前的示例中,其实多多少少都有体现,下面我们就用一个实际案例来具体讲解。

想象这样的情况:要建立两个类来模拟手机的操作,其中一部是 iPhone 手机,另一部是 Android 手机。根据现有的知识,我们会写两个类分别对应两部手机的某些特点和操作。本节中要写三个类:其中一个类是父类,也叫作超类。这个类包含了所有手机的共同特点和功能,如屏幕、质量、打电话、发短信等;另外两个类对应实际的手机,包含手机的特有功能,如 Android 手机的品牌、iPhone 手机的 Power 键功能等。

在这里,仅举例一部完整的手机中的少量特性和功能。首先新建一个父类,类名为 MobilePhone,具体代码如下:

```
// 表示手机的父类
class MobilePhone {
  var screenSize;
  var weight;
  var timePublished;
  var model;
  var systemVersion;
  void call(var number) {
    print("打电话给: $number");
  }
  void sendSms(var number, var content) {
```

```
    print("发短信给：$number, 内容是：$content");
  }
}
```

可以看到，父类的内容很简单：三个实例变量分别对应屏幕尺寸、手机质量和发布时间；打电话和发短信两个实例方法分别需要被叫号码、接收号码和短信内容。下面继续新建用来表示 iPhone 手机和 Android 手机的子类。

```
// 表示 iPhone 手机的子类
class IPhone extends MobilePhone {
  @override
  String toString() {
    return "我是 iPhone 手机，型号是：$model";
  }
}
// 表示 Android 手机的子类
class AndroidPhone extends MobilePhone {
  var brand;
  @override
  String toString() {
    return "我是$brand 手机，型号是：$model";
  }
}
```

再回到 main()方法中，分别实例化这两部不同的手机：

```
main(List<String> args) {
  var iPhone_8 = new IPhone();
  iPhone_8.model = "iPhone 8";
  iPhone_8.screenSize = 4.7;
  iPhone_8.weight = 148;
  iPhone_8.timePublished = "20170913";
  iPhone_8.systemVersion = "iOS 11";
  print(iPhone_8.toString());
  iPhone_8.call("12345");
  iPhone_8.sendSms("12345", "刚给你打电话");
  var samsungS8 = new AndroidPhone();
  samsungS8.brand = "三星";
  samsungS8.model = "S8";
  samsungS8.screenSize = 5.8;
  samsungS8.weight = 155;
  samsungS8.timePublished = 20170329;
  samsungS8.systemVersion = "Android 7.0";
  print(samsungS8.toString());
```

```
    samsungS8.call("67890");
    samsungS8.sendSms("67890", "刚打电话给你");
}
```

最后调用各自的 toString()方法、call()方法和 sendSms()方法，结果如下：

```
我是 iPhone 手机，型号是：iPhone 8
打电话给：12345
发短信给：12345，内容是：刚给你打电话
我是三星手机，型号是：S8
打电话给：67890
发短信给：67890，内容是：刚打电话给你
Exited
```

可见，虽然这两个类都继承了 MobilePhone，但是又有各自的特色。对于 MobilePhone 中的变量和方法，就不需要再重复编码了。当然，你也可以自由地输出其他信息。

对于上例，如果我们不满足于单纯调用父类的方法，而是想在各自的方法中加上一个手机品牌信息，就要借助 super 关键字来复写父类的方法。具体的操作如下：

对于 iPhone 手机：

```
// 表示 iPhone 手机的子类
class IPhone extends MobilePhone {
  @override
  void call(number) {
    super.call(number);
    print("来自 iPhone $model");
  }
  @override
  void sendSms(number, content) {
    super.sendSms(number, content);
    print("来自 iPhone $model");
  }
  @override
  String toString() {
    return "我是 iPhone 手机，型号是：$model";
  }
}
```

Android 手机：

```
// 表示 Android 手机的子类
class AndroidPhone extends MobilePhone {
  var brand;
  @override
  void call(number) {
```

```
    super.call(number);
    print("来自$brand $model");
  }
  @override
  void sendSms(number, content) {
    super.sendSms(number, content);
    print("来自$brand $model");
  }
  @override
  String toString() {
    return "我是$brand 手机, 型号是: $model";
  }
}
```

main()方法中的内容保持不变,运行结果如下:

```
我是 iPhone 手机, 型号是: iPhone 8
打电话给: 12345
来自 iPhone iPhone 8
发短信给: 12345, 内容是: 刚给你打电话
来自 iPhone iPhone 8
我是三星手机, 型号是: S8
打电话给: 67890
来自三星 S8
发短信给: 67890, 内容是: 刚打电话给你
来自三星 S8
Exited
```

如果不希望父类的方法被调用,就去掉super这一行。

4.1.9 可复写的运算符

运算符也可以被复写,但是并非所有的运算符都能复写。能够复写的运算符如表 4.1 所示。

表 4.1 可复写的运算符

<	+	|	[]
>	/	^	[]=
<=	~/	&	~
>=	*	<<	==
-	%	>>	

定义一个用于两项整数分别相乘的类,在其中复写乘号(*)运算符:

```
// 复写运算符
class Multi2ItemOperator {
  final int x;
  final int y;
  const Multi2ItemOperator(this.x, this.y);
  Multi2ItemOperator operator *(Multi2ItemOperator multi2ItemOperator) {
    return new Multi2ItemOperator(x * multi2ItemOperator.x, y * multi2ItemOperator.y);
  }
}
```

在 main()方法中实例化两个对象,并让它们相乘:

```
// 复写运算符
var a = new Multi2ItemOperator(10, 20);
var b = new Multi2ItemOperator(30, 40);
print((a * b).x);
print((a * b).y);
```

运行结果:

```
300
800
Exited
```

可见,代码按照我们希望的逻辑运行,实现了两个整数分别相乘的需求。当然,你也可以尝试两个数交叉相乘,或者自定义其他运算符的功能。

4.1.10 抽象方法

在 Dart 中,支持抽象方法。它和实例方法不同,实例方法要求完整的方法名和方法体,即方法的实现;但是抽象方法则只要求方法名,方法体在其子类中实现。回到之前讲解继承的例子中,尝试将父类声明为抽象类,并将其中的打电话(call())方法改为一个抽象方法。完整的代码如下:

```
// 表示手机的父类
abstract class MobilePhone {
  var screenSize;
  var weight;
  var timePublished;
  var model;
  var systemVersion;
  void call(var number);
  void sendSms(var number, var content) {
```

```
    print("发短信给：$number, 内容是：$content");
  }
}
```

此时，两个子类均会在原有的 super.call() 方法上报语法错误，改正如下：

iPhone 类：

```
// 表示 iPhone 手机的子类
class IPhone extends MobilePhone {
  @override
  void call(number) {
    print("来自 iPhone $model 拨出电话：$number");
  }
  @override
  void sendSms(number, content) {
    super.sendSms(number, content);
    print("来自 iPhone $model");
  }
  @override
  String toString() {
    return "我是 iPhone 手机，型号是：$model";
  }
}
```

AndroidPhone 类：

```
// 表示 Android 手机的子类
class AndroidPhone extends MobilePhone {
  var brand;
  @override
  void call(number) {
    print("来自$brand $model 拨出电话：$number");
  }
  @override
  void sendSms(number, content) {
    super.sendSms(number, content);
    print("来自$brand $model");
  }
  @override
  String toString() {
    return "我是$brand 手机，型号是：$model";
  }
}
```

main() 方法中的内容保持不变，运行结果如下：

```
我是 iPhone 手机，型号是：iPhone 8
来自 iPhone iPhone 8 拨出电话：12345
发短信给：12345，内容是：刚给你打电话
来自 iPhone iPhone 8
我是三星手机，型号是：S8
来自三星 S8 拨出电话：67890
发短信给：67890，内容是：刚打电话给你
来自三星 S8
Exited
```

综上所述，抽象方法就是仅对方法进行声明，然后放到子类中具体实现。

4.1.11 抽象类

上例中，我们将名为 MobilePhone 的父类声明为抽象类，这样 MobilePhone 便成了一个抽象类。抽象类无法被实例化，这也就意味着无法通过 new MobilePhone()方法来初始化一个对象。

抽象类一般会包含一个或多个抽象方法，同时也允许具体的实例方法存在。由于在上例中使用过抽象类，因此这里就不再重复举例。

4.1.12 接口

对于之前的例子，现在需要实现一个相同的功能，就是报出手机的品牌，但是具体的实现方法在另外一个类中。

```
// 接口
class GetBrand {
    void printMyBrand(var brandStr) {
        print("brandStr 的值为 $brandStr");
    }
}
```

由于 Dart 编程语言是不支持多个类继承的，因此在这种情况下，就要用到接口的概念。实现接口的关键字是 implememnts，我们采用和继承类似的写法改造 iPhone 类和 AndroidPhone 类。

iPhone 类：

```
// 表示 iPhone 手机的子类
class IPhone extends MobilePhone implements GetBrand{
  @override
```

```dart
  void call(number) {
    print("来自 iPhone $model 拨出电话：$number");
  }
  @override
  void sendSms(number, content) {
    super.sendSms(number, content);
    print("来自 iPhone $model");
  }
  @override
  String toString() {
    return "我是 iPhone 手机，型号是：$model";
  }
  @override
  void printMyBrand(brandStr) {
    print("我是$brandStr 手机");
  }
}
```

AndroidPhone 类：

```dart
// 表示 Android 手机的子类
class AndroidPhone extends MobilePhone implements GetBrand{
  var brand;
  @override
  void call(number) {
    print("来自$brand $model 拨出电话：$number");
  }
  @override
  void sendSms(number, content) {
    super.sendSms(number, content);
    print("来自$brand $model");
  }
  @override
  String toString() {
    return "我是$brand 手机，型号是：$model";
  }
  @override
  void printMyBrand(brandStr) {
    print("我是 Android 手机");
  }
}
```

最后，在 main()方法中分别调用两个类实例的 printMyBrand()方法，得到结果：
我是 IPhone 手机

我是 Android 手机
Exited

上例中的玄机在于使用了 implements。有了它，便有了方法实现的多样性，这对于上例中的应用场景十分合适。而且，在接口的实现上，Dart 编程语言是支持多实现的。其结构如下：

```
Class 类名 implements 类1, 类2, …
```

4.1.13 利用 Mixin 特性扩展类

众所周知，Android 和 iOS 在 App 后台运行的机制不同，Android 可以提供几乎所有 App 的后台运行，而 iOS 只有定位、音乐播放等后台保持运行。因此，接下来，我们继续对 AndroidPhone 类进行扩充，添加一个将 App 放在后台运行的方法。和之前类似，后台运行也被放在另外一个类中。

```
// Mixin 特性
class BackgroundApp{
  void bringMeBack(var appName) {
    print("$appName 后台并持续运行中");
  }
}
```

由于这次不需要再重新实现它，因此使用 implements 就显得不太合适，这时就需要 Mixin 特性来救场。要使用 Mixin 特性就需要用到 with 关键字，后面紧跟着类名。特别注意的是，要将它们放在 extends 之后，implements 之前。下面来看一下修改后的 AndroidPhone 类：

```
// 表示 Android 手机的子类
class AndroidPhone extends MobilePhone with BackgroundApp implements GetBrand {
  var brand;
  @override
  void call(number) {
    print("来自$brand $model 拨出电话：$number");
  }
  @override
  void sendSms(number, content) {
    super.sendSms(number, content);
    print("来自$brand $model");
  }
  @override
  String toString() {
    return "我是$brand 手机，型号是：$model";
```

```
    }
    @override
    void printMyBrand(brandStr) {
      print("我是Android手机");
    }
  }
```

该类的首行使用了 with 关键字,而且在本类中并没有重写 BackgroundApp()方法。接下来,在 main()方法中调用:

```
// Mixin 特性
samsungS8.bringMeBack("浏览器");
```

运行结果:

```
浏览器 后台并持续运行中
Exited
```

可见,方法已经被添加到 AndroidPhone 类中并成功调用了。当然,作为 with 后的方法也是可以复写的,复写的原则和继承后的复写类似。

4.1.14 枚举

枚举,即 enums 或 enumerations,是一种特殊的类。它通常用来表示具有固定数目的常量,但是它无法继承,无法使用 Mixin 特性,也无法实例化。先来看一个示例:

```
// 枚举
enum AndroidBrand {
  Samsung,
  Huawei,
  Xiaomi,
  Oppo,
  Vivo
}
```

这是一个典型的枚举示例,用来表示 Android 设备的品牌。类似于列表,它的下标也是从 0 开始的,使用 index 可得到下标值:

```
// 枚举
AndroidBrand.Huawei.index;
```

在实际开发中,枚举可以帮助我们写出更易懂的代码。比如,要判断一款手机的品牌,仅需如下操作:

```
f(samsungS8.brand == AndroidBrand.Samsung) {
  // ...
}
```

这样可减少由于拼写失误导致的异常，另外，当需要发生变化时，仅需对枚举类的内容进行修改即可，不需要在调用它的代码位置修改，降低了维护成本。

4.2 泛型

本章的最后一节，我们来谈谈泛型。在声明一个变量时，通常会用到 var，即没有定义是何种类型，因为在 Dart 编程语言中，类型是可选的。那么，既然类型是可选的，为什么还要用泛型、泛型如何使用，以及它的典型应用场景是什么呢？通过本节的学习，你就能得到答案。

4.2.1 泛型的作用

在 Dart 中，使用泛型的两个目的：第一，简化相同的逻辑；第二，限制可使用的类型。下面我们结合实际的案例来体会上述两点。现在，有这样一个需求：使用星号（*）打印如下所示的实心直角三角形。

```
*
***
*****
*******
*********
```

当然，建议你先自己尝试。具体算法实现如下所示：

```dart
main(List<String> args) {
  printTriangle();
}
// 具体的打印方法
void printTriangle() {
  for (var i = 0; i < 5; i++) {
    int j = 0;
    var str = "";
    for (j = 0; j < 2 * i + 1; j++) {
      str += "*";
    }
    print("$str");
  }
}
```

4.2.2 泛型的使用示例

对于上例，如果考虑使用加号（+）、减号（-）等情况，难道就要写一堆 printTriangle() 方法吗？当然不用，仅需对上述代码稍加修改就可满足多种需求。参考如下代码：

```
main(List<String> args) {
  new printTriangle().printUseChar("*");
}
// 具体的打印类
class printTriangle<T> {
  void printUseChar(T char) {
    for (var i = 0; i < 5; i++) {
      int j = 0;
      var str = "";
      for (j = 0; j < 2 * i + 1; j++) {
        str += char as String;
      }
      print("$str");
    }
  }
}
```

运行后的输出结果依然是由星号组成的直角三角形。当需要用加号或其他字符来拼这个三角形时，只需要更改调用它的位置的参数就可以了。在上述代码中，我们用 T 取代 String 来充当类型占位符。这是一个典型的泛型的应用。

4.2.3 限制泛型类型范围

我们发现，在上例的代码中 char 类型被强制转换成了 String 类型。这一操作存在风险，如果传入的参数是一个数字，就会出现类型相关的异常：

```
Unhandled exception:
type 'int' is not a subtype of type 'String' in type cast
#0      printTriangle.printUseChar (file:///D:/Personal/DartDemo/4-2.dart:12:23)
#1      main (file:///D:/Personal/DartDemo/4-2.dart:2:23)
#2      _startIsolate.<anonymous closure> (dart:isolate/runtime/libisolate_patch.dart:298:32)
#3      _RawReceivePortImpl._handleMessage (dart:isolate/runtime/libisolate_patch.dart:171:12)
```

```
Exited (255)
```

因此，为了保证程序的正常运行，就要限制传入的类型仅为 String。限制泛型的类型要用 extends 关键字，具体方法如下：

```
// 具体的打印类
class printTriangle<T extends String> {
  void printUseChar(T char) {
    for (var i = 0; i < 5; i++) {
      int j = 0;
      var str = "";
      for (j = 0; j < 2 * i + 1; j++) {
        str += char;
      }
      print("$str");
    }
  }
}
```

可以看到，代码第一行改成了 T extends String，此处的 char 类型也无须转换成 String 类型。此时，如果在调用它的位置传入了非 String 类型的变量，就会出现编译错误而无法运行，杜绝了在运行时异常的发生。

4.2.4　使用泛型方法

在 Dart 的早期版本中，泛型只能在类上使用。目前，Dart 已经支持在方法上使用泛型了。上例中，printUseChar()方法无返回值，如果想得到输出的字符串，而不是单纯地只在这个方法中输出到控制台，就需要返回整个字符串，代码如下：

```
main(List<String> args) {
  var strForPrint = new printTriangle().printUseChar("*");
  print(strForPrint);
}
// 具体的打印类
class printTriangle<T extends String> {
  T printUseChar(T char) {
    var str = "";
    for (var i = 0; i < 5; i++) {
      int j = 0;
      for (j = 0; j < 2 * i + 1; j++) {
        str += char;
      }
```

```
        str += "\n";
    }
    return str;
  }
}
```

在这段代码中，泛型作为返回值用在了方法上。由于我们之前限制了类型范围，因此，此处返回的依然是 String 类型，strForPrint 变量保存了输出的字符串的值。

4.3 练习

1. 利用面向对象的思想，求解矩形的周长和面积。
2. 利用类继承的思想，实现四则运算。

第 5 章 Dart 语言的高级使用技巧

本章是 Dart 编程语言学习的最后一章，主要介绍如何集成库。由于一些外部库可以提供基础库，因此不再具有或需要开发者手动实现的方法。

我们将会学到如何在 Dart 中使用多线程异步处理任务、如何把类作为方法使用、类型定义等。如果想要操作硬件，如摄像头、获取 GPS 数据等；或是进行后台操作，如网络请求、大数据量的文件 IO 等，就都会用到这些知识，它们在实际开发中都是不可或缺的工具。

5.1 库

库是指模块化了的可移植的代码，可以分享给多个项目使用。比如，一个文件读写的代码包含了很多程序中都会用到的通用方法，这一段代码就可以分享给多个程序使用。这时，它就被称为库。在 Dart 中，任何一个 Dart 程序都是一个库，如果要把某个标识符封装在库内部，就可以使用下画线（_）开头。

合理地使用库，可以帮助我们简化代码量、降低开发成本，从而将更多的注意力放在具体的业务逻辑上。此外，对于每个有经验的开发者而言，创建一套属于自己的库同样是很有必要的，正所谓避免造重复的轮子。下面我们就来了解一下如何使用库和创建库。

5.1.1 使用库

在前文的例子中,我们已经用到过 import 关键字。在 Dart 编程语言中,使用 import 关键字即可使用一个库。根据要使用的库的来源不同,通常有以下两种写法:

对于 Dart 内置的库,可以直接按照"import 'dart:xxx'"结构来写。比如,对于文件 IO 库,写法如下:

```
import 'dart:io';
```

对于非 Dart 内置的库,需要指明具体的路径,结构是"import 'package:xxx'"。比如,在第 4 章中使用 Person 类时,代码如下:

```
import 'Person.dart';
import 'Person_2.dart';
ALib.dart
class Calc {
    double number = 5;
    double plusNum(double num) {
        return number + num;
    }
}
class Useless {
}
BLib.dart
class Calc {
  double number = 10;
  double multiplyNum(double num) {
    return number * num;
  }
}
```

接下来,要实例化这两个库中的 Calc,实例如下:

```
import 'ALib.dart';
import 'BLib.dart';
main(List<String> args) {
  var plusCalc = new Calc();
  var multiplyCalc = new Calc();
}
```

此时,发现在 new Calc()方法上出现了语法错误。因为 Calc 在 ALib 和 BLib 中同时存在,不知道到底要使用哪个库中的 Calc 对象。在这种情况下,我们需要给库加一个前缀,以区分两个发生冲突的类。修改包含主方法的类如下:

```
import 'ALib.dart' as plus;
import 'BLib.dart' as multiply;
main(List<String> args) {
  var plusCalc = new plus.Calc();
  var multiplyCalc = new multiply.Calc();
}
```

在进行如上修改后,就可以规避名称冲突的问题了。对比 ALib 和 BLib 发现,Alib 中多了一个 getDesc()方法,这个方法在主方法中并没有用到。在实际开发中,很可能会存在这种类似的情况,即只用到了库的某一部分,这时可以声明。比如,在上例中对于 ALib 而言,我们只用到了 Calc,因此就可以在 import 时,使用 show 关键字做如下声明:

```
import 'ALib.dart' as plus show Calc;
```

而对于用到一个库的大部分,只有少数类没有被用到的情况,可以使用 hide 关键字排除少数的部分。比如,上次仅用到了 Calc,也可以排除 Useless,因此,还可以写成:

```
import 'ALib.dart' as plus hide Useless;
```

在上面的例子中,引入的库很小,功能也很简单,甚至没有什么实际的意义。而在实际开发中,一个库的规模可能会很大,或者会引入很多库。在引入的库足够复杂时,可能导致的一个问题就是:初始化过慢。另外,考虑这样一种情况:假定程序需要在某些情况下弹出一个窗口,而这个窗口需要引入才能使用。如果我们从一开始就将其引入进来,而实际上并没有任何窗口弹出,那么这一步将会没有任何意义。

考虑到上述问题,Dart 为我们提供了懒加载机制,即延迟载入库。其机制是不用不加载,用时再加载。其方法是在引入时使用 deferred as 来启用懒加载,并在合适的时候调用 loadLibrary()方法来加载。

这里所说的合适的时候并不是单纯地指需要时,设想一下,如果加载一个弹出窗口的库的时间较长,如 3 秒,那么在需要弹出时再加载,用户就会感到卡顿 3 秒。这样做只是将加载时的卡顿移到了运行时,意义不大。如果我们能在弹出窗口前就加载的话,就几乎能做到用户"0"等待,这样的体验才是最好的。再回到之前的例子中,我们将 BLib 库作为延迟加载的库,代码片段如下:

```
import 'ALib.dart' as plus hide Useless;
import 'BLib.dart' deferred as multiply;
main(List<String> args) {
  var plusCalc = new plus.Calc();
  doMultiply();
}
void doMultiply() async {
  await multiply.loadLibrary();
  multiply.Calc.readMe();
```

```
    var multiplyCalc = new multiply.Calc();
    print(multiplyCalc.multiplyNum(2));
}
```

可以看到，在开始的 import 处使用了 deferred as 让 BLib 库延迟加载。在后面的 doMultiply()方法中，使用 await 关键字等待库加载。关于 async 和 await 关键字的使用，我们将在下面的小节中讲解。

5.1.2 创建库

知道了如何使用库，接下来就是如何创建库。之前我们已经可以引入自己写的库，虽然能用，但还不算正式，也不算全面。在 Dart 中，库是通过包的形式创建和分享的。Dart 包含两种类型的包：应用包和库包，其中应用包可能包含多个本地库包。一个典型的带有库包的 Dart 项目目录结构如下：

lib：lib 文件夹中包含了众多 Dart 源代码文件，其中包含一个名为 src 的子文件夹。在默认情况下，在做导入操作时仅需导入 Lib.dart 文件即可，因为 src 文件夹中的文件会被认为是私有的，这是一种高效的导入方式。如果要通过 Lib.dart 文件导入 src 文件夹中所有的源码，就需要在 Lib.dart 文件中导出（export）src 文件夹中所有的方法。具体做法如下：

```
export 'src/LibX.dart';
export 'src/LibY.dart';
export 'src/LibZ.dart';
```

这样，就可以只导入一个 Lib.dart 文件，却可以使用 src 文件夹中所有的功能。

pubspec.yaml pubspec.yaml 是项目的配置文件，包含了名字、引入的资源、依赖、SDK 版本、字体，甚至国际化等具体的配置信息。这些内容在学习 Flutter 移动开发时将会用到。

5.2 异步处理

众所周知，诸如 Word 等软件都有自动保存的功能，这一功能自动完成且不会打断工作。这实际上就是异步处理的体现，我们可以借助 Dart 编程语言轻松实现类似的功能。在实际开发过程中，它通常用于网络请求、本地文件的输入和输出等。

在 Dart 中，通常返回 Future 对象或 Stream 对象的方法就是异步方法。当执行这样的方法时，会立即得到返回，而真正想要的结果会在相应的 Future 对象或 Stream 对象中获得。下面我们就来模拟真实的情况，体验一下 Dart 中的异步处理机制。我们可以使用 dart.io 中的 sleep()方法让主线程休眠，达到模拟某些耗时操作的目的。具体代码片段如下：

```
// 异步处理
print('耗时操作开始于: ' + new DateTime.now().toString());
sleep(new Duration(seconds: 2));
print('耗时操作结束于: ' + new DateTime.now().toString());
print('后面的逻辑');
```

运行，输出结果：

```
耗时操作开始于: 2019-04-15 20:27:43.109415
耗时操作结束于: 2019-04-15 20:27:45.117517
后面的逻辑
Exited
```

可见，主线程确实卡住了2秒，而"后面的逻辑"也将被迫等待着2秒结束才能运行，这通常不是我们希望的结果。下面看一下使用异步线程优化的结果：

```
// 异步处理
doComplexJob() async {
  print("耗时操作开始于: " + new DateTime.now().toString());
  print(await new Future.delayed(Duration(seconds: 2), () => "耗时操作结束于: " + new DateTime.now().toString()));
}
```

再回到main()方法中调用：

```
// 异步处理
doComplexJob();
print('后面的逻辑' + new DateTime.now().toString());
```

运行，输出结果：

```
耗时操作开始于: 2019-04-15 20:56:07.053225
后面的逻辑 2019-04-15 20:56:07.062607
耗时操作结束于: 2019-04-15 20:56:09.068107
Exited
```

可见，后面的逻辑照常运行，由于耗时操作不会在主线程中运行。

5.2.1 声明异步的方法

对于上述代码，如果去掉模拟耗时的部分，实际上就是输出一个字符串。在非异步运行时，输出一个字符串的方法很简单，如下所示：

```
String printStr() => 'String content';
```

对比异步运行的写法：

```
Future<String> printStr() async => 'String content';
```

注意：返回类型和async关键字的使用。

5.2.2 使用 await 表达式

await 表达式的结构：
```
await 表达式
```
在上一小节中使用 printStr()方法时，如下：
```
await printStr();
```
在使用 await 表达式时，还可以按下面的方法嵌套使用：
```
var a = await functionA();
var b = await functionB(a);
await functionC(b);
```
在上面的代码中，functionA()，functionB()和 functionC()会被依次执行并返回结果。如果在 main()方法中使用 await 表达式，同样要给 main()方法加上 async 关键字。以上便是使用 await 和 async 关键字声明和实现异步的方法，在实际开发中通常用于网络 HTTP 请求。

5.2.3 异步在循环中的使用

除了上述实际使用场景，还有一些具有持续性特征的数据需要进行异步处理，这在实际开发中同样很多见。比如，下载或上传一个大文件。此时，就需要将异步放置在循环中，并使用 await for 关键字。其结构如下：
```
await for (变量声明 in 表达式) {
  // 循环体
}
```
在上述结构中，表达式的返回值需要是 Stream 类型。在运行时，首先等待表达式返回值，通常这个返回值在循环体中被使用。然后继续等待，重复执行上述过程。最后直到 Stream 再无返回值为止。例如，在下载一个大文件时，如 2GB 的文件，通常会将这个大文件分成若干个小文件下载，然后合在一起还原文件本来的样子，而这若干个小文件就可以使用上述循环进行下载。

5.3 可调用的类

在 Dart 中，提供了一种可以把类作为方法且给其他的类调用的方式。如果要使一个类被调用，就需要实现 call()方法。示例如下：
```
// 可调用的类
```

```
class RunnableClass {
  call(var stringContent) => "输入了 $stringContent";
}
```

其中，RunnableClass 类实现了 call()方法，返回用户输入的文字。我们在 main()方法中创建该类的实例，并尝试调用类：

```
// 可调用的类
var runnableClassTest = new RunnableClass();
print(runnableClassTest('测试文本'));
```

运行，输出结果：

```
输入了测试文本
Exited
```

5.4　Dart 的 isolates 运行模式

在前面的小节中，我们了解了异步处理，并提及了一个叫作多线程的词。实际上，在 Dart 中，代码是在 isolates 中运行的，并不是传统意义上的线程，只是和线程有类似的地方。它们之间的区别在于：isolates 是隔离的，每个 isolates 都有自己的内存，都是单线程，而传统意义上的线程之间是共享内存的。

这样做的一个好处就是：可以规避多线程共享数据导致的潜在问题，无须考虑死锁的情况。因此，异步处理其实本质上是用到了 Dart 中的 isolates 运行模式，多个 isolates 并发。因此，这让 isolates 看起来和传统的线程很相似，使用也很相似，但是其内部的实现原理和背后的运行机制却千差万别。

本书对有关 isolates 的运行模式不做过多讲解，你可以自行深入研究。

5.5　方法类型定义

在 Dart 编程语言中，一切皆对象，方法也不例外。下面来看一段代码：

```
main(List<String> args) {
  // 类型定义
  TypedefClass typedefClassTest = new TypedefClass(output);
  assert(typedefClassTest.exampleFunction is Function);
}
// 类型定义
class TypedefClass {
  Function exampleFunction;
```

```
    TypedefClass(String test(String str)) {
      exampleFunction = test;
    }
  }
  String output(String str) => "输入了 $str";
```

在代码中，我们把 exampleFunction 赋值为 test，在此过程中，String 类型信息丢失了。如果想保留类型信息的话，就可以使用方法类型定义（typedef）来改写上述代码。保留类型信息的好处是可以使代码更易读，而且一些 IDE 的代码检查工具也可以检测出相关的问题，避免异常发生。具体改写的方法如下：

```
typedef StringOutput = String Function(String str);
main(List<String> args) {
  // 类型定义
  TypedefClass typedefClassTest = new TypedefClass(output);
  assert(typedefClassTest.exampleFunction is Function);
  assert(typedefClassTest.exampleFunction is StringOutput);
}
// 类型定义
class TypedefClass {
  Function exampleFunction;
  TypedefClass(String test(String str)) {
    exampleFunction = test;
  }
}
String output(String str) => "输入了 $str";
```

运行后，没有错误发生。在开始将一个方法定义为 StringOutput 之后，就可以使用断言来判断是否是该方法类型。在上例中，如果存在其他的方法并定义为相应的名称，那么当再次使用断言时便会提示出错：

```
typedef IntOutput = int Function(int number);
main(List<String> args) {
    assert(typedefClassTest.exampleFunction is IntOutput);
}
int outputInt(int number) => number;
```

运行结果：

```
Unhandled exception:
'file:///D:/Personal/DartDemo/Chapter_5/5-1.dart':
Failed assertion: line 28 pos 10: 'typedefClassTest.exampleFunction is IntOutput': is not true.
#0      _AssertionError._doThrowNew (dart:core/runtime/liberrors_patch.dart:40:39)
```

```
    #1      _AssertionError._throwNew (dart:core/runtime/liberrors_patch.
dart:36:5)
    #2      main (file:///D:/Personal/DartDemo/Chapter_5/5-1.dart:28:10)
    #3      _startIsola#4      _RawReceivePortImpl._handleMessage
(dart:isolate/runtime/libisolate_patch.dart:171:12)
```

5.6 元数据

在 Dart 中，元数据（Metadata）也称为注解，可以为代码添加额外的信息。在之前的复写章节中，使用的@override 其实就是一个元数据。除@override 之外，还有@deprecated 和 @proxy，这三个元数据是 Dart 内置的。其中，@deprecated 表示不推荐使用，可能是一个方法，也可能是一个变量，而@override 和@proxy 都和类的扩展有关。

考虑这样一种情况：对于一个库而言，针对其中的某个方法，我们想用更好的方法替代它。通常，考虑到库的不同版本之间的兼容性，还会保留旧的方法，但是会为其添加一个 @deprecated 注解，告知调用者不建议使用这个方法了，并提供一个推荐的方法。示例如下：

```
// 元数据
@deprecated
// 直接使用 new DateTime.now();
int getCurrentTime(){
  return DateTime.january;
}
```

在标记了@deprecated 之后，当再调用该方法时，将会提示：

```
直接使用 new DateTime.now();
'getCurrentTime' is deprecated and shouldn't be used.
```

5.7 注释

为代码添加注释是编程的一个好习惯。Dart 编程语言支持三种注释方式，分别为单行注释、多行注释和文档注释。

5.7.1 单行注释

单行注释以双斜杠（//）开始，以该行的末尾作为结束。如下：

```
// 单行注释
```

在本书配套的示例代码中，大量使用了单行注释。

5.7.2 多行注释

多行注释以斜杠星号（/*）开始，以星号斜杠（*/）结束。如下：

```
/*
这是一个多行注释
这是一个多行注释
这是一个多行注释
这是一个多行注释
*/
```

5.7.3 文档注释

文档注释有两种写法：一种以三个斜杠（///）开始，以星号斜杠（*/）结束；另一种以斜杠两个星号（/**）开始，以星号斜杠（*/）作为结束。和单行/多行注释不同的是，文档注释还支持查找相关内容。如下：

```
///这是文档注释
///请参阅 [print] 方法
///这是文档注释
```

中括号中的内容为查找关键字，它将搜索当前注释所在范围内和 print 有关的内容。

5.8 编写更有效的 Dart 代码

到此为止，相信你已经对 Dart 编程语言有了大概的了解，并可以用它来写一些控制台程序了。但是，对于学好一门语言来说，这还远远不够。对于一种开发语言来讲，还有代码风格、文档、各种内置数据类型、构造函数、异步的最佳实践，以及变量命名、库、注解等设计指南。

鉴于本书的篇幅有限，这些内容不会在此讲解，你可以访问 Dart 语言的官方网站进行查阅。当然，对于后面 Flutter 移动开发的学习，掌握好前面的内容已经足够了。

5.9 练习

编写程序实现异步处理多任务：任务一为循环 3 次，每次耗时 2 秒，接着任务二为循环 5 次，每次耗时 1 秒，接着任务一为再循环 3 次，任务二再循环 5 次，如此反复，循环 3 次。同时在入口方法中记录程序的运行时间和结束时间，起止时间不得超过 1 秒。

第 6 章
绘制赏心悦目的界面

　　从本章起，我们开始在手机设备上运行程序。在软件开发中，一个完整的 App 由界面和功能构成，二者相辅相成。一个软件产品，除了要实现所有的基本功能，还需要美观的界面和优质的交互，以便吸引新用户，并增加用户的黏性。

　　如果 App 的界面不好看，用户交互处理得不得当，先不论功能如何，给人的第一印象将会大打折扣。因此，产品经理和设计师不遗余力地优化界面和交互，就是力求获得用户的青睐。

　　在本章中，将会介绍 Flutter 的各种布局和组件以及动画等 UI 方面的内容，并使用 Android Studio 作为 IDE 进行开发。相信通过本章的学习，你可以游刃有余地完成各种各样的界面设计了。

6.1　第一个 Flutter 项目

　　在第 2 章中，我们新建了一个 Hello World 项目，并将其成功地运行在手机上。现在对它进行深入了解，以探索其中的奥秘。

6.1.1 Flutter 项目的结构

在 Flutter 项目中，包括以下四个重要部分：

android 目录：这个目录下存放的是 Android 原生代码，和传统的 Android 项目结构大致相同。当需要和原生交互特性时，需要更改里面的代码。

ios 目录：和 android 目录类似，该目录存放了原生 iOS 交互的代码。同样地，当需要和原生交互时，需要更改这个目录下的代码。

lib 目录：这里存放的是 Flutter 的代码，用 Dart 语言实现，运行 Hello World 项目实际上执行的就是这个目录下的 main.dart 文件。如果你亲自动手尝试过热修复特性的话，应该就会有体会，本章的内容也基本上是通过更改这个目录中的代码来实现相应效果的。

pubspec.yaml 文件：该文件是配置文件，包括当前 App 的版本、SDK 版本、使用到的依赖库，以及某些特性的开关等。

6.1.2 日志工具的使用

为了跟踪和记录软件的运行情况，开发者通常会输出一些日志（Log），这些日志对于用户而言是不可见的。传统的 iOS 和 Android 系统都提供了完善的日志输出功能，Flutter 也不例外。要实时查看 Flutter 的日志，只需在控制台中输入：

```
flutter logs
```

在 Android Studio 和 Visual Studio Code 中，默认集成了控制台（console），可以使用它启动一个新的控制台。这里要注意的是，一旦执行了上面的命令，该控制台将会进入独占状态，即无法再使用其他的命令了，除非中断日志查看。

当我们想要在程序运行的某个地方输出日志时，通常使用 debugPrint()方法。结合之前的示例，修改原来的 main()方法，添加一个日志输出，内容为"我开始启动了"，未经修改的代码如下：

```
void main() => runApp(MyApp());
```

添加日志后的代码：

```
void main() {
  debugPrint("我开始启动了");
  runApp(MyApp());
}
```

在控制台中使用 flutter logs 命令监视日志输出，然后重新安装并运行程序，控制台输出如下：

```
I/flutter (12705): 我开始启动了
```
结果如图 6.1 所示。

图 6.1　Flutter 的日志输出

要结束监视日志输出，可以使用"Ctrl + C"组合键，输入"y"后按回车键确认，也可以直接关闭控制台。需要注意的是，为了保证日志输出正确无误，建议你使用英文输出，而不是直接使用中文。因为如果使用中文输出，在某些情况下，可能会显示乱码。经测试，在英文版的 Windows 下启动命令提示符并执行上例，会得到如下输出：

```
I/flutter (13320): æˆ'å¼€å§‹å ¯åŠ¨äº†
```

6.2　Flutter 基础

了解了 Flutter 的结构和日志输出查看方式之后，我们来看一下 Flutter 的基本概念。和 Dart 编程语言的基本概念类似，这些内容会贯穿在整个项目的开发过程中，要时刻铭记在心。

6.2.1　Flutter 框架结构

Flutter 包括了响应式框架、2D 渲染引擎、各种 UI 控件等。

Flutter 是一套适用于移动平台的 SDK，利用它可以实现跨平台开发，即编写一次代码同时得到 iOS 和 Android 两个平台的 App，且保持不同平台各自的 UI 设计语言。

6.2.2　App 启动入口

Flutter App 的程序入口即我们刚修改过的 main.dart 文件，观察这个文件的代码，再结合对 Dart 语言的学习，知道代码将从 main() 方法开始执行。在 Hello World 项目中，main()

方法执行了 runApp(MyApp())方法，该方法在此处的作用是创建整个视图，然后在 MyApp 类中返回 MaterialApp 对象。这是官方建议的写法，即 MaterialApp 作为程序的根节点。

```
void main() {
  // 日志工具的使用
  debugPrint("我开始启动了");
  runApp(MyApp());
}
class MyApp extends StatelessWidget {
  @override
  Widget build(BuildContext context) {
    return MaterialApp(
      title: 'Flutter Demo',
      theme: ThemeData(
        primarySwatch: Colors.blue,
      ),
      home: MyHomePage(title: 'Flutter Demo Home Page'),
    );
  }
}
```

6.2.3 一切皆为组件

Flutter 有一个重要的概念：一切皆为组件。在 Flutter 中，一个组件可能是如下内容：
◎ 一个控件，如输入框、按钮等。
◎ 一个样式定义，如配色方案、字体大小等。
◎ 布局的某个属性，如背景色等。
◎ 其他。

组件是 Flutter 应用程序界面的基本单位，一个或多个组件构成了整个 Flutter 的应用程序。多个组件根据不同的布局可以组成不同的结构并继承父组件的属性，还可以互相组合使用构成更强大的组件。

6.2.4 组件的组合运用

多个单独的组件可以相互组合，共同组成一个强大的组件。例如，Container 是一个常用的组件，它由多个组件构成，分别实现了绘制、定位、边距等功能。利用这一特性，可以轻松实现自定义组件。

如图 6.2 所示，组件的组合结构浅而宽，这一结构增强了组合的多样性。

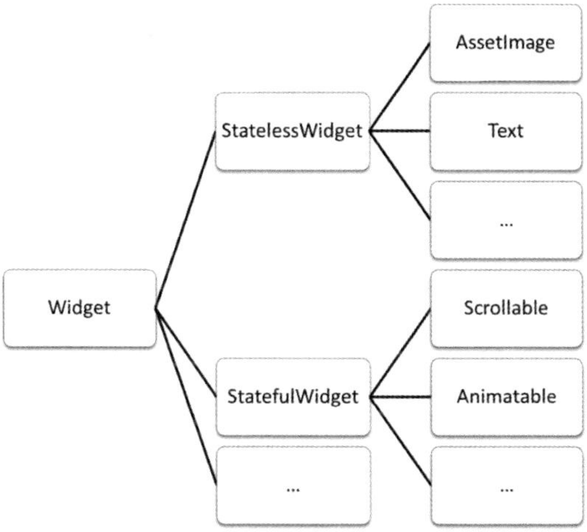

图 6.2 组件的组合结构示例

6.2.5 何为状态

1. 有状态的组件

当某个组件需要和用户的操作产生关系时，我们就称其为有状态的组件。例如，一个文本输入框，其内容会随着用户的输入而发生改变，这些内容实际上就是这个组件的状态。当内容发生改变时，意味着状态发生了变化，此时需要更新界面元素重新构建这个组件。这类组件继承自 StatefulWidget，并保存状态在 State 子类中。具体的类结构如图 6.3 所示（以 PopupMenuButton 组件为例）。

图 6.3 带状态的组件结构示例

StatefulWidget 类继承自 Widget，是一个抽象类，其中包含如下两个方法：

```
abstract class StatefulWidget extends Widget {
  const StatefulWidget({ Key key }) : super(key: key);
  @override
  StatefulElement createElement() => StatefulElement(this);
  @protected
```

```
    State createState();
}
```

createElement()方法返回 StatefulElement 对象，StatefulElement 类继承自 Element 类；createState()方法返回 State 对象，该对象对应图 6.3 中的 State 子类。当状态改变时，通常我们会主动调用 setState()方法。当 State 的 build()方法被调用时，用户界面就会得到更新。

在示例代码中，每按一次加号，计数器就会加 1，那么这个计数器就是一个有状态的组件。我们发现 MyHomePage 继承了 StatefulWidget，是个有状态的组件，而_MyHomePageSate 继承了 State 类，成了和 MyHomePage 组件关联的 State 类，保存了计数器的值，floatingActionButton 即右下角的加号按钮。在按钮被点击时就执行了_increamentCounter()方法，然后 setSate()方法将计数器值加 1，如下：

```
class _MyHomePageState extends State<MyHomePage> {
  int _counter = 0;
  void _incrementCounter() {
    setState(() {
      _counter++;
    });
  }
  @override
  Widget build(BuildContext context) {
    return Scaffold(
      appBar: AppBar(
        title: Text(widget.title),
      ),
      body: Center(
        child: Column(
          mainAxisAlignment: MainAxisAlignment.center,
          children: <Widget>[
            Text(
              'You have pushed the button this many times:',
            ),
            Text(
              '$_counter',
              style: Theme.of(context).textTheme.display1,
            ),
          ],
        ),
      ),
      floatingActionButton: FloatingActionButton(
        onPressed: _incrementCounter,
```

```
          tooltip: 'Increment',
          child: Icon(Icons.add),
        ),
      );
   }
}
```

因为组件有自己独立的状态，所以无须担心状态的丢失。这些状态值不会保存在其父组件中，因此父组件不会持有子组件来维持状态值，这样可以更无拘束地创建其子类。在必要时，Flutter 框架会查找和重用已存在状态的组件。下面让我们重点关注 State，深入了解一下它的执行机制。

State 和 StatefulWidget 往往是成对出现的，State 保存着 StatefulWidget 的状态。为了更清楚地了解 State 的运行生命周期，我们在 build()方法中添加日志输出，并重写几个关键方法，也同时在其中添加日志输出：

```
class _MyHomePageState extends State<MyHomePage> {
  int _counter = 0;
  void _incrementCounter() {
    setState(() {
      _counter++;
    });
  }
  @override
  Widget build(BuildContext context) {
    print("build run");
    return Scaffold(
      appBar: AppBar(
        title: Text(widget.title),
      ),
      body: Center(
        child: Column(
          mainAxisAlignment: MainAxisAlignment.center,
          children: <Widget>[
            Text(
              'You have pushed the button this many times:',
            ),
            Text(
              '$_counter',
              style: Theme.of(context).textTheme.display1,
            ),
          ],
```

```dart
        ),
      ),
      floatingActionButton: FloatingActionButton(
        onPressed: _incrementCounter,
        tooltip: 'Increment',
        child: Icon(Icons.add),
      ),
    );
}
// 初始化
@override
void initState() {
  super.initState();
  print("initState run");
}
// 重新构建组件
@override
void didUpdateWidget(MyHomePage previousWidget) {
  super.didUpdateWidget(previousWidget);
  print("didUpdateWidget run");
}
// 组件状态变为非活动时调用
@override
void deactivate() {
  super.deactivate();
  print("deactive run");
}
// 组件被销毁
@override
void dispose() {
  super.dispose();
  print("dispose run");
}
// 热重载时调用，仅在开发调试阶段有效
@override
void reassemble() {
  super.reassemble();
  print("reassemble run");
}
// 依赖发生改变
@override
```

```
void didChangeDependencies() {
  super.didChangeDependencies();
  print("didChangeDependencies run");
}
}
```

重新运行，当计数器界面重新出现后，得到如下日志输出：

```
I/flutter (10282): initState run
I/flutter (10282): didChangeDependencies run
I/flutter (10282): build run
```

通过这样的结果，我们可以得知，在 App 冷启动时，以上三个方法会依次得到调用：

initState()方法在组件首次显示的时候被调用，通常在这个方法中会做一些初始化操作，如设置监听器事件等。

didChangeDependencies()方法在依赖发生改变的时候触发调用，如更改 App 的风格样式等。

build()方法就是做实际创建的工作，它用于构建 Widget 中的子元素。除了前文提到的在 setState()方法之后被调用，在 didUpdateDependencies()方法、didUpdateWidget()方法、initState()方法和改变其在整个 UI 结构中的位置之后都有可能被调用。

下面我们尝试通过 IDE 实现热重载，点击工具栏上的热重载（一个黄颜色的闪电按钮），观察日志输出情况：

```
I/flutter (10282): reassemble run
I/flutter (10282): didUpdateWidget run
I/flutter (10282): build run
```

此时，initState()方法和 didChangeDependencies()方法均未执行，取而代之的是 reassemble()方法和 didUpdateWidget()方法。

didUpdateWidget()方法通常在组件重新构建时被调用，Flutter 框架会对其自行判断；reassemble()方法通常在热重载时被调用，因此它常见于开发调试过程中，在 App 发布后通常不会触发。

下面我们更改 build()方法体返回一个不同的组件，这里简单地返回一个文本框：

```
class MyApp extends StatelessWidget {
  // This widget is the root of your application.
  @override
  Widget build(BuildContext context) {
    return MaterialApp(
      title: 'Flutter Demo',
      home: Center(
        // 文本组件
        child: Text("Only a text widget"),
      ),
```

```
    );
  }
}
```

图6.4 只有一个文本框的界面

注意，我们修改的 build() 方法在 MyApp 类中。运行程序，界面如图 6.4 所示。

此时再观察日志，输出结果如下：

```
I/flutter (10282): reassemble run
I/flutter (10282): deactive run
I/flutter (10282): dispose run
```

显而易见，在 MyHomePage 被移除时，deactive()方法和 dispose()方法会被一次执行。deactivate()方法在某个 State 对象被移除时被调用，可以通过 GlobalKey 来找到它；dispose() 方法发生在某个 State 对象被彻底移除而非改变其位置时被调用。

基于上面的描述，你可以根据项目的实际需要在合适的生命周期方法中做合适的事情，因为巧妙地使用生命周期方法可以实现实际的项目需求。

2. 状态的管理

如果你之前有过混合开发的经验，那么对状态管理就不会陌生。同样地，在 Flutter 开发中，状态管理一样是需要我们处理的问题。通过前面的学习，已经了解一个有状态的组件，其改变都是通过状态的变化来体现的。比如，在示例中的计数器数值。那么，当界面的复杂度越来越高、组件间的组合越来越复杂时，我们不得不面对这样一个问题：各个组件的状态该如何管理。从通常意义上来讲，状态被三类角色管理：组件自身管理、父组件管理和父子混合管理。接下来，通过一个示例了解一下它们是如何管理状态的。

如图 6.5 所示，屏幕上出现了上、中、下三部分。点击各部分，相应的部分将变为其内容字体的颜色，再次点击时，背景色会变回灰色，字体颜色不变。比如，最下方的蓝色在未点击时，也有文字"Click me"，只不过其颜色和背景的蓝色相同，点击后和背景融为一体了。

图6.5 点击变颜色的例子

组件自身管理，图 6.5 中最上方的红色部分是组件管理自身的示例，来看一下它是如何实现的：

```
// 界面顶部区域
class TopArea extends StatefulWidget {
  @override
  State<StatefulWidget> createState() {
    return TopAreaState();
  }
}
// 界面顶部区域 State
class TopAreaState extends State<TopArea> {
  var focused = false;
  // 点击事件
  void doClick() {
    setState(() {
      focused = !focused;
    });
  }
  @override
  Widget build(BuildContext context) {
    return GestureDetector(
      onTap: doClick,
      child: Container(
        child: Center (
          child: Text("Click me!.",
            style: TextStyle(fontSize: 18.0, color: Colors.red),
          ),
        ),
        width: double.infinity,
        height: 200.0,
        decoration: BoxDecoration(
          color: focused ? Colors.red : Colors.grey,
        ),
      ),
    );
  }
}
```

从上述代码中可以看出，该组件的状态值（focused）由自己管理，用户点击事件和相应处理也完全由自身实现。

父组件管理：示例中位于中间的绿色部分由父组件管理子组件的状态，来看它是如何实现的：

```
// 界面中部区域
class MidAreaParent extends StatefulWidget {
  @override
  State<StatefulWidget> createState() {
    return MidAreaParentState();
  }
}
// 界面中部区域State
class MidAreaParentState extends State<MidAreaParent> {
  var focused = false;
  // 刷新界面
  void handleClick(bool focused) {
    setState(() {
      this.focused = focused;
    });
  }
  @override
  Widget build(BuildContext context) {
    return Container(
      child: MidArea(
        focused: focused,
        focusChanged: handleClick,
      ),
    );
  }
}
class MidArea extends StatelessWidget {
  final focused;
  final ValueChanged<bool> focusChanged;
  MidArea({this.focused, this.focusChanged});
  // 点击事件处理
  void doClick() {
    debugPrint("doClick");
    focusChanged(!focused);
  }
  @override
  Widget build(BuildContext context) {
    return GestureDetector(
      onTap: doClick,
      child: Container(
```

```
      child: Center(
        child: Text(
          "Click me!.",
          style: TextStyle(fontSize: 18.0, color: Colors.green),
        ),
      ),
      width: double.infinity,
      height: 200.0,
      decoration: BoxDecoration(
        color: focused ? Colors.green : Colors.grey,
      ),
    ),
  );
  }
}
```

仔细阅读这部分代码,可以发现以下特征:首先,子类已经作为无状态组件存在了,状态值由父类管理和存储;其次,虽然子类具备触摸监听器(onTap)的功能,但它把具体的动作实现交给了父类处理(handleClick);最后,当状态发生改变时,父类调用 setState()方法更新组件,而不是由子类处理。

父子组件混合管理可以说是最灵活的,在实际开发中的应用也最广泛。它实现了组件自身管理内部状态,父组件管理与其相关的状态。这一次,我们不仅要让最下方的蓝色部分在点击时变颜色,还要在变颜色的同时输出一个后台日志。实现方案如下:

```
// 界面底部区域 - 父组件
class BottomAreaParent extends StatefulWidget {
  @override
  State<StatefulWidget> createState() {
    return BottomAreaParentState();
  }
}
// 界面底部区域 - 父组件 State
class BottomAreaParentState extends State<BottomAreaParent> {
  var focused;
  // 点击事件
  void handleClick(bool focused) {
    setState(() {
      this.focused = focused;
      if (focused) {
        debugPrint("Change to blue.");
      } else {
```

```dart
        debugPrint("Change to grey.");
      }
    });
  }
  @override
  Widget build(BuildContext context) {
    return Container(
      child: BottomArea(
        focused: this.focused,
        focusChanged: handleClick,
      ),
    );
  }
}
// 界面底部区域
class BottomArea extends StatefulWidget {
  final bool focused;
  final ValueChanged<bool> focusChanged;
  BottomArea({this.focused, this.focusChanged});
  @override
  State<StatefulWidget> createState() {
    return BottomAreaState();
  }
}
// 界面底部区域State
class BottomAreaState extends State<BottomArea> {
  var focused = false;
  // 点击事件
  void doClick() {
    setState(() {
      focused = !focused;
    });
    widget.focusChanged(focused);
  }
  @override
  Widget build(BuildContext context) {
    return GestureDetector(
      onTap: doClick,
      child: Container(
        child: Center(
          child: Text(
```

```
          "Click me!.",
          style: TextStyle(fontSize: 18.0, color: Colors.blue),
        ),
      ),
      width: double.infinity,
      height: 200.0,
      decoration: BoxDecoration(
        color: focused ? Colors.blue : Colors.grey,
      ),
    ),
  );
  }
}
```

我们发现，父子组件混合管理实际上就是组件自身管理和父组件管理的结合体。最后，要将上述组件放在屏幕上，具体代码如下：

```
import 'package:flutter/material.dart';
void main() => runApp(MyApp());
class MyApp extends StatelessWidget {
  @override
  Widget build(BuildContext context) {
    return MaterialApp(
      title: 'Flutter Demo',
      theme: ThemeData(
        primarySwatch: Colors.blue,
      ),
      home: Scaffold(
        appBar: AppBar(
          title: Text('Welcome to Flutter'),
        ),
        body: Center(
          child: ThreeArea(),
        ),
      ),
    );
  }
}
class ThreeArea extends StatelessWidget {
  @override
  Widget build(BuildContext context) {
    return Container(
      child: Column(
```

```
          children: <Widget>[
            // 顶部区域
            TopArea(),
            // 中部区域
            MidAreaParent(),
            // 底部区域
            BottomAreaParent(),
          ],
        ),
      );
  }
}
```

本节的重点在于阐述如何实现状态的管理,并非组件的属性和组合,这些知识将在下面的章节中一一讲解,现在暂且不用管。

和有状态的组件不同,无状态的组件理解起来略容易一些。一个无状态的组件继承自 StatelessWidget 类,这个类继承自 Widget 类,同样是一个抽象类。

```
abstract class StatelessWidget extends Widget {
  const StatelessWidget({ Key key }) : super(key: key);
  @override
  StatelessElement createElement() => StatelessElement(this);
  @protected
  Widget build(BuildContext context);
}
```

和 StatefulWidget 类相似,StatelessWidget 类也包含两个方法:createElement()方法和 build()方法。和 StatefulWidget 类相对应,createElement()方法返回的是 StatelessElement 对象,它同样是 Element 类的子类。build()方法通常会嵌套其他 Widget 类来完成自身的构建,接下来我们会多次使用 StatelessWidget 类完成下一小节的学习。

6.2.6 自定义组件

下面我们来了解一下如何实现一个自定义组件,为了减少不必要的干扰,先要简化示例代码。简化后的 main.dart 代码如下所示:

```
import 'package:flutter/material.dart';
void main() {
  runApp(MyApp());
}
class MyApp extends StatelessWidget {
  @override
```

```
  Widget build(BuildContext context) {
    return MaterialApp(
      title: 'Hello World!',
      home: Scaffold(
        appBar: AppBar(
          title: Text('Welcome to Flutter'),
        ),
        body: Center(
          child: Text('Hello World'),
        ),
      ),
    );
  }
}
```

运行上述代码，结果如图 6.6 所示。

可以看到，现在界面中仅剩下一个标题栏和一个居中的文字显示框。下面通过实现一个自定义样式的按钮列表来讲解如何自定义组件。先来看一下效果，如图 6.7 所示。

图 6.6　自定义组件前　　　　　　　图 6.7　自定义组件后

在图 6.7 中，一共有三个按钮，每个按钮都有自己的样式且都有自己的按钮文本。下面我们就实现这个效果（这里主要领会自定义组件的过程和整体的结构，暂且不要太关心代码实现的细节），首先实现一个自定义样式的按钮：

```
class GradientButton extends StatelessWidget {
  GradientButton({
    this.colors,
    this.width,
    this.height,
    this.onTap,
    @required this.child,
  });
  final List<Color> colors;
  final double width;
  final double height;
  final Widget child;
  final GestureTapCallback onTap;
  @override
  Widget build(BuildContext context) {
    ThemeData theme = Theme.of(context);
    List<Color> _colors = colors ??
        [theme.primaryColor, theme.primaryColorDark ?? theme.primaryColor];
    // 装饰类容器
    return DecoratedBox(
      decoration: BoxDecoration(
        gradient: LinearGradient(colors: _colors),
      ),
      child: Material(
        type: MaterialType.transparency,
        // 水波纹效果
        child: InkWell(
          splashColor: colors.last,
          highlightColor: Colors.transparent,
          // 约束盒子
          child: ConstrainedBox(
            constraints: BoxConstraints.tightFor(height: height, width: width),
            // 居中显示
            child: Center(
              // 边距
              child: Padding(
                padding: const EdgeInsets.all(8.0),
                // 文字样式
```

```
          child: DefaultTextStyle(
            style: TextStyle(fontWeight: FontWeight.bold),
            child: child),
        ),
       ),
      ),
     ),
    ),
   );
  }
}
```

在上述代码中，GradientButton 是通用的按钮类，具体样式通过构造方法设定。在复写的 build()方法中实现具体的绘图方法，最终返回一个装饰类容器（DecoratedBox）。在这个容器中，按照结构的依次递进包含一个由 Meterial 风格、水波纹效果（InkWell）、约束盒子（ConstrainedBox）、布局方位（Center）、布局边距（Padding）、文字样式（DefaultTextStyle）、组件（Widget）共同组合成的按钮，其中最后的组件的样式和布局被其他子组件修饰。下面使用这个按钮类构建一个按钮，如下：

```
import 'package:flutter/material.dart';
void main() {
  runApp(MyApp());
}
class MyApp extends StatelessWidget {
  @override
  Widget build(BuildContext context) {
    return MaterialApp(
      title: 'Hello World!',
      home: Scaffold(
        appBar: AppBar(
          title: Text('Welcome to Flutter'),
        ),
        body: Center(
        // 使用自定义组件
        child: GradientButton(
            colors: [Colors.black12,Colors.black38],
            height: 50.0,
            child: Text("按钮一")
         )
        ),
      ),
    );
```

      }
    }

上述代码省略了通用按钮类，运行后的界面如图 6.8 所示。

图 6.8　只有一个按钮的界面

可以看到一个居中显示的带有灰色渐变色的按钮。接下来，还需要一个容器来容纳三个按钮并将其置于屏幕顶端。这一次使用 Container 作为容器，如下所示：

```
class GradientButtonRoute extends StatelessWidget {
  @override
  Widget build(BuildContext context) {
    return Container(
      child: Column(
        children: <Widget>[
          GradientButton(
            colors: [Colors.black12,Colors.black38],
            height: 50.0,
            child: Text("按钮一")
          ),
          GradientButton(
            height: 50.0,
            colors: [Colors.lime, Colors.green],
            child: Text("按钮二")
```

```
      ),
      GradientButton(
        height: 50.0,
        colors: [Colors.lightBlueAccent, Colors.blue],
        child: Text("按钮三")
      ),
    ],
   ),
  );
 }
}
```

GradientButtonRoute 类用于"盛放"容器,在 Container 容器中,包含垂直排列子控件(Column)和三个相似的按钮。最后,我们使用 GradientButtonRoute 实例作为唯一的组件放到界面中。

```
import 'package:flutter/material.dart';
void main() {
  runApp(MyApp());
}
class MyApp extends StatelessWidget {
  @override
  Widget build(BuildContext context) {
    return MaterialApp(
      title: 'Hello World!',
      home: Scaffold(
        appBar: AppBar(
          title: Text('Welcome to Flutter'),
        ),
        body: Center(
          child: GradientButtonRoute(),
        ),
      ),
    );
  }
}
```

上述示例演示了由多个组件组合运用实现的自定义组件。下面我们来了解一下 Flutter 框架为开发者提供的组件。

6.3 基本组件

在日常的开发过程中，这些组件会经常用到，因此掌握它们是每个使用 Flutter 框架的开发者的必修课。

在 Flutter 中，一个组件通常会有很多种属性，本节将介绍其中的常用属性。至于不常用的属性，你可以自行到 Flutter 官网查找相关的 API 文档解决。

6.3.1 基本组件简介

组件不仅仅包含文本框、按钮、输入框等这些看得见的组件，还包含和交互相关的组件，如触摸事件处理、手势检测等。那些看得见的组件，Flutter 框架将其定义为 Element（元素），那些和交互相关的组件叫作 Widget。Widget 通常用来配置 Element，同一个 Widget 可以配置多个 Element。

Flutter 框架提供了丰富多样的基本组件，此外，针对 Android 平台还提供了 Material 风格的组件库；针对 iOS 平台提供了 Cupertino 风格（即 iOS 设计语言）的组件库，以方便兼容多平台的开发。要使用这些基础组件，首先要进行导入：

```
import 'package:flutter/widgets.dart';
```

然后，就可以尽情使用了。

6.3.2 文本组件

文本组件提供了一种带格式的文本显示框，提供显示文本的功能。一个最简单的文本显示组件如图 6.9 所示。

图 6.9 中的文本组件没有任何样式定义，代码实现如下：

```
Text("默认样式的文本组件");
```

接下来，为这个文本组件添加一些属性，这些属性在实际开发中会经常使用：

```
Text(
  "文本组件" * 10,
  textAlign: TextAlign.start,
  maxLines: 1,
  overflow: TextOverflow.ellipsis,
  textScaleFactor: 2,
  style: TextStyle(
```

```
    color: Colors.white,
    fontSize: 7.0,
    background: Paint()..color = Colors.blue,
    decoration: TextDecoration.underline
  ),
);
```

运行上述代码，界面显示如图 6.10 所示。

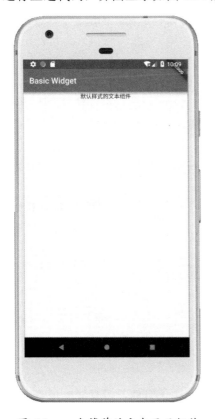
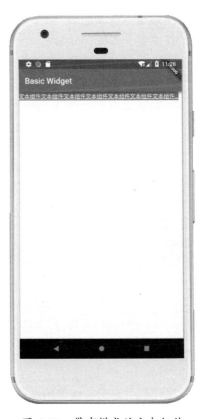

图 6.9　一个简单的文本显示组件　　　图 6.10　带有样式的文本组件

下面来逐一了解各属性的含义。

textAlign：该属性定义文本的对齐方式，主要有 start，end 和 center，分别代表起始位置对齐、结尾位置对齐和居中对齐。在简体中文语言环境下，起始位置对齐等价于左对齐，结尾位置对齐等价于右对齐。需要注意的是，该对齐方式的作用范围在组件本身，如果文本组件本身已经是相对父组件居中对齐的，那么其中的文字即使设置为非居中对齐，最终也将是相对于父组件居中对齐。

maxLines：该属性定义文本组件最大显示的行数，在默认情况下为自动换行。上例中我们定义最大行数为 1，当文本实际内容超过 1 行的显示范围时，超出的范围会被省略。该属性通常和 overflow 属性结合使用。

overflow：该属性指明当文本超出显示范围时的省略方式。本例中使用了 TextOverflow.ellipsis 值，意思是后面多余的文本以三个点（…）的方式省略显示。

textScaleFactor：该属性定义字体的缩放比例，默认为 1.0。

除了上述常用的属性，Flutter 还支持定义样式，其可以设定文字的颜色、背景、大小等。示例中的样式定义属性含义如下：

◎ color：该属性定义文字的颜色。
◎ fontSize：该属性定义文字的大小。和上面的 textScaleFactor 不同，fontSize 属性定义的文字大小不再只是缩放值，而是精确的尺寸值，因此它更加精准。但是 fontSize 定义的文字大小相对固定，无法跟随系统设置文字的大小而改变。
◎ background：该属性定义文字的背景色。
◎ decoration：该属性名为背景装饰。关于背景装饰的知识我们将在后文中详细讲解，上例中我们只是给文字添加了一条下画线。

除了上面的简单文本，Flutter 的文本组件还支持同时存在不同样式的文本，代码如下：

```
Text.rich(TextSpan(children: [
  TextSpan(
    text: "Red text ",
    style: TextStyle(color: Colors.red, fontSize: 25.0),
  ),
  TextSpan(
    text: "Blue text ",
    style: TextStyle(color: Colors.blue, fontSize: 25.0),
  ),
]));
```

在上述代码中运用了组件的组合。TextSpan 包含两个子组件，子组件也是 TextSpan。将上面的代码添加到界面并运行，界面显示如图 6.11 所示。

TextSpan 代表文本的一个片段，可以当作参数放在 Text.rich()方法中。RichText 可以显示多种样式的副文本，我们还可以通过 recognizer 为 TextSpan 添加一个触摸事件，修改后的代码如下：

```
Text.rich(TextSpan(children: [
  TextSpan(
    text: "Red text ",
    style: TextStyle(color: Colors.red, fontSize: 25.0),
  ),
```

```
    TextSpan(
      text: "Blue text ",
      style: TextStyle(color: Colors.blue, fontSize: 25.0),
      recognizer: TapGestureRecognizer()..onTap = (){
        debugPrint("Blue text clicked");
      },
    ),
  ]))
```

图 6.11　不同样式的文本

再次运行，并点击蓝色文字部分，可得到如下日志输出：

```
I/flutter (15627): Blue text clicked
```

除了上述单独为每一个文本组件设置样式，Flutter 还提供了默认样式的继承。代码如下：

```
DefaultTextStyle(
  style: TextStyle(
    color: Colors.green,
    fontSize: 20.0,
  ),
  textAlign: TextAlign.start,
    child: Column(
      children: <Widget>[
```

```
        Text("Green Text"),
        Text(
          "Another text",
          style: TextStyle(inherit: false, color: Colors.black),
        ),
        Text(
          "My color is not green",
          style: TextStyle(color: Colors.grey),
        ),
      ],
    ),
);
```

在该示例中，定义了 DefaultTextStyle，被其包裹的内容在未单独定义样式的情况下均会应用 DefaultTextStyle 中的样式。内容为 Another text 的文本组件在 TextStyle 中添加了 inherit: false，意思是完全不继承样式。而内容为 My color is not green 的文本组件未声明该属性值，但由于单独添加了 color 属性，因此除 color 属性外的样式均会得到继承。

6.3.3 按钮组件

Flutter 框架内置了多种不同的按钮样式以及自定义按钮样式。RaisedButton 是一个有凸起效果的漂浮按钮。下面是一个典型的 RaisedButton 使用示例：

```
RaisedButton(
  child: Text("RaisedButton"),
  onPressed: () => {debugPrint("RaisedButton clicked")});
```

同时，控制台输出：

```
I/flutter ( 4218): RaisedButton clicked
```

当用户点击这个按钮时，可以看到按钮浮起和水波纹逐渐扩散的特效，如图 6.12 所示。

图 6.12　RaisedButton 点击特效

FlatButton 是一个扁平风格的按钮，在默认情况下看不到任何按钮背景，很像是一个 Text 组件，点击后会有背景色的改变。下例就是 FlatButton 的具体应用：

```
FlatButton(
  onPressed: () => {debugPrint("FlatButton clicked")},
  child: Text("FlatButton");
```

同时，控制台输出：

```
I/flutter ( 4218): FlatButton clicked
```

未点击和点击时的状态如图 6.13 所示。

IconButton 提供了一种将图标作为按钮内容的方式，另外 Flutter 框架内置了丰富的图标库，被定义在 Icons 类中。下面我们来看一下具体实现：

```
IconButton(
  icon: Icon(Icons.phone),
  onPressed: () => {debugPrint("IconButton clicked")});
```

控制台输出：

```
I/flutter ( 4218): IconButton clicked
```

当这个按钮被按下时，它将出现圆形的背景和水波纹扩散特效，如图 6.14 所示。

图 6.13　FlatButton 点击特效　　　　图 6.14　IconButton 点击特效

OutlineButton 按钮的样式在未点击时有一个浅浅的边框，背景透明；在点击时，边框亮起，显示背景色并伴有水波纹扩散特效。其用法和前面三种按钮的用法相似：

```
OutlineButton(
  onPressed: () => {debugPrint("OutlineButton clicked")},
  child: Text("OutlineButton"));
```

类似地，当点击时，控制台输出：

```
I/flutter ( 4218): OutlineButton clicked
```

未点击和点击时的状态如图 6.15 所示。

除了上述 4 种内置的按钮样式，还可以根据界面的设计需要进行按钮样式的自定义。比如，我们想要实现这样一个按下的效果，如图 6.16 所示。

图 6.15　OutlineButton 点击特效 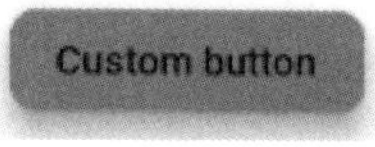　　　　图 6.16　自定义样式的按钮组件

图 6.16 中的按钮的形状是一个圆角矩形，按下时背景变为绿色，且有浮起的特效。因此，我们选择基于 RaisedButton 进行自定义，代码片段如下：

```
RaisedButton(
  shape: RoundedRectangleBorder(borderRadius:
BorderRadius.circular(10.0)),
  highlightColor: Colors.green,
```

```
        child: Text("Custom button"),
        onPressed: () => {debugPrint("Custom button clicked")});
```

阅读代码示例发现，我们通过和文本组件相类似的添加属性的方式进行按钮样式的自定义，其中 shape 描述了按钮的形状，highlightColor 代表在按下时显示的颜色。除了上述两种属性，还有很多未被提及的属性可以控制按钮的样式，这里不做详细介绍。

6.3.4　图片组件

在实际开发中，图片组件是非常常用的基本组件。和 Android 或 iOS 原生开发不同，Flutter 支持的图片来源更加丰富，包括从 asset 资源文件夹获取图片、通过网络 URL 获取图片、使用本地图片文件，以及从内存中加载。支持的格式除了常见的 JPEG，PNG，还有 GIF，WebP，BMP，WBMP 等。

下面我们了解一下如何从不同的来源获取并显示图片。图片 asset 文件夹是 Flutter 项目的一个资源文件夹，包含在 App 的安装文件中。关于这个文件夹的更多内容在后面讲解，现在只需要知道它是用来存放资源文件的就可以了。要从这个文件夹中加载图片，前提是要有相应的资源文件存在。

我们在项目的根目录下创建名为 images 的文件夹，并将图 6.17 所示的图片文件放到这个文件夹中，命名为 image.png。

然后在 pubspec.yaml 中添加对这个图片文件的声明，完整的代码如下：

图 6.17　image.png

```
name: basic_widget
description: A Flutter application.
version: 1.0.0+1
environment:
  sdk: ">=2.1.0 <3.0.0"
dependencies:
  flutter:
    sdk: flutter
  cupertino_icons: ^0.1.2
dev_dependencies:
  flutter_test:
    sdk: flutter
flutter:
  uses-material-design: true
  assets:
    - images/image.png
```

在该文件的最下方添加了对资源文件的声明。注意，在本例中，我们创建了 images 文件夹用来存放图片资源文件。你可以根据自己的习惯创建其他的文件夹，只要和上面配置文件中的声明做好对应即可。接下来，在 Dart 代码中，使用这个文件：

```
Image.asset('images/image.png');
```

或者

```
Image(image: AssetImage('images/image.png'));
```

添加该组件，运行结果如图 6.18 所示。

可见，该图片已经成功地显示在屏幕上了。类似地，Image 组件也有很多属性，如宽度、高度、对齐方式、图片质量等。在默认情况下，当定义了宽度或高度时，相应的高度或宽度也会随之改变，图片的宽高比不会改变。代码如下：

```
Image.asset('images/image.png', width: 50.0);
```

运行后，界面显示如图 6.19 所示。

图 6.18　使用资源图片文件

图 6.19　自定义 Image 组件的宽度

此外，Flutter 还提供了图片重复的属性，该属性通常在组件尺寸大于图片尺寸时使用，其效果类似于平铺，默认为不重复。重复属性提供了水平、垂直方向的重复，也可同时兼顾。图 6.20 的效果为同时在水平和垂直方向上重复的例子。

具体的代码如下：

```
Image.asset(
  'images/image.png',
  width: 300,
```

```
    height: 600,
    repeat: ImageRepeat.repeat
),
```
从网络地址加载图片和上例类似,仅需要按照如下示例代码进行实现即可:
```
Image.network("https://www.baidu.com/img/baidu_jgylogo3.gif");
```
或者
```
Image(image:
NetworkImage("https://www.baidu.com/img/baidu_jgylogo3.gif"));
```
运行结果和使用资源图片文件的示例相同。当网络状况不佳时,运行本例后的界面将无法显示图片。此时,我们或许想使用一个默认的图片代替它,而不是直接显示空白。Flutter 框架提供的 FadeInImage 类可以帮助我们实现上述需求,其写法如下:
```
FadeInImage.assetNetwork(
    placeholder: "images/image.png",
    image: "https://www.baidu.com/img/baidu_jgylogo3.gif");
```
将模拟器或手机置于飞行模式并保持 WiFi 断开运行程序时,可以看到用于替代网络图片的 images/image.png 得到了显示,如图 6.21 所示。

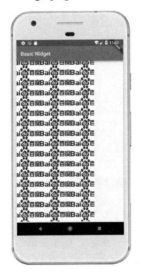

图 6.20 应用 repeat 属性的效果

图 6.21 FadeInImage 的应用

同时,控制台会报出如下异常:
```
I/flutter ( 6298): ══╡ EXCEPTION CAUGHT BY IMAGE RESOURCE SERVICE
I/flutter ( 6298): The following SocketException was thrown resolving an image codec:
```

```
I/flutter ( 6298): Failed host lookup: 'www.baidu.com' (OS Error: No address
associated with hostname, errno = 7)
```

同样地，FadeInImage 也支持定义宽度、高度等属性，你可以自行尝试赋值。

Flutter 内置了一套图标库，这可以减轻设计人员的工作量，同时方便开发人员使用。这套图标库中的图片都是矢量的，意味着放大或缩小都不会影响清晰度，且支持自定义颜色。此外，使用内置图标库而不是添加自定义的图片可以减小生成的安装文件的大小，还可以放置于 TextSpan 中和文本共存。下面演示如何使用图标库中的矢量图标，代码如下：

```
Icon(Icons.account_circle);
Icon(Icons.verified_user,color: Colors.blue);
Icon(Icons.android,size: 50.0);
```

显示效果如图 6.22 所示。

6.3.5 开关和复选框组件

作为基础组件，开关和复选框组件同样会经常用到。它们作为和用户交互有关的组件，在实际使用时，通常作为有状态的组件使用。代码如下：

图 6.22　Icon 矢量图标

```
// 开关和复选框组件
class WidgetSwitchAndCheckbox extends StatefulWidget {
  @override
  State<StatefulWidget> createState() {
    return WidgetSwitchAndCheckboxState();
  }
}
// 开关和复选框组件
class WidgetSwitchAndCheckboxState extends State<WidgetSwitchAndCheckbox> {
  var switchEnable = false;
  var checkboxSelected = false;
  @override
  Widget build(BuildContext context) {
    return Column(children: <Widget>[
      // 开关组件
      Switch(
        value: switchEnable,
        onChanged: (value) {
          setState(() {
            switchEnable = value;
```

```
          });
        },
      ),
      // 复选框组件
      Checkbox(
        value: checkboxSelected,
        onChanged: (value) {
          setState(() {
            checkboxSelected = value;
          });
        })
    ]);
  }
}
```

图 6.23　未选中和选中的状态

上面的代码分别实现了开关和复选框组件。运行它，并尝试点击，未选中和选中的状态如图 6.23 所示。

Flutter 框架对开关和复选框的样式定义较少，我们可以通过 activeColor 定义选中时的颜色，但无法定义复选框的尺寸，而对于开关而言，仅可以定义其宽度。

6.3.6　单选框组件

在实际开发中，单选框组件（Radio）实现起来很简单。我们先来看一个极其简单的单选框组件的效果，如图 6.24 所示。

图 6.24 中有三个单选框组件，它们为一组，是互斥的选择关系。实现上述界面的代码如下：

图 6.24　最简单的单选框组件

```
class _MyHomePageState extends State<MyHomePage> {
  var _groupValue;
  @override
  Widget build(BuildContext context) {
    return Scaffold(
      appBar: AppBar(
        title: Text(widget.title),
      ),
      body: Center(
        child: Row(
          mainAxisAlignment: MainAxisAlignment.center,
          children: <Widget>[
```

```
        // 单选框组件
        Radio(
            activeColor: Colors.red,
            value: "Option 1",
            groupValue: _groupValue,
            onChanged: (value) {
              setState(() {
                _groupValue = value;
              });
            }),
        // 单选框组件
        Radio(
            activeColor: Colors.green,
            value: "Option 2",
            groupValue: _groupValue,
            onChanged: (value) {
              setState(() {
                _groupValue = value;
              });
            }),
        // 单选框组件
        Radio(
            activeColor: Colors.blue,
            value: "Option 3",
            groupValue: _groupValue,
            onChanged: (value) {
              setState(() {
                _groupValue = value;
              });
            }),
      ]),
    ));
  }
}
```

和复选框/开关组件类似，为了实现选中状态，单选框组件需要自己调用 setState()方法重建组件。

6.3.7 输入框组件和表单组件

输入框组件（TextField）几乎是每一个 App 中都包含的组件，如填写用户名和密码、发送短信时的文本输入框等。一个最简单的输入框如图 6.25 所示。

图 6.25　最简单的输入框

图 6.25 中的那条浅灰色的线便是输入框，你可以点击输入框区域，并尝试输入一些文本并观察输入框的样式变化。实现这个输入框的代码非常简单，如下：

```
TextField();
```

但这样只是声明一个输入框并不能满足实际的需要。在实际开发过程中，通常需要给一个输入框添加提示性的文字，或者只允许输入某种类型的文本等。下面将通过绘制一个简单的用户登录界面来介绍输入框的具体使用方法。

如果要为输入框添加标题和提示性文本，就要用到 labelText 属性和 hintText 属性。下例是一个输入登录名的具体应用：

```
// 用户名
class UserNameInputTextField extends StatefulWidget {
  @override
  State createState() {
    return UserNameInputTextFieldState();
  }
}
// 用户名状态
class UserNameInputTextFieldState extends State<UserNameInputTextField> {
```

```
    @override
    Widget build(BuildContext context) {
      return TextField(
          decoration:
              InputDecoration(labelText: "登录名", hintText: "在此输入您的手机号或邮箱账号"));
    }
}
```

类似地，还需要一个密码输入框：

```
// 密码
class PasswordInputTextField extends StatefulWidget {
  @override
  State createState() {
    return PasswordInputTextFieldState();
  }
}
// 密码状态
class PasswordInputTextFieldState extends State<PasswordInputTextField> {
  @override
  Widget build(BuildContext context) {
    return TextField(
        decoration:
            InputDecoration(labelText: "密码", hintText: "在此输入登录密码"));
  }
}
```

接着，还需要将上述两个输入框一起放在界面上。完整的代码如下：

```
import 'package:flutter/material.dart';
void main() => runApp(MyApp());
class MyApp extends StatelessWidget {
  @override
  Widget build(BuildContext context) {
    return MaterialApp(
      title: 'Flutter Demo',
      theme: ThemeData(
        primarySwatch: Colors.blue,
      ),
      home: Scaffold(
        appBar: AppBar(title: Text("Login")),
        body: LoginLayout(),
      ),
    );
```

```dart
    }
  }
  class LoginLayout extends StatelessWidget {
    @override
    Widget build(BuildContext context) {
      return Container(
        child: Column(
          children: <Widget>[
            // 用户名输入框
            UserNameInputTextField(),
            // 密码输入框
            PasswordInputTextField()
          ],
        ),
      );
    }
  }
  // 用户名
  class UserNameInputTextField extends StatefulWidget {
    @override
    State createState() {
      return UserNameInputTextFieldState();
    }
  }
  // 用户名状态
  class UserNameInputTextFieldState extends State<UserNameInputTextField> {
    @override
    Widget build(BuildContext context) {
      return TextField(
        decoration:
          InputDecoration(labelText: "登录名", hintText: "在此输入您的手机号或邮箱账号"));
    }
  }
  // 密码
  class PasswordInputTextField extends StatefulWidget {
    @override
    State createState() {
      return PasswordInputTextFieldState();
    }
  }
```

```
// 密码状态
class PasswordInputTextFieldState extends State<PasswordInputTextField> {
  @override
  Widget build(BuildContext context) {
    return TextField(
        decoration: InputDecoration(labelText: "密码", hintText: "在此输入登录密码"));
  }
}
```

运行上述代码，得到如图 6.26 所示的结果。

尝试在这两个输入框中输入一些内容，观察其变化。尽管可以正确地显示输入的内容并具备动画效果，但还是存在一些问题，如图 6.27 所示。

图 6.26 简单的登录界面

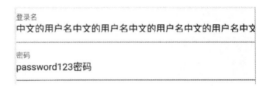

图 6.27 毫无约束的输入框

图 6.27 中出现了以下几个问题和优化点：
◎ 在启动时，用户名输入框应该为等待输入的状态。
◎ 用户名长度过长。
◎ 用户名应该为邮箱或手机号格式。
◎ 密码不应该以明文显示。
◎ 密码中不应该出现中文。
◎ 左侧若有图标，提示输入的内容更佳。
◎ 如何获取输入的内容。

◎ 如何排除非法输入。

下面我们通过给输入框添加属性来规避问题并实现功能需求。

自动获取焦点。

为了方便用户操作,简化输入步骤,通常我们会在程序启动后自动将光标定位到用户名,等待用户输入,这样可以减少用户的一次点击。其具体做法是在需要获取焦点的组件中添加 autofocus 属性并定义为 true 值,该值默认为 false。修改后的 UserNameInputTextFieldState 类如下所示:

```
class UserNameInputTextFieldState extends State<UserNameInputTextField> {
  @override
  Widget build(BuildContext context) {
    return TextField(
      autofocus: true,
      decoration:
        InputDecoration(labelText: "登录名", hintText: "在此输入您的手机号或邮箱账号"));
  }
}
```

图 6.28　自动聚焦的输入框

注意新增加的 autofocus 属性,再次运行程序,发现键盘自动弹出,登录名的输入框已经获取焦点,如图 6.28 所示。

此时,可以直接从软键盘输入文本,而且登录名输入框会出现输入的内容。

在 Flutter 框架中,限制输入总长度的属性分别是 maxLines、maxLength 和 maxLengthEnforced。

◎ maxLines 指的是最大行数,默认值为 1,即 1 行。若要无限制自动换行,将值赋为 null 即可,该属性在本例中不会用到。

◎ maxLength 表示最大长度,当该属性被赋值后,当前长度和最大允许长度会显示在输入框的右下角。

◎ maxLengthEnforced 接受一个布尔值,表示当长度到达限制长度时,是否强制阻止输入。若为 true,则阻止输入;若为 false,则可以继续输入,但输入框会以红色显示。

下面我们实现密码输入框的限制:最长 8 位密码,若超过 8 位,则输入框将以红色示警告知用户。具体实现如下:

```
class PasswordInputTextFieldState extends State<PasswordInputTextField> {
  @override
```

```
  Widget build(BuildContext context) {
    return TextField(
        maxLength: 8,
        maxLengthEnforced: false,
        decoration: InputDecoration(labelText: "密码", hintText: "在此输入登
录密码"));
  }
}
```

重新运行并尝试输入一些内容,当长度在允许范围内时,输入框以蓝色显示;当长度超过限制时,输入框颜色变为红色。

接着,我们还需要隐藏密码的输入内容,这里使用 obscureText 属性。该属性为 true 时,输入框中的字符将以圆点(•)显示;反之则显示实际内容,默认为 false。将该属性设置为 true,添加到 PasswordInputTextFieldState 类中:

```
class PasswordInputTextFieldState extends State<PasswordInputTextField> {
  @override
  Widget build(BuildContext context) {
    return TextField(
        maxLength: 8,
        obscureText: true,
        maxLengthEnforced: false,
        decoration: InputDecoration(labelText: "密码", hintText: "在此输入登
录密码"));
  }
}
```

然后运行,输入一些内容,观察输入框的显示效果,如图 6.29 所示。

指定允许输入的内容格式。

从用户名输入框的提示文本看出,用户名仅允许为邮箱或手机号,然而在实际测试中,依然可以输入中文字符。因此,需要在其允许输入的内容上做一些限制,这里需要用到 keyboardType 属性。

keyboardType 属性会限制弹出软键盘的类型,从而达到限制输入类型的目的。常见的属性值有文本(text)、数字(number)、电话(phone)、日期时间(datetime)、邮箱(emailAddress)和网址(url)。本例中,我们用到的属性值为 emailAddress。将该属性添加到代码中,进一步修改代码,如下:

图 6.29 非明文显示的密码输入框

```
class UserNameInputTextFieldState extends State<UserNameInputTextField> {
  @override
  Widget build(BuildContext context) {
    return TextField(
        autofocus: true,
        keyboardType: TextInputType.emailAddress,
        decoration:
            InputDecoration(labelText: "登录名", hintText: "在此输入您的手机号或邮箱账号"));
  }
}
```

这一次我们在 UserNameInputTextFieldState 类中修改。

为输入框添加首部图标。

在输入框首部加一个图标可以使用户更加清楚需要输入哪些内容,使整个界面更加一目了然。本例中使用 Flutter 框架内置的图标 Icons.person 表示登录名,Icons.lock 表示密码,添加好的运行显示效果如图 6.30 所示。

图 6.30 添加首部图标的运行示例

具体代码实现如下:

```
// 用户名状态
```

```
class UserNameInputTextFieldState extends State<UserNameInputTextField> {
  @override
  Widget build(BuildContext context) {
    return TextField(
        autofocus: true,
        keyboardType: TextInputType.emailAddress,
        decoration: InputDecoration(
            prefixIcon: Icon(Icons.person),
            labelText: "登录名",
            hintText: "在此输入您的手机号或邮箱账号"));
  }
}
// 密码状态
class PasswordInputTextFieldState extends State<PasswordInputTextField> {
  @override
  Widget build(BuildContext context) {
    return TextField(
        maxLength: 8,
        obscureText: true,
        maxLengthEnforced: false,
        decoration: InputDecoration(
            prefixIcon: Icon(Icons.lock),
            labelText: "密码",
            hintText: "在此输入登录密码"));
  }
}
```

其中，prefixIcon 为首部图标的属性名，但要注意它的位置在 decoration 中，而不是直接在 TextField 中。

获取输入框的文本内容。

接下来，需要获取输入框中的文本内容，以便后续将用户名和密码提交到服务器进行验证。Flutter 开发框架提供了两种获取输入框文本内容的方式：第一种是直接一次性地获取内容；第二种是监听用户输入，即当输入框中的文本内容有变化时获取内容。

（1）一次性地获取内容。它特别适合本例使用，因为在本例中并没有要求在每一次输入改变时都进行校验。其分为三个步骤：

第一步，定义 TextEditingController，以便通过它获取输入的内容。

```
// 定义 TextEditingController
TextEditingController usernameController = TextEditingController();
TextEditingController passwordController = TextEditingController();
```

第二步，设置 TextEditingController 到 TextField 中，并将上述两个对象分别放进相应的 TextField 中，如下所示：

```
// 用户名状态
class UserNameInputTextFieldState extends State<UserNameInputTextField> {
  @override
  Widget build(BuildContext context) {
    return TextField(
        autofocus: true,
        controller: usernameController,
        keyboardType: TextInputType.emailAddress,
        decoration: InputDecoration(
            prefixIcon: Icon(Icons.person),
            labelText: "登录名",
            hintText: "在此输入您的手机号或邮箱账号"));
  }
}
// 密码状态
class PasswordInputTextFieldState extends State<PasswordInputTextField> {
  @override
  Widget build(BuildContext context) {
    return TextField(
        maxLength: 8,
        controller: passwordController,
        obscureText: true,
        maxLengthEnforced: false,
        decoration: InputDecoration(
            prefixIcon: Icon(Icons.lock),
            labelText: "密码",
            hintText: "在此输入登录密码"));
  }
}
```

注意，controller 属性处于 TextField 层级下。

第三步，通过 TextEditingController 获取内容。先在界面中放置一个登录按钮，当用户点击按钮时，获取输入的用户名和密码，如下：

```
// 登录按钮
class loginButton extends StatelessWidget {
  @override
  Widget build(BuildContext context) {
    return RaisedButton(
        child: Text("登录"),
```

```
        onPressed: () {
          debugPrint("Username: " + usernameController.text + " - Password:"
+ passwordController.text);
        });
   }
}
```

登录按钮的实现如上述代码片段所示，当用户点击登录按钮时，日志输出用户输入的登录名和密码。比如，在登录名处输入"user1"，密码输入"123456"，则日志输出如下内容：

```
I/flutter (16565): Username: user1 - Password:123456
```

到此，我们就成功地一次性获取了用户的全部输入。

（2）监听用户的输入。要实时监听输入框的状态需要用到 onChanged 属性，代码片段如下：

```
// 用户名状态
class UserNameInputTextFieldState extends State<UserNameInputTextField> {
  @override
  Widget build(BuildContext context) {
    return TextField(
        onChanged: (content) => {debugPrint("Username input: " + content)},
        autofocus: true,
        controller: usernameController,
        keyboardType: TextInputType.emailAddress,
        decoration: InputDecoration(
            prefixIcon: Icon(Icons.person),
            labelText: "登录名",
            hintText: "在此输入您的手机号或邮箱账号"));
  }
}
```

我们在 TextField 层级下添加了 onChanged 回调属性，并在其关联的方法体中实时输出 content 的值。运行上述代码并尝试在登录名输入框中输入一些文本，这一次依然输入 "user1"，日志的输出结果如下：

```
I/flutter (16565): Username input: u
I/flutter (16565): Username input: us
I/flutter (16565): Username input: use
I/flutter (16565): Username input: user
I/flutter (16565): Username input: user1
```

当然，该监听不仅对输入文字有效，而且对删除文字同样有效。当我们试图删除输入的 user1 时，日志输出如下：

```
I/flutter (16565): Username input: user
```

```
I/flutter (16565): Username input: use
I/flutter (16565): Username input: us
I/flutter (16565): Username input: u
I/flutter (16565): Username input:
```

图 6.31 默认的软键盘

键盘动作按钮图标。

你可能会发现，当我们每次向输入框中输入内容时，软键盘右下角都会有一个绿色的对钩按钮，如图 6.31 所示。

对于本例而言，使用对钩表示确认似乎并没有什么不妥，但是如果示例中的文本框是一个搜索框，那么使用放大镜表示搜索会不会更恰当呢？事实上，在实际的应用交互设计中，最佳的做法是当用户输入完登录名并点击键盘的右下角按钮时，应该自动将光标移至密码输入框；当用户输入完密码并点击键盘右下角按钮时，应该进行登陆操作，而不是现在的确认逻辑。

那么，如何实现这样的需求呢？Flutter 框架提供了 textInputAction 属性和 textInputAction/onSubmitted 属性来实现上述功能，完整的代码实现如下：

```
import 'package:flutter/material.dart';
// 定义 TextEditingController
TextEditingController usernameController = TextEditingController();
TextEditingController passwordController = TextEditingController();
// 焦点
FocusNode passwordFocusNode = FocusNode();
void main() => runApp(MyApp());
class MyApp extends StatelessWidget {
  @override
  Widget build(BuildContext context) {
    return MaterialApp(
      title: 'Flutter Demo',
      theme: ThemeData(
        primarySwatch: Colors.blue,
      ),
      home: Scaffold(
        appBar: AppBar(title: Text("Login")),
        body: LoginLayout(),
      ),
    );
  }
}
class LoginLayout extends StatelessWidget {
  @override
```

```dart
  Widget build(BuildContext context) {
    return Container(
      child: Column(
        children: <Widget>[
    // 用户名输入框
          UserNameInputTextField(),
    // 密码输入框
          PasswordInputTextField(),
    // 登录按钮
          LoginButton()
        ],
      ),
    );
  }
}
// 用户名
class UserNameInputTextField extends StatefulWidget {
  @override
  State createState() {
    return UserNameInputTextFieldState();
  }
}
// 用户名状态
class UserNameInputTextFieldState extends State<UserNameInputTextField> {
  @override
  Widget build(BuildContext context) {
    return TextField(
        textInputAction: TextInputAction.next,
        onEditingComplete: () =>
            FocusScope.of(context).requestFocus(passwordFocusNode),
        onChanged: (content) => {debugPrint("Username input: " + content)},
        autofocus: true,
        controller: usernameController,
        keyboardType: TextInputType.emailAddress,
        decoration: InputDecoration(
            prefixIcon: Icon(Icons.person),
            labelText: "登录名",
            hintText: "在此输入您的手机号或邮箱账号"));
  }
}
// 密码
```

```
class PasswordInputTextField extends StatefulWidget {
  @override
  State createState() {
    return PasswordInputTextFieldState();
  }
}
// 密码状态
class PasswordInputTextFieldState extends State<PasswordInputTextField> {
  @override
  Widget build(BuildContext context) {
    return TextField(
        textInputAction: TextInputAction.done,
        onSubmitted: (content) => debugPrint("Username: " +
            usernameController.text +
            " - Password:" +
            passwordController.text),
        focusNode: passwordFocusNode,
        maxLength: 8,
        controller: passwordController,
        obscureText: true,
        maxLengthEnforced: false,
        decoration: InputDecoration(
            prefixIcon: Icon(Icons.lock),
            labelText: "密码",
            hintText: "在此输入登录密码"));
  }
}
// 登录按钮
class LoginButton extends StatelessWidget {
  @override
  Widget build(BuildContext context) {
    return RaisedButton(
        child: Text("登录"),
        onPressed: () {
          debugPrint("Username: " +
              usernameController.text +
              " - Password:" +
              passwordController.text);
        });
  }
}
```

首先，我们声明了一个 FocusNode 对象，并把它作为 focusNode 属性的值设置给密码输入框。

然后，在用户名输入框中加入 textInputAction 和 onEditingComplete 两个属性，前者改变键盘右下角的默认图标并将其定义为下一步，后者便是实际的操作，即将光标移动到密码输入框，让密码输入框获取焦点。

最后，在密码输入框中加入 textInputAction 属性和 onSubmitted 属性。前者依然改变键盘右下角的图标，由于默认的图标就定义为 TextInputAction.done，因此看上去并没有什么变化。后者和 onEditingComplete 属性不同，它有一个 String 类型的参数，其内容就是相应输入框的文本，在本例中就是密码的内容。和登录按钮类似，这里依旧通过日志输出登录名和密码。

接下来考虑这样一个问题：虽然限制了用户输入的内容类别，但还不是那么完善，依然无法避免用户的非法操作。一个典型的非法操作就是什么都不输入，然后直接按登录按钮，这时如果 App 处理不当，就很可能会导致 App 崩溃退出。因此，在最后执行登录操作时，需要对输入的内容进行一次校验，或者当想要重置输入的内容时，就需要重置一次所有的输入框。与上述校验、重置类似的操作过程，可以借助表单（Form）更加优化地实现。

我们先来看一段代码：

```
import 'package:flutter/material.dart';
void main() => runApp(MyApp());
class MyApp extends StatefulWidget {
  @override
  MyAppState createState() => MyAppState();
}
class MyAppState extends State<MyApp> {
  GlobalKey<FormState> formGlobalKey = GlobalKey<FormState>();
  String username;
  void save() {
    var form = formGlobalKey.currentState;
    if (form.validate()) {
      form.save();
    }
  }
  @override
  Widget build(BuildContext context) {
    return MaterialApp(
        title: "Form demo",
        home: Scaffold(
            appBar: AppBar(
              title: Text('Form demo'),
```

```
            ),
            body: Column(children: <Widget>[
              // 校验输入内容的合法性
              Form(
                key: formGlobalKey,
                child: TextFormField(
                  decoration: InputDecoration(
                    labelText: "姓名",
                  ),
                  // 验证条件
                  validator: (content) {
                    if (content.length <= 0) {
                      return "姓名太短";
                    } else if (content.length > 8) {
                      return "姓名过长";
                    }
                  },
                  // 保存数据
                  onSaved: (content) {
                    username = content;
                  },
                ),
              ),
              RaisedButton(onPressed: save, child: Text("保存"))
            ])));
  }
}
```

上面演示了如何使用表单对输入内容的合法性进行校验。

首先，要明确一个概念：我们可以将表单看作一个容器。在上述代码中，它包含了一个 TextFormField 对象，尤其要重点关注 TextFormField 对象的 onSaved 属性和 validator 属性，以及相关的方法体。在实际开发中，大部分的情况是会有更多的组件被包含。其次，上述代码中还声明了一个 GlobalKey 对象。从命名上看，它是一个全局的 Key，可以通过这个对象来获取表单中的表单对象（formGlobalKey.currentState），一个 GlobalKey 对应一个表单对象，供表单对象使用。再次，在 TextFormField 组件的 onSaved() 方法中，将输入框中的文字内容赋值给变量 username，再通过按钮单击事件（onPress()）调用 save() 方法。最后，在 save() 方法中，通过之前实例化的 GlobalKey 对象获取表单对象。

在示例中，我们调用了表单对象的 validate() 方法和 save() 方法，分别对应验证和保存。验证的过程在 TextFormField 对象的 validator 属性中描述，保存的过程在 TextFormField 对象的 onSaved 属性中描述。此外，表单对象还有 reset()方法，用来重置表单内容。你可以尝试调用 reset()方法来实现 validate 失败后自动清空输入框的功能。

到此，Flutter 的基本组件就介绍完了。在实际开发过程中，这些基本组件会经常用到。

6.4 多元素布局组件

布局主要是对于多组件而言的，在实际开发中，大部分的界面会以多组件的形式组织。虽然在之前的章节中，我们尝试过将多个组件摆放到界面上，但是那样的摆放缺乏条理性，一盘散沙。而布局的应用，可以对界面进行规划，更好地摆放每一个组件。

接下来，我们先学习一下有关布局的基本概念，然后深入学习各种类型的布局。

6.4.1 布局类组件

布局类组件也是组件，此外，行、列、对齐等这些看不到的东西也一样是组件。总的来说，Flutter 中的组件可根据能否包含子组件的情况，分为三大类，分别是不包含子组件的组件、包含一个子组件的组件及包含多个子组件的组件。在 Flutter 中，其类名称分别为 LeafRenderObjectWidget，SingleChildRenderObjectWidget，MultiChildRenderObjectWidget。由于元素是通过组件中的方法（widget.createElement()方法）创建的，因此，相应的元素类型也有三类，其名称分别为 LeafRenderObjectElement，SingleChildRenderObjectElement 和 MultiChildRenderObjectElement。它们之间的对应关系如表 6.1 所示。

表 6.1 布局类组件

组件	元素	特点	举例
LeafRenderObjectWidget	LeafRenderObjectElement	不包含子组件	Text
SingleChildRenderObjectWidget	SingleChildRenderObjectElement	包含一个子组件	DecoratedBox
MultiChildRenderObjectWidget	MultiChildRenderObjectElement	包含多个子组件	Column

你可以根据表 6.1 中的信息查找之前的示例代码，以便更好地理解对应组件包含子组件的能力。在 Flutter 中，各种具体的组件，如 Text，DecoratedBox 等，都根据其包含子组件的能力不同直接或间接地继承了 LeafRenderObjectWidget 或 SingleChildRenderObjectWidget 等。而布局类组件因为可以包含多个子组件，所以它实际上就是继承了 MultiChildRenderObjectWidget 类的子类。布局类组件提供 children 属性，其值是一个 List，子类包含在其中。下面来体验一下布局的整个过程。

（1）创建要被布局的子组件，如 Text，Button 和 Icon 三个基本组件。如下：
```
Text("我是一个文本组件"),
RaisedButton(onPressed: () => debugPrint("button clicked!"), child: Text("我是一个按钮")),
Icon(Icons.android)
```
注意，除 Text 和 Icon 组件外，RaisedButton 包含了一个点击事件和一个子组件。

（2）选择合适的布局组件，并将子组件添加进去。在创建好上述三个子组件后，把它们从上到下依次放到界面上，这里使用可以包含多个子组件的 Column 组件。具体的代码实现如下：
```
Column(
  children: <Widget>[
    Text("我是一个文本组件"),
    RaisedButton(onPressed: () => debugPrint("button clicked!"), child: Text("我是一个按钮")),
    Icon(Icons.android)
  ],
)
```

（3）将布局组件 Column 添加到界面中。代码如下：
```
import 'package:flutter/material.dart';
void main() {
  runApp(MyApp());
}
class MyApp extends StatelessWidget {
  @override
  Widget build(BuildContext context) {
    return MaterialApp(
      title: "界面布局流程体验",
      home: Scaffold(
        appBar: AppBar(
          title: Text("界面布局流程体验"),
        ),
        body: Column(
          children: <Widget>[
            Text("我是一个文本组件"),
            RaisedButton(
              onPressed: () => debugPrint("button clicked!"),
              child: Text("我是一个按钮")),
            Icon(Icons.android)
          ],
        )),
```

```
      );
    }
}
```

运行代码，结果如图 6.32 所示。

图 6.32　从上到下排列的组件

6.4.2　线性布局

在 Flutter 中，提供了水平顺序和垂直顺序的布局方式，它们统称为线性布局，是所有布局方式中较为简单的一种，也是最常用的一种。水平方向的布局使用 Row 组件，垂直方向的布局使用 Column 组件。

不论是 Row 组件还是 Column 组件，都有两个重要的对齐方式属性来对齐子项，分别是主轴（MainAxisAlignment）和横轴（CrossAxisAlignment），横轴也称作交叉轴。图 6.33 和图 6.34 清晰地表达了主轴和横轴在水平和垂直布局上的差异。

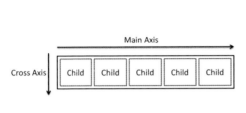
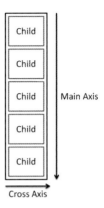

图 6.33 Row　　　　　　　图 6.34 Column

示例代码如下：

```
import 'package:flutter/material.dart';
void main() => runApp(MyApp());
class MyApp extends StatelessWidget {
  @override
  Widget build(BuildContext context) {
    return MaterialApp(
        title: "线性布局演示",
        theme: ThemeData(
          primarySwatch: Colors.blue,
        ),
        home: Scaffold(
          appBar: AppBar(
            title: Text("线性布局演示"),
          ),
          body: Column(
            mainAxisAlignment: MainAxisAlignment.center,
            children: <Widget>[PartRow(), PartRow(), PartRow(),PartRow()],
          ),
        ));
  }
}
class PartRow extends StatelessWidget {
  @override
  Widget build(BuildContext context) {
    return Row(
        mainAxisAlignment: MainAxisAlignment.center,
```

```
        children: <Widget>[
      Icon(Icons.arrow_back),
      Icon(Icons.arrow_downward),
      Icon(Icons.arrow_upward),
      Icon(Icons.arrow_forward),
    ]);
  }
}
```

在上述代码中，在 PartRow 类中返回了水平排序的组件，从左到右依次是返回、向下、向上和前进图标。然后该类在 Column 的 children 属性中被实例化了 4 次，因此，可以推断运行该部分代码的结果会有 4 行显示，每一行都一样，如图 6.35 所示。

此外，Row 组件和 Column 组件自身还有很多属性可以设置。在上例中，mainAxisAlignment 为子组件在 Row 组件或 Column 组件中水平或垂直方向的对齐方式。由于我们在 Row 组件和 Column 组件中都设置了 MainAxisAlignment.center 作为值，因此会得到图 6.35 中横纵方向都居中的结果。

下面我们看一下还有哪些常用的属性，这里以 Row 组件为例。Column 组件中的属性和 Row 组件的类似，你可以参考使用。

children：该属性用于存放子组件，是一个列表。

mainAxisSize：该属性代表主轴方向所占用的屏幕空间。对 Row 组件而言，是水平空间；对 Column 组件而言，是垂直空间。这里有两个常量值：MainAxisSize.min 和 MainAxisSize.max。前者表示尽可能地少占用屏幕空间，即可以容纳的所有子组件的最小尺寸；后者表示尽可能多地占用屏幕空间，即使子组件并没有占满。该属性的默认值是 MainAxisSize.max。

图 6.35 Row 组件和 Column 组件的组合使用

textDirection：该属性表示水平方向上的子组件布局顺序，在未指定属性值时，跟随系统语言设置。在大多数语言环境中都是从左到右，即 TextDirection.rtl；在某些语言中是从右到左排序的，值为 TextDirection.rtl。我们可以通过设定概述性质达到强制从左到右或从右到左排序。

mainAxisAlignment：该属性代表子组件在 Row 组件或 Column 组件主轴中的对齐方式，可设置的值有 MainAxisAlignment.start，MainAxisAlignment.end 和 MainAxisAlignment.center。该属性经常受 textDirection 的值影响，当 mainAxisAlignment 的值为 MainAxisAlignment.start 时，若 textDirection 的属性值设置为 TextDirection.ltr，对于 Row 组件而言，其中的子组件

就为左对齐；若 textDirection 的属性值设置为 TextDirection.rtl，其中的子组件则为右对齐。只有 MainAxisAlignment.center 不会有变化。

此外，当 mainAxisSize 的值为 MainAxisSize.min 时，该属性不起作用，因为整个组件已经被子组件占满。

verticalDirection：该属性表示子组件在 Column 组件纵轴中的对齐方式，默认值为 VerticalDirection.down，即从上到下；该属性的值还可以设置为默认值 VerticalDirection.up，即从下到上。你可以尝试修改 Column 组件，并在其中放置不同的子组件，然后改变该属性，观察子组件的排布顺序。

crossAxisAlignment：该属性表示子组件在 Row 组件或 Column 组件纵轴中的对齐方式。和主轴对齐方式类似，该属性也有 CrossAxisAlignment.start、CrossAxisAlignment.center 和 CrossAxisAlignment.end 三个设置值。该属性受 verticalDirection 的影响，当 crossAxisAlignment 为 CrossAxisAlignment.start 时，若 verticalDirection 的值设置为 VerticalDirection.down，子组件的对齐方式就是顶部对齐；若 verticalDirection 的值设置为 VerticalDirection.up，子组件就按照底部对齐的方式排布。只有 CrossAxisAlignment.center 不会有变化。

到此，线性布局的相关知识就介绍完了，你可以尝试设置更多的属性值来观察界面的变化。

6.4.3　堆叠布局

图 6.36　堆叠布局的使用

构思这样一种布局情况：天空中有白云、蓝天和太阳，这三者之间并不是水平或垂直排列，而是以堆叠的形式存在。也就是说白云会飘在蓝天上，太阳也会在蓝天上，甚至有时会被云朵遮掩。为了处理这种堆叠摆放的问题，Flutter 提供了堆叠布局的方式。

先来看一个效果，如图 6.36 所示，界面背景是白色并有一个绿色的边框，中间有一个图标，还有四个文本组件分别在上、下、左、右四个边缘摆放。我们可以看到，文本组件和图标组件被放在白色背景上。此外，绿色边框的实现实际上是一片比屏幕的宽和高都略小的白色 Container 组件叠加在全屏幕的绿色 Container 组件上。对于上面的实现思路，使用堆叠布局再恰当不过了，下面来看一下具体实现：

```dart
import 'package:flutter/material.dart';
void main() => runApp(MyApp());
class MyApp extends StatelessWidget {
  @override
  Widget build(BuildContext context) {
    return MaterialApp(
        title: "堆叠布局演示",
        theme: ThemeData(
          primarySwatch: Colors.blue,
        ),
        home: Scaffold(
          appBar: AppBar(
            title: Text("堆叠布局演示"),
          ),
          body: Stack(
            alignment: AlignmentDirectional.center,
            fit: StackFit.expand,
            children: <Widget>[
              // 绿色的边框
              Container(child: null, color: Colors.green),
              // 白色的背景
              Positioned(
                  child: Container(child: null, color: Colors.white),
                  top: 10.0,
                  left: 10.0,
                  bottom: 10.0,
                  right: 10.0),
              // 水平和垂直都居中的图标
              Positioned(child: Icon(Icons.home)),
              // 水平居中的文本组件
              Positioned(child: Text("我在顶部"), top: 0.0),
              // 垂直居中的文本组件
              Positioned(child: Text("我在左侧"), left: 0.0),
              // 距页面底部有一定距离的文本组件
              Positioned(child: Text("我在底部"), bottom: 20.0),
              // 距页面右侧有一定距离的文本组件
              Positioned(child: Text("我在右侧"), right: 20.0)
            ],
          )));
  }
}
```

在上面的代码中，Stack 组件代表这是一个堆叠布局，Positioned 详细描述了每个子组件的定位信息，二者结合，最终实现了整个布局。

Positioned：允许放置单个子组件，提供 left，right，top 和 bottom 用于描述距四周的边距，还提供 width 和 height 用于描述子组件的宽度和高度。需要注意的是，left，width，right 三个属性不可同时使用，只能使用其中的两个，剩余的属性值会依据使用的两个属性自动计算出来。top，height，bottom 同理。此外，该组件允许使用 Key 属性，以便获取该组件的实例。

Stack：允许放置多个子组件并提供丰富的属性定义。

Children：该属性值中包含堆叠布局组件中所有的子组件。

textDirection：该属性表示水平方向上的子组件布局顺序。在未指定属性值时，跟随系统语言设置。在大多数语言环境中都是从左到右，即 TextDirection.rtl；在某些语言中，是从右到左排序的，即 TextDirection.rtl。我们可以通过设定概述性质达到强制从左到右或从右到左排序。

Alignment：该属性表示子组件的对齐方式，但仅对没有使用 Positioned 包裹的子组件或使用了 Postioned 包裹但没有充足定位信息的子组件起作用。在示例中，仅白色的背景部分有充足的定位信息。水平居中和距底部有一定距离的文本组件均未定义水平方向的定位信息；垂直居中和距右侧有一定距离的文本组件均未定义垂直方向的定位信息。根据 Stack 组件中 alignment 的属性值 Alignment.center，如果未定义方向就默认居中显示，因此就得到了界面中显示的效果。

该属性还可以设置为带有 start 和 end 字样的值，并受 textDirection 的影响。当 alignment 的值带有 start 字样时，若 textDirection 的属性值设置为 TextDirection.ltr，则其中的子组件为左对齐；若 textDirection 的属性值设置为 TextDirection.rtl，则其中的子组件为右对齐。只有在设置为带有 center 字样的值时，该属性才不会受影响。

Fit：该属性决定了没有定位信息的子组件在整个 Stack 组件中的尺寸，有两个常用的值可以设置，分别是 StackFit.loose 和 StackFit.expand。前者表示使用子组件的大小，后者表示填充整个 Stack。

Overflow：该属性是在 Stack 子组件超出 Stack 显示区域时的处理方式，提供了两个属性值，分别是 Overflow.visible 和 Overflow.clip。前者表示子组件超出的部分依然显示，后者表示子组件超出的部分会被裁减掉。

6.4.4 弹性布局

弹性布局为我们提供了一种按比例摆放子组件的布局形式。它有点类似于线性布局,也有水平和垂直两个方向,也是在相应的方向上依次摆放,只不过它要求子组件可以被 Expanded 包裹,然后在 Expanded 组件中给定空间比例。代码如下:

```
import 'package:flutter/material.dart';
void main() => runApp(MyApp());
class MyApp extends StatelessWidget {
  @override
  Widget build(BuildContext context) {
    return MaterialApp(
        title: "弹性布局演示",
        theme: ThemeData(
          primarySwatch: Colors.blue,
        ),
        home: Scaffold(
            appBar: AppBar(
              title: Text("弹性布局演示"),
            ),
            body: Flex(
              direction: Axis.horizontal,
              children: <Widget>[
                Expanded(
                    flex: 2,
                    child: Container(height: 50.0, color: Colors.blue)),
                Expanded(
                    flex: 3,
                    child: Container(height: 50.0, color: Colors.green))
              ],
            )));
  }
}
```

运行结果如图 6.37 所示。

实际上,Row 组件和 Column 组件都继承了弹性布局,可以说线性布局是一类特殊的弹性布局,或线性布局是众多弹性布局中的子集。因此,弹性布局的诸多属性与 Row 组件和 Column 组件类似,这里就不再详细介绍。唯一不同的是 direction 属性,该属性定义了弹性

图 6.37 弹性布局的使用

布局中子组件的排列方向。它有两个可设置的值，为 Axis.horizontal 和 Axis.vertical，分别对应水平方向和垂直方向。

Expanded 作为弹性布局组件的子组件，允许容纳单个子组件，并提供弹性布局属性。弹性布局属性表示相应的 Expanded 组件在整个弹性布局组件中所占的比例大小。通常一个弹性布局组件的总比例值是所有 Expanded 的比例值之和（分母），而每一个 Expanded 组件则是其中的一部分（分子）。如在上例中，两个 Expanded 组件分别占据了整个弹性布局组件的 2/5 和 3/5。若该属性值为 0 或 null，则相应的 Expanded 组件为其中子组件的实际大小。

6.4.5 流式布局

请思考这样一个问题：假如一个布局超出屏幕限制，那么会发生什么情况呢？接下来我们尝试一下，观察设备运行情况。

```
import 'package:flutter/material.dart';
void main() => runApp(MyApp());
class MyApp extends StatelessWidget {
  @override
  Widget build(BuildContext context) {
    return MaterialApp(
        title: "流式布局演示",
        theme: ThemeData(
          primarySwatch: Colors.blue,
        ),
        home: Scaffold(
          appBar: AppBar(
            title: Text("流式布局演示"),
          ),
          body: Row(
            children: <Widget>[
              Container(height: 50.0, width: 150.0, color: Colors.green),
              Container(height: 50.0, width: 150.0, color: Colors.lightGreen),
```

```
                Container(height: 50.0, width: 150.0, color: Colors.lime),
            ],
        )));
    }
}
```

运行上面的代码，界面如图 6.38 所示。

图 6.38　界面显示溢出

在图 6.38 中，最右侧的部分出现了溢出现象，同时，日志输出错误信息：

I/flutter (1265): ━━━━ EXCEPTION CAUGHT BY RENDERING LIBRARY ━━━━

I/flutter (1265): The following message was thrown during layout:
I/flutter (1265): A RenderFlex overflowed by 39 pixels on the right.

在不改变组件大小的前提下，要规避这个问题有两个选择：一是让界面可以横向滑动，这在后面的滚动列表组件中会介绍；二是组件自动换行，这是本小节要介绍的内容，即流式布局（Wrap）的使用。流式布局允许有多个子组件，对本例而言，使用流式布局实现换行的代码如下：

```
import 'package:flutter/material.dart';
void main() => runApp(MyApp());
class MyApp extends StatelessWidget {
  @override
```

```
    Widget build(BuildContext context) {
      return MaterialApp(
          title: "流式布局演示",
          theme: ThemeData(
            primarySwatch: Colors.blue,
          ),
          home: Scaffold(
              appBar: AppBar(
                title: Text("流式布局演示"),
              ),
              body: Wrap(
                direction: Axis.horizontal,
                alignment: WrapAlignment.start,
                children: <Widget>[
                  Container(height: 50.0, width: 150.0, color: Colors.green),
                  Container(height: 50.0, width: 150.0, color: Colors.lightGreen),
                  Container(height: 50.0, width: 150.0, color: Colors.lime),
                ],
              )));
    }
  }
```

图 6.39 使用流式布局实现
　　　子组件换行

运行结果如图 6.39 所示。

从图 6.39 中可以看到，超限的子组件已经自动换到第二行。流式布局组件除了有 direction，alignment，textAlignment 等和弹性布局组件类似的属性，还有几个常用的属性。

◎ spacing：该属性表示在主轴方向上子组件之间的间距。
◎ runSpacing：该属性表示在纵轴方向上子组件之间的间距。
◎ runAlignment：该属性表示在纵轴方向上各自组件的对齐方式。

你可以自行尝试添加上述组件并赋值，观察 App 界面的变化。

一个设计美观的 App 可能不是仅靠一个布局组件搞定的，而是多种布局的组合使用。其中，有布局之间的组合，即把组合好的布局嵌套到另一个布局组件中，因此要学会灵活地运用各组件的组合。

6.5 容器类组件

如果说布局组件是对多个子组件而言的，那么容器类组件就是对单个子组件而言的。上一节中提到：因为布局类组件可以包含多个子组件，所以它实际上就是继承了 MultiChildRenderObjectWidget 类的子类，提供 children 属性用来盛放子组件。

而容器类组件是继承了 SingleChildRenderObjectWidget，提供 child 属性来存放单个子组件的。布局类组件的意义更多在于对位置的控制，目的是把子组件放在恰当的地方；容器类组件的意义更多在于修饰和限制子组件，如对边框、背景色的设计和对尺寸的限制等。

6.5.1 内边距

内边距（Padding）通常用来给某个组件增加一个边距。代码如下：

```
Padding(
  padding: EdgeInsets.all(10.0),
  child: Icon(Icons.home),
);
```

上述代码描述了被内边距组件修饰的 Icon 组件。Padding 组件的常用属性是 padding 和 child，分别表示内边距的边距值和子组件。padding 属性的值通常使用 EdgeInsets 类进行赋值，示例中，EdgeInsets.all(10.0)表示令 Icon 组件的所有边距（上、下、左、右）均保留 10 个单位的距离。

此外，EdgeInsets 类还提供了 fromLTRB，only，symmetric 三种方式的边距，分别表示指定四个方向、只包含某个方向和对称方向的边距。图 6.40 表示了内边距（箭头指示的位置即内边距）在布局中的位置。

运行上面的代码，界面如图 6.41 所示。

可见，图标并非始于屏幕左上边缘，而是有了一定的距离，这个距离就是内边距的作用。需要注意，虽然看上去界面上的组件距离屏幕边缘有一定的距离，但是实际上 Padding 组件仍然是始于左上角的。

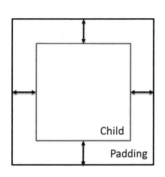

图 6.40　内边距的位置

图 6.41　使用内边距组件修饰的 Icon

6.5.2　约束

约束（ConstrainedBox）提供了一种可以限制大小的方法，利用它对其中的子组件进行尺寸的限制，可以设置允许最小的尺寸，也可以设置允许最大的尺寸。下面来看一段代码：

```
ConstrainedBox(
constraints:
  // 盒约束
    BoxConstraints(minWidth: 50.0, maxHeight: 100.0),
    child: Column(
      children: <Widget>[
        Container(
          color: Colors.green, height: 50.0, width: 50.0),
          Container(color: Colors.red, height: 50.0, width: 100.0),
          Container(
            color: Colors.blue, height: 100.0, width: 50.0),
      ],
));
```

在上面的代码中，ConstrainedBox 是约束组件，其中包含 constraints 属性和 child 属性。前者用于设置具体的限制条件，示例中使用盒约束（BoxConstraints）对象；后者用于盛放子组件。

关于盒约束对象，有四个参数可供设置，分别为 minWidth、minHeight、maxWidth 和

maxHeight，对应最小宽度、最小高度、最大宽度和最大高度。你可以根据实际需求赋予 double 类型的值，若要尽可能地填充屏幕区域，就可以使用 double.infinity 作为值。

上例中，BoxConstraints 对象被限定最小宽度为 50，最大高度为 100。其子组件有三个 Container，它们的尺寸也很清晰地定义在代码中。另外，还定义了 BoxConstraints 对象的最小宽度为 50，实际上第二个子组件的宽度达到了 100，而最大高度为 100，实际上前两个子组件摆放好后高度就已经是 100 了，并没有给第三个组件预留空间。那么，运行的效果如何呢？

如图 6.42 所示，在宽度的限制上，只定义了最小宽度而未定义最大宽度，因此所有子组件在宽度上依然保持自身的显示大小；在高度的限制上，由于定义了最大高度，因此当子组件的高度超过限制时，会显示异常错误信息。

图 6.42　约束组件的使用

这里要注意的是，当约束组件规定了最小尺寸但子组件未填充满时，约束组件仍然会按照给定的最小尺寸显示在屏幕上，未被填充的部分将显示背景色。另外，约束条件还允许嵌套约束条件，你可以自行练习这部分内容，尤其是体会当子约束条件超出父约束条件限制时的情况。

6.5.3　装饰

图 6.43　盒装饰的使用

装饰（DecoratedBox）组件可以为其子组件进行视觉效果的添加，添加的位置可以是在子组件前，也可以是在子组件后。可绘制的装饰包括背景渐变色、阴影等，允许容纳单个子组件。装饰组件的常用属性如下：

Decoration：表示将要绘制的装饰的类型。在 Flutter 中，Decoration 是一个抽象类。其中 BoxDecoration，FlutterLogo Decoration，Shape Decoration 和 Underline TabIndicator 类实现了该类的方法。

Position：该属性表明装饰相对于子组件的位置，有 Decoration Position.foreground 和 Decoration Position. background 两个值可选，对应组件前和组件后。

Child：该属性用来盛放子组件。

BoxDecoration 称为盒装饰，可能是最常用到的一类装饰。在图 6.43 中，发现一个简单的文本框有从蓝色到绿色的渐变效果，这就是运用盒装饰实现的。

代码如下:
```
DecoratedBox(
  position: DecorationPosition.background,
  decoration: BoxDecoration(
    gradient: LinearGradient(
      colors: [Colors.blue, Colors.green]),
    borderRadius: BorderRadius.circular(5)),
  child: Text("我是文本组件"));
```

在上述代码中,position 属性定义了装饰位于子组件后方,相当于为子组件添加背景。你可以尝试将其改为位于子组件前方,对比二者的区别。在 decoration 属性中,定义了装饰类别为盒装饰。盒装饰组件内部又定义了具体的盒装饰属性,示例中使用了 gradient 和 borderRadius,也就是渐变和四周圆角风格的盒装饰。

除此之外,盒装饰还提供了颜色(color)、图片(image)、边框(border)、阴影(boxShadow)、背景混合(backgroundBlendMode),以及形状(shape)风格的装饰样式。在 gradient 渐变样式组件中,定义了线性的颜色渐变。在 borderRadius 圆角样式组件中,定义了半径长度。你可以自行尝试使用其他的装饰样式,尤其是体会在多种样式同时使用时,其相互之间的影响。

FlutterLogoDecoration 组件提供了绘制一个 Flutter Logo 的能力,其使用非常简单,代码片段如下:
```
DecoratedBox(
  position: DecorationPosition.foreground,
  decoration: FlutterLogoDecoration(
    lightColor: Colors.green,
    darkColor: Colors.red
  ),
  child: Text("我是文本组件"));
```

其依然包含了一个文本子组件,运行后的效果如图 6.44 所示。

由于我们在代码中定义了 lightColor 和 darkColor 的属性值,因此 Flutter Logo 将显示为图 6.44 中的样式;如果不给它们定义属性值,就会显示 Flutter Logo 本身的颜色样式。

ShapeDecoration 提供了在子组件周围绘制一个边框的方法,当然也可以使用颜色、渐变或者图片对子组件填充。下面是一个绘制边框的示例:
```
DecoratedBox(
  position: DecorationPosition.background,
  decoration: ShapeDecoration(
    shape: Border.all(color: Colors.red, width: 1.0)),
  child: Text("我是文本组件"));
```

运行上面的代码，得到如图 6.45 所示的效果。

这里要注意的是，shape 还允许多个效果叠加，代码如下：

```
// 装饰
DecoratedBox(
  position: DecorationPosition.background,
  decoration: ShapeDecoration(
    shape: Border.all(color: Colors.red, width: 1.0) +
      Border.all(color: Colors.green, width: 1.0)),
    child: Text("我是文本组件"));
```

UnderlineTabIndicator 意为下画线，使用该装饰组件可以为子组件添加一条下画线。它的使用方法也很简单：

```
// 装饰
DecoratedBox(
  position: DecorationPosition.background,
  decoration: UnderlineTabIndicator(
    borderSide: BorderSide(color: Colors.red)),
  child: Text("我是文本组件"));
```

依旧是修饰这个文本组件，运行效果如图 6.46 所示。

图 6.44　Flutter Logo 装饰的使用　　图 6.45　形状装饰的使用　　图 6.46　下画线装饰的使用

除了上述代码中定义的颜色属性，还支持定义下画线的粗细。

6.5.4 变换

变换（Transform）组件提供了一种可以对子组件进行矩阵变换的方法。参考下面的代码：

```
// 变换
Transform(
  transform: Matrix4.skewY(0.3), child: Text("我是文本组件"));
```

图 6.47 矩阵变换

在上面的代码中使用了变换组件，Matrix4 类描述了一个四维矩阵，通过这个类可以完成矩阵变换的操作。上例中的效果是使文本组件沿 Y 轴倾斜 0.3 弧度，实际运行的效果如图 6.47 所示。

关于矩阵变换涉及计算相关的内容，不属于本章的重点，不再做过多说明。

除了矩阵变换，Flutter 框架还提供了旋转（rotate）、缩放（scale）和平移（translate）的变换效果。这些效果实际上都使用了 Matrix4，可以认为它是一种更方便的实现。例如，对于旋转效果，其内部实现如下：

```
// 旋转变换
Transform.rotate({
  Key key,
  @required double angle,
  this.origin,
  this.alignment = Alignment.center,
  this.transformHitTests = true,
  Widget child,
}) : transform = Matrix4.rotationZ(angle),
     super(key: key, child: child);
```

可以看到，旋转效果需要一个名为 angle 的 double 类型的参数，具体实现只是将该参数传入 Matrix4.rotationZ()方法中。另外，要注意无论变换怎样进行，整个组件的尺寸始终是未发生变换时的大小。

6.5.5 容器

容器（Container）组件将各种装饰、大小限制、位置等属性结合为一体，然后使用这些属性对单个子组件进行操作。其常用属性如下：

- alignment
- padding
- color
- decoration
- foregroundDecoration
- width
- height
- constrants
- margin
- transform
- child

以上属性在上文中都有详细的解释。不过，当 contrants 和 width，height 同时存在时，width 和 height 优先，此时，contrants 则会根据 width 和 height 的值动态地重新生成。除了之前使用比较多的 padding 属性，即内边距，它还有一个 margin 属性，即外边距。阅读下面的代码：

```
Container(
  color: Colors.green,
  margin: EdgeInsets.all(10.0),
  padding: EdgeInsets.all(10.0),
  width: 50,
  height: 50,
  child: Container(color: Colors.blue)
)
```

运行后的显示如图 6.48 所示。

内边距是指内容距离整个组件边缘的距离；外边距是指整个组件距离父组件的距离。在示例中，绿色的 Container 组件的 margin 属性值设置为 10 个单位就使得整个绿色的 Container 组件在屏幕的上方和左方都有了一定的距离；作为子组件，蓝色的 Container 组件被设置为距离父组件有 10 个单位的距离。最终，使得整个蓝色的 Container 组件距离屏幕上方和左方各有 20 个单位的距离。

6.6 滚动列表组件

前面讲过的流式布局是在组件的内容超过屏幕限制时，为了自动换行使用的。那么，如果在不希望组件的内容以换行的形式呈现，而是希望以触摸滚动的形式呈现时，应该怎样做呢？这时，就要用到滚动列表组件。

6.6.1 滚动列表组件简介

在 Flutter 中，创建滚动列表组件非常简单。首先讨论一种只包含单个子组件的滚动视图，然后讨论两种常用的滚动列表组件。其中，一种是 Listview，即线性列表组件；另一种是 GridView，即网格列表组件。

在介绍完这两种常用的列表组件后，我们会继续深入讨论如何对滚动组件进行自定义，以及滚动状态的控制和监听。在实际开发过程中，这一节中的内容也是常用的，因此，建议你在阅读完后要多多练习，体会其中的技巧。

图 6.48　内边距与外边距

6.6.2 单个子组件的滚动视图

单个子组件的滚动视图（SingleChildScrollView）是一个只允许一个子组件存在的组件。如果你有 Android 的开发经验，那么把它类比为 ScrollView 就再合适不过了，因为 ScrollView 同样也是只允许一个子控件存在。单个子组件的滚动视图实现起来并不难，先来看代码：

```
import 'package:flutter/material.dart';
void main() => runApp(MyApp());
class MyApp extends StatelessWidget {
  @override
  Widget build(BuildContext context) {
    return MaterialApp(
      title: "单个子组件的滚动视图",
      theme: ThemeData(
        primarySwatch: Colors.blue,
      ),
      home: Scaffold(
        appBar: AppBar(title: Text("单个子组件的滚动视图")),
```

```
        body: SingleChildScrollView(
          scrollDirection: Axis.vertical,
          reverse: false,
          padding: EdgeInsets.all(5.0),
          primary: true,
          physics: ClampingScrollPhysics(),
          child: Column(
            children: <Widget>[
              Container(
                color: Colors.blue,
                height: 200.0,
              ),
              Container(
                color: Colors.green,
                height: 200.0,
              ),
              Container(
                color: Colors.red,
                height: 200.0,
              ),
              Container(
                color: Colors.grey,
                height: 200.0,
              ),
            ],
          ),
        ),
      ),
    );
  }
}
```

上面的代码是完整的、可运行的，我们可以看到在 SingleChildScrollView 中包含了一个 Column 子组件，其中包含了 4 个高度为 200 个单位的 Container 组件。运行代码，结果如图 6.49 所示。

如果你使用的也是 Pixel 仿真器，那么就能得到和图 6.49 一样的结果。我们发现，灰色的 Container 已经跑到屏幕下面去了。此时，如果我们想要它显示出来，只需向上滑动屏幕就可以了，这就是滚动视图的作用。下面我们来看一下 SingleChildScrollView 各种属性的含义：

child：用来盛放单个子组件。

图 6.49　单个子组件的滚动视图

scrollDirection：该属性定义了滚动的方向，示例中的值为 Axis.vertical，为垂直滚动。我们还可以将其设置为 Axis.horizontal，为水平滚动。由于我们并没有定义四个 Container 的宽度，因此当该属性设置为 Axis.horizontal 时，屏幕没有任何显示。所以，如果要尝试水平滚动，就需要将四个 Container 组件的宽度值设置好。

reverse：该属性定义了滑动方向。当 scrollDirection 的值设为水平滚动时，如果 reverse 的值为 true，则滑动方向与阅读方向相反；反之，则相同，默认值为 false。其中所指的阅读方向需要根据语言环境确定，在大部分情况下是从左到右的方向，在某些语言环境下是从右到左。对于垂直滚动的情况，如果 reverse 的值为 true，则是从下到上滚动；反之，则是从上到下。

我们使用该属性通常是实现反向滚动的需求，这样的需求常见于聊天软件中。想象一下，进入聊天界面，虽然聊天记录本身是从上到下排列的，但是起始位置是在最新一条消息处，即最下方。

padding：该属性定义了整个滚动组件的外边距。

primary：该属性通常是在嵌套其他滚动组件时使用。由于滑动的操作在多个嵌套组件之间可能发生冲突（如 SingleChildScrollView 中嵌套 ListView），因此使用该属性来指明默认的主滑块可以解决这一问题。该值默认为 true。

physics：该属性表示当该组件滑动到尽头后继续滑动时的显示效果。有 ClampingScrollPhysics()和 BouncingScrollPhysics()两个值可选，对应 Android 的发光效果和 iOS 的弹簧效果。

controller：该属性值为一个 ScrollController 对象，该对象用于控制和监听滚动事件，其在后面的小节中再详细讨论。

上述属性在所有的滚动组件中均存在（对于多子组件的滚动组件，用户容纳子组件的属性是 children），因此不再详细介绍。

6.6.3　线性列表组件

在实际开发中，线性列表组件（ListView）应该是最常用的可滚动组件，它允许容纳多个子组件。和原生开发不同，Flutter 中的 ListView 既可以沿垂直方向滚动，也可以沿水平方向滚动，这取决于 scrollDirection 属性的值。

除了提供前文中的属性，线性列表组件还提供了另外一些常用的属性。

itemExtent：该属性定义了列表中每个元素的大小，值为 double 类型。对于垂直方向的滚动列表，它表示每个元素的高度；对于水平方向的滚动列表，它表示每个元素的长度。为了优化 UI 性能，我们通常会给定该值，而不是让框架自己计算每个元素的大小。而当每个元素的大小真的无法确定而需要实时计算时，我们才不去定义它。

shrinkWrap：该属性控制了整个 ListView 的长度，接受布尔值。在默认情况下，该属性值为 false。通常，ListView 组件将沿滚动方向占用尽可能多的空间，仅当 ListView 处在一个相同滚动方向且无边界的父组件中并用于处理某些滑动冲突时，该值为 true。当该属性值为 true 时，ListView 会根据所有子组件长度之和来计算自身的长度。

addAutomaticKeepAlives：在 ListView 子元素列表中，每一个元素实际上都默认地包装在 AutomaticKeepAlive 组件中，这样的子组件当超出屏幕范围时不会被垃圾机制（GC）回收。addAutomaticKeepAlives 属性值默认为 true，当我们无须这样做时，就将该属性值赋值为 false 即可。这在不需要元素保持活动，即元素本身维护 KeepAlive 状态和自定义滚动时，经常用到。

addRepaintBoundaries：在 ListView 子元素列表中，当元素的界面构造过于复杂，或需要大量运算时，为了优化显示性能，通常的做法是避免重新绘制或运算。换言之，在每一个子元素中的 UI 界面和运算会在第一次显示在屏幕上时被记住，即使滑出屏幕后再回来，也无须做上述重复的劳动。ListView 组件提供了 RapaintBoundary 组件，用该组件包裹的子组件将避免重新绘制，但前提是 addRepaintBoundaries 的属性值为 true。反之，若要让每个子组件自己维护自身状态，该值应赋为 false。

除了上述常用的属性，ListView 组件还为开发者提供了 4 种方式来创建它，对应该类的 4 个构造方法如下。

ListView()方法：该构造方法是 ListView 的默认构造方法，在一些有足够简单的子组件的情况下使用该构造方法更加容易实现。其写法和前文中的 SingleChildScrollView 很像，只不过子组件使用 children 属性，而非 child 属性。下面是一个示例：

```
import 'package:flutter/material.dart';
void main() => runApp(MyApp());
class MyApp extends StatelessWidget {
  @override
  Widget build(BuildContext context) {
    return MaterialApp(
      title: "线性列表组件",
```

```
    theme: ThemeData(
      primarySwatch: Colors.blue,
    ),
    home: Scaffold(
      appBar: AppBar(title: Text("线性列表组件")),
      body: ListView(
        scrollDirection: Axis.vertical,
        reverse: false,
        padding: EdgeInsets.all(5.0),
        primary: true,
        physics: ClampingScrollPhysics(),
        children: <Widget>[
          Container(
            color: Colors.blue,
            height: 200.0,
          ),
          Container(
            color: Colors.green,
            height: 200.0,
          ),
          Container(
            color: Colors.red,
            height: 200.0,
          ),
          Container(
            color: Colors.grey,
            height: 200.0,
          )
        ],
      ),
    ));
  }
}
```

显示结果和前文中的 SingleChildScrollView 一样。和 SingleChildScrollView 相比，"SingleChildScrollView + Column"组合的形式变成了 ListView 的形式。

ListView.builder：和默认构造方法不同，ListView.builder 适合在子组件较多的情形下使用。由于其内部使用了 IndexedWidgetBuilder，因此仅在子组件显示时才会被创建，即懒加载。下面是一个较为典型的示例：

```
import 'package:flutter/material.dart';
void main() => runApp(MyApp());
```

```dart
class MyApp extends StatelessWidget {
  @override
  Widget build(BuildContext context) {
    return MaterialApp(
        title: "线性列表组件",
        theme: ThemeData(
          primarySwatch: Colors.blue,
        ),
        home: Scaffold(
            appBar: AppBar(title: Text("线性列表组件")),
            body: ListView.builder(
              itemCount: 50,
              itemExtent: 30,
              itemBuilder: (BuildContext context, int index) {
                return Text("当前位置：$index");
              },
            )));
  }
}
```

可以看到，这一次我们使用了 ListView.builder 作为 body 的属性值。其中，itemCount 表示元素总个数，若要定义为无限个，则给定 null 值即可；itemExtent 表示每个元素在滚动方向上的尺寸，示例中指高度；itemBuilder 则是子组件的建造器，它是必须被赋值的。当相应的元素出现在屏幕上时，建造器中的方法体被执行，返回相应的子组件。运行代码，结果如图 6.50 所示。

ListView.Separated 组件在 ListView.builder 的基础上增加了元素间的分割线效果。除了依然需要 itemBuilder 子组件建造器，还需要 separatorBuilder，即分割线建造器。我们对上例进行修改，即使用 ListView.Separated 构造方法并增加 separatorBuilder 属性，具体代码如下：

图 6.50 ListView.builder 方式构造 ListView

```dart
import 'package:flutter/material.dart';
void main() => runApp(MyApp());
```

```
class MyApp extends StatelessWidget {
  @override
  Widget build(BuildContext context) {
    return MaterialApp(
        title: "线性列表组件",
        theme: ThemeData(
          primarySwatch: Colors.blue,
        ),
        home: Scaffold(
            appBar: AppBar(title: Text("线性列表组件")),
            body: ListView.separated(
              itemCount: 50,
              separatorBuilder: (BuildContext context, int index) {
                return Divider(color: Colors.black);
              },
              itemBuilder: (BuildContext context, int index) {
                return Text("当前位置：$index");
              },
            )));
  }
}
```

图 6.51 ListView.Separated 方式构造 ListView

运行结果如图 6.51 所示。

ListView.custom：使用 ListView.custom 方式构造 ListView 可以实现自定义，它将会使用 SliverChildDelegate。SliverChildDelegate 可以提供自定义子组件的额外特性。事实上，ListView 的默认构造方法内部就是一个简单的自定义 ListView 的实现，而 ListView.builder 和 ListView.Separated 也是在其内部实现了 ListView 的自定义，它们靠 childrenDelegate 属性初始化子组件。但对于 ListView.custom，该属性为必须提供，且需要开发者自己实现属性值，其他属性的使用方法照搬就可以了。

通常，使用上面三种方式就可以满足项目需求了，但总会遇到一些较为复杂的情况。比如，当滚动视图中既包括线性列表又包括网格列表时，我们就要对 ListView 进行自定义了。

下面是使用自定义 ListView 实现前文 ListView.builder 图中效果的代码：

```dart
import 'package:flutter/material.dart';
void main() => runApp(MyApp());
class MyApp extends StatelessWidget {
  @override
  Widget build(BuildContext context) {
    return MaterialApp(
        title: "线性列表组件",
        theme: ThemeData(
          primarySwatch: Colors.blue,
        ),
        home: Scaffold(
            appBar: AppBar(title: Text("线性列表组件")),
            body: ListView.custom(
              itemExtent: 30.0,
              childrenDelegate:
                  CustomChildrenDelegate((BuildContext context, int index) {
                return Text("当前位置：$index");
              }, childCount: 50),
              cacheExtent: 0.0,
            )));
  }
}
class CustomChildrenDelegate extends SliverChildBuilderDelegate {
  CustomChildrenDelegate(
    Widget Function(BuildContext, int) builder, {
    int childCount,
    bool addAutomaticKeepAlive = true,
    bool addRepaintBoundaries = true,
  }) : super(builder,
            childCount: childCount,
            addAutomaticKeepAlives: addAutomaticKeepAlive,
            addRepaintBoundaries: addRepaintBoundaries);
  @override
  void didFinishLayout(int firstIndex, int lastIndex) {
    super.didFinishLayout(firstIndex, lastIndex);
    debugPrint("Finish! Start at $firstIndex, end at $lastIndex");
  }
}
```

在上述代码中，CustomChildrenDelegate 类继承了 SliverChildBuilderDelegate，并复写了 didFinishLayout()方法。这个方法在绘制完组件布局时被调用，这里我们做了控制台输出所绘制的子组件的下标范围。

然后，在 ListView.custom 构造方法中的 childrenDelegate 属性中使用 CustomChildrenDelegate 类，依然是输出当前下标的文本组件。最后，用 childCount 属性将子组件的总数限制在 50 个，cacheExtent 属性代表超出屏幕范围的子组件的预载，我们将其属性值设置为 0。运行后，控制台输出：

```
I/flutter ( 3565): Finish! Start at 0, end at 20
```

随着屏幕的滑动，当屏幕上的列表从"当前位置：0"开始时，控制台有如上输出；当从"当前位置：1"开始时，控制台有如下输出：

```
I/flutter ( 3565): Finish! Start at 1, end at 21
```

以此类推。下面我们来讨论子组件在 ListView 中的生命周期。

子组件的创建：当整个 ListView 组件被绘制时，根据所采用的构造方法的不同，创建方式也不同。如果使用默认的构造方法，则子组件的 UI 元素、状态等会被创建；如果采用 ListView.builder 之类的构造方法，则子组件会在显示的时候创建。

子组件的销毁：当 ListView 中的子组件滑出屏幕时，相关的 UI 元素、状态等会被销毁。当再次滑动回来时，一个新的子组件对象会被创建。

避免销毁：在某些特定的情况下，我们并不希望 ListView 中的子组件在移出屏幕时被销毁，而是希望尽可能地保持其状态。保持状态的方法有以下 3 种：

将相关的运算、变量值的保存等移到 ListView 的子组件外处理。比如，如果子组件要显示一个从网络上获取的图片，就可以将获取的操作移出子组件，并把图片缓存到本地的某个位置。当需要显示时，子组件只需要从本地读取图片就可以了。

使用 KeepAlive 作为子组件的根组件使用，但要注意该方法仅当 addAutomaticKeepAlives 属性和 addRepaintBoundaries 属性均为 false 时才起作用。

使用 AutomaticKeepAlive 组件或将 addAutomaticKeepAlives 属性值设为 true。

6.6.4 网格列表组件

Flutter 框架提供了一种网格形式排布的组件，即网格列表组件（GridView）。它和列表组件类似，其属性、参数基本相同。唯一不同的是，它还需要一个 SliverGridDelegate 类型的 gridDelegate 参数。

在 Flutter 中，SliverGridDelegate 是一个抽象类，SliverGridDelegateWithFixedCrossAxisCount 和 SliverGridDelegateWithMaxCrossAxisExtent 实现了这个类，分别表示固定水平方向元素数量和水平方向元素最大宽度，它们确定了 GridView 中子元素的排列方式。下面看一下二者的使用和显示区别。

SliverGridDelegateWithFixedCrossAxisCount 是固定水平方向元素数量的一种排布方式。下面是一个较为简单的示例：

```
GridView(
  gridDelegate: SliverGridDelegateWithFixedCrossAxisCount(
    crossAxisCount: 3),children: <Widget>[
      Icon(Icons.add),
      Icon(Icons.arrow_upward),
      Icon(Icons.arrow_forward),
      Icon(Icons.arrow_downward),
      Icon(Icons.arrow_back),
      Icon(Icons.print),
      Icon(Icons.home),
      Icon(Icons.android)
    ]));
```

将该组件摆放在界面中，运行后的结果如图 6.52 所示。

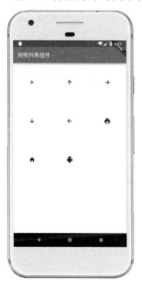

图 6.52　固定水平方向元素数量的 GridView

由于给定了 crossAxisCount 属性的值为 3，即水平方向上固定摆放 3 个子组件。因此，整个界面如图 6.52 所示。除了 crossAxisCount 属性和 children 属性，SliverGridDelegateWithFixed CrossAxisCount 还有一些其他的常用属性。

◎ mainAxisSpacing：该属性规定了在滚动方向上子组件之间的间距，在本例中是垂直方向，需要 double 类型的值。

◎ crossAxisSpacing：该属性规定了相对滚动方向在垂直方向上子组件之间的间距，在本例中是水平方向，需要 double 型的值。

◎ childAspectRatio：该属性代表子组件在水平和垂直方向上尺寸的比例，通常可以通过该比值计算子组件在滚动向上的准确尺寸值。

SliverGridDelegateWithMaxCrossAxisExtent 是固定子元素水平方向的最大宽度的拍付方式。同样地，我们先来看一段代码：

```
GridView(
  gridDelegate: SliverGridDelegateWithMaxCrossAxisExtent(
    maxCrossAxisExtent: 100.0),children: <Widget>[
      Icon(Icons.add),
      Icon(Icons.arrow_upward),
      Icon(Icons.arrow_forward),
      Icon(Icons.arrow_downward),
      Icon(Icons.arrow_back),
      Icon(Icons.print),
      Icon(Icons.home),
      Icon(Icons.android)
]));
```

运行上述代码，显示结果如图 6.53 所示。

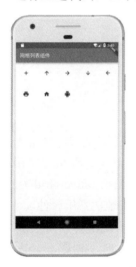

图 6.53　固定水平方向元素尺寸的 GridView

maxCrossAxisExtent 属性值是单个元素水平方向上的长度值。为了方便开发者使用，Flutter 框架在此做了一个便于计算和规避显示问题的优化。考虑到无论该值为多少，在水平方向上分布的所有子组件依然是平均分配空间的，因此它允许给定的值在一个范围内浮动。比如，整个 GridView 水平方向上占用 400 个单位的长度，那么当 maxCrossAxisExtent 属性给定的值在 80 至 100 之间时，将自动设置为 100，以确保显示准确无误。

SliverGridDelegateWithMaxCrossAxisExtent 的其他属性和 SliverGridDelegateWithFixed CrossAxisCount 的属性名称和意义相同，这里就不再详细介绍了。

和 ListView 类似，GridView 也有不同的构造方法。

GridView.builder：和 ListView 类似，GridView.builder 同样适用于子组件较多的情况，且包含 itemBuilder 和 gridDelegate 两个必选属性。

GridView.count：该方式等价于 SliverGridDelegate WithFixedCrossAxisCount，是对其的一种快捷实现。

GridView.extent：该方式等价于 SliverGridDelegate WithMaxCrossAxisExtent，是对其的一种快捷实现。

6.6.5 自定义滚动组件

在 ListView 组件小节中，讨论过自定义，但一方面仅限 ListView，另一方面虽然使用了自定义，但是实现的还是之前的效果。下面来考虑一个更为复杂，也更接近实际开发需求的例子：尝试实现这样的界面，在布局的上方是 4 行 3 列的网格组件，在网格组件下方是具有若干项的垂直的线性组件。

当使用者滑动屏幕时，要求网格组件与线性组件一起滚动，最终的效果如图 6.54 所示。

要实现 6.54 图所示的界面和交互方式，就需要用到 Custom ScrollView（自定义滚动组件）了。这时，传统的 GridView 和 ListView 就不适合了，因为它们的滚动响应默认是分开的，而不是关联的。其效果是内容滚动的范围取决于滑动的起始点，若滑动的起始点是网格组件，则只有网格组件区域的内容会随之发生滚动；线性组件亦然。

图 6.54 网格布局和线性布局共存的界面

下面来看一下使用 CustomScrollView 的实现代码：

```
CustomScrollView(
  slivers: <Widget>[
    SliverPadding(
      padding: const EdgeInsets.all(8.0),
      // GridView
      sliver: SliverGrid(
        gridDelegate: SliverGridDelegateWithFixedCrossAxisCount(
          crossAxisCount: 3,
          childAspectRatio: 3.0,
        ),
        delegate: SliverChildBuilderDelegate(
          (BuildContext context, int index) {
            return Container(
              child: Icon(IconData(0xe145 + index,
                fontFamily: 'MaterialIcons')),
            );
          },
          childCount: 12,
```

```
      ),
    ),
  ),
  // ListView
  SliverFixedExtentList(
    itemExtent: 30.0,
    delegate: SliverChildBuilderDelegate(
      (BuildContext context, int index) {
        return Text("当前位置: $index");
      }, childCount: 50),
  ),
  ],
);
```

除了滚动组件都具备的基础属性，CustomScrollView 还需要 slivers 属性，我们将所有要跟随滑动操作滚动的组件都放到该属性内。要注意的是，放到这里的子组件并非所有类型皆可，它们必须是属于 Sliver 家族的。Sliver 是一个组件系列，包含众多的组件，上例中用到的 SliverGrid 和 SliverFixedExtentList 都来源于其中。

6.6.6 滚动的控制及实时状态监听

有些时候，我们需要实时获取滚动组件的状态，以及对滚动组件进行相关的控制操作。下面以 ListView 为例，介绍关于滚动组件的监听的实现，以及如何控制滚动组件。

思考这样一个需求：有 50 个子组件的 ListView 显示已经超过一屏，当用户开始滑动 ListView 时，如果第一个子组件已经滑出了屏幕，则在屏幕的右下角出现一个回到顶部的按钮，用户可以通过点击这个按钮让 ListView 回滚。

首先，由于我们需要有和用户的交互及状态的保存，因此需要把 ListView 组件放在一个有状态的组件中，代码如下：

```
class ListViewController extends StatefulWidget {
  @override
  State createState() {
    return ListViewControllerState();
  }
}
class ListViewControllerState extends State<ListViewController> {
  @override
  Widget build(BuildContext context) {
    return Scaffold(
```

```
        floatingActionButton: FloatingActionButton(
          onPressed: (() {

          }),
          child: Icon(Icons.keyboard_arrow_up),
        ),
        appBar: AppBar(title: Text("线性滚动组件监听与控制")),
        body: ListView.builder(
          itemCount: 50,
          itemExtent: 30,
          controller: scrollController,
          itemBuilder: (BuildContext context, int index) {
            return Text("当前位置: $index");
          },
        ));
  }
}
```

运行后，界面应显示一个有 50 个子组件的 ListView，并可以正常响应滑动操作。接下来，使用 ScrollController 类以实现对 ListView 组件的滚动监听和控制，如下：

```
class ListViewControllerState extends State<ListViewController> {
  ScrollController scrollController = ScrollController();
  var isShowBackToTopBtn = false;
  @override
  void initState() {
    super.initState();
    scrollController.addListener(() {
      if (scrollController.offset < 30 && isShowBackToTopBtn) {
        setState(() {
          isShowBackToTopBtn = !isShowBackToTopBtn;
        });
      } else if (scrollController.offset >= 30 && !isShowBackToTopBtn) {
        setState(() {
          isShowBackToTopBtn = !isShowBackToTopBtn;
        });
      }
    });
  }
  @override
  Widget build(BuildContext context) {
    return Scaffold(
        floatingActionButton: isShowBackToTopBtn
```

```
          ? FloatingActionButton(
            onPressed: (() {
              scrollController.animateTo(0.0,
                  duration: Duration(milliseconds: 100),
                  curve: Curves.linear);
            }),
            child: Icon(Icons.keyboard_arrow_up),
          )
        : null,
    appBar: AppBar(title: Text("线性滚动组件监听与控制")),
    body: ListView.builder(
      itemCount: 50,
      itemExtent: 30,
      controller: scrollController,
      itemBuilder: (BuildContext context, int index) {
        return Text("当前位置: $index");
      },
    ));
  }
}
```

可以看到，上述代码主要是针对 ListViewControllerState 类进行了修改，即引入了 ScrollController 类，以及用于判断是否显示右下角浮动按钮的布尔变量——isShowBackToTopBtn。

  initState()方法是一个复写的方法，在组件被添加到布局中时被调用。在该方法中调用了 ScrollController 对象的 addListener()方法，从名字上就可以猜到，该方法的作用就是在发生滚动时，添加一个滚动状态的监听器。由于在 ListView 中设置了每个子组件的高度是 30，为了满足需求，需要在监听器中添加逻辑：如果滑动高度超过 30，就回到顶部按钮显示；反之则隐藏。这里使用 isShowBackToTopBtn 作为开关，并通过 setState()方法重绘界面，以达到效果。最后，在 floatingActionButton 属性中添加是否显示按钮的逻辑，以及点击后的操作。

  ScrollController 对象的 animateTo()方法会在滑动时执行一个过渡动画，与此相对的是 jumpTo()方法，即无动画。运行上面的代码并尝试滑动列表、点击按钮，观察界面变化，如图 6.55 所示。

图 6.55　滚动组件的状态监听和控制

6.7　其他重要的组件

在 Flutter 框架中，还有一类通常不为用户所见的组件，但其作用却非同小可。比如，考虑到用户可能会误触返回键导致 App 退出，需要拦截返回键操作；或者在某些时候需要用单击、双击甚至多指触控来实现功能；又或者在多个组件之间共享同一份数据来源。

这一节，我们将了解这些身处众多可见 UI 组件背后的"幕后英雄"。

6.7.1　拦截返回键

正如前文中所述，考虑到用户可能会误触返回键导致 App 的意外退出，通常需要拦截返回键的默认操作，然后进行下一步。在 Flutter 中，我们使用 WillPopScope 组件拦截返回键。WillPopScope 的使用方法很简单，代码片段如下：

```
class WillPopScopeTestRoute extends StatefulWidget {
  @override
  WillPopScopeTestRouteState createState() {
    return WillPopScopeTestRouteState();
  }
}
class WillPopScopeTestRouteState extends State<WillPopScopeTestRoute> {
```

```
    var lastPressedTime;
    var needShow = false;
    @override
    Widget build(BuildContext context) {
      Widget build(BuildContext context) {
      return WillPopScope(
        onWillPop: () {
          if (lastPressedTime == null ||
            DateTime.now().difference(lastPressedTime) >
              Duration(seconds: 1)) {
            lastPressedTime = DateTime.now();
            setState(() {
              needShow = true;
            });
            Future.delayed(
              Duration(seconds: 1),
              () => setState(() {
                needShow = false;
              }));
            return Future.value(false);
          }
          return Future.value(true);
        },
        child: Text(needShow ? "再次点击返回键退出" : ""));
      }
    }
```

先关注 WillPopScope 组件，其使用了 onWillPop 和 child 两个属性，且都是必需的，不能为 null。

onWillPop：该属性在当前页面需要退出时被调用，通常返回 Future.value(false)，表示留在当前页面；返回 Future.value(true)，表示退出当前页面。默认值为后者。

child：该属性方便弹出提示或一些其他的信息。

在上面的代码中，我们用 lastPressedTime 记录首次点击返回键的时间。在首次运行程序，即 lastPressedTime == null 时或当两次按下的时间间隔大于 1 秒，即认为是首次点按时，都提示"再次点击返回键退出"。然后，在 1 秒后提示文字消失。如果当前时间和上一次按的时间间隔小于 1 秒，则直接返回 Future.value(true)，退出程序。运行后的结果如图 6.56 所示。

图 6.56　拦截返回键

6.7.2　在组件树之间共享数据

在 Flutter 框架中，提供了一种类似于继承的数据共享方式，即在某个组件上定义了值，其子组件无论有多少层都可以共享使用这些值。在实际开发中，通常使用这一特性来共享 App 的主题样式、语言环境等，要实现这样的共享，需要借助 InheritedWidget 组件。

下面我们通过一个典型的案例讨论如何在组件之间共享数据。其需求为界面上的四个图标要从上到下依次摆放，分别是向上、向右、向下和向左的箭头，颜色均为蓝色。传统的写法如下：

```
Icon(Icons.arrow_upward, color: Colors.blue);
```

即四个图标均按照上面代码的样式放进布局就可以了。这看上去十分简单，但是试想一下，如果定义的是整个 App 的主题色，且每个组件都要自己定义颜色的话，代码量和日后的维护成本都会随之增加。

下面介绍如何利用 InheritedWidget 组件实现上述效果。首先，定义一个类，这个类继承 InheritedWidget，主要用于存放要共享的数据。这里需要共享颜色值，示例代码如下：

```
class ShareDataWidget extends InheritedWidget {
  final Color color;
  ShareDataWidget({@required this.color, Widget child}) : super(child: child);
  static ShareDataWidget of(BuildContext context) {
```

```
    return context.inheritFromWidgetOfExactType(ShareDataWidget);
  }
  @override
  bool updateShouldNotify(ShareDataWidget oldWidget) {
    return oldWidget.color != color;
  }
}
```

在代码中，color 用来保存颜色值，of()方法是为了方便获取该值，updateShouldNotify()方法返回一个布尔值。当返回值为 true 时，子组件中的 didChangeDependencies()方法会被回调，该方法用于通知子组件：共享数据发生了改变。然后定义一个有状态的组件作为对 Icon 图标组件的包装：

```
class IconList extends StatefulWidget {
  final IconData icon;
  IconList(this.icon);
  @override
  State<StatefulWidget> createState() {
    return IconListState(icon);
  }
}
class IconListState extends State<IconList> {
  var icon;
  IconListState(this.icon);
  @override
  Widget build(BuildContext context) {
    return Icon(icon, color: ShareDataWidget.of(context).color);
  }
  @override
  void didChangeDependencies() {
    super.didChangeDependencies();
  }
}
```

可以看到，在 build()方法中对 Icon 组件进行了颜色值的定义，使用了 ShareDataWidget 类中 color 变量的值；图标类型将会作为参数给定。最后，将需求中的四种图标依次摆放到布局中，完整的代码如下：

```
import 'package:flutter/material.dart';
void main() => runApp(MyApp());
class MyApp extends StatelessWidget {
  @override
  Widget build(BuildContext context) {
```

```
    return MaterialApp(
        title: "组件树共享数据",
        theme: ThemeData(
          primarySwatch: Colors.blue,
        ),
        home: Scaffold(
            appBar: AppBar(title: Text("组件树共享数据")),
            body: ShareDataWidget(
                color: Colors.blue,
                child: Center(
                    child: Column(children: <Widget>[
                  IconList(Icons.arrow_upward),
                  IconList(Icons.arrow_forward),
                  IconList(Icons.arrow_downward),
                  IconList(Icons.arrow_back)
                ])))));
  }
}
// 图标列表
class IconList extends StatefulWidget {
  final IconData icon;
  IconList(this.icon);
  @override
  State<StatefulWidget> createState() {
     return IconListState(icon);
  }
}
// 图标列表
class IconListState extends State<IconList> {
  var icon;
  IconListState(this.icon);
  @override
  Widget build(BuildContext context) {
     return Icon(icon, color: ShareDataWidget.of(context).color);
  }
  @override
  void didChangeDependencies() {
    super.didChangeDependencies();
  }
}
// 用于共享数据
```

```
class ShareDataWidget extends InheritedWidget {
  final Color color;
  ShareDataWidget({@required this.color, Widget child}) : super(child: child);
  static ShareDataWidget of(BuildContext context) {
    return context.inheritFromWidgetOfExactType(ShareDataWidget);
  }
  @override
  bool updateShouldNotify(ShareDataWidget oldWidget) {
    return oldWidget.color != color;
  }
}
```

6.7.3 触摸事件监听

在前文中，我们已经接触过和触摸事件监听相类似的技巧，比如按钮或其他组件的 onPress 属性。但在实际使用中，不会只对这些组件进行触摸响应，或者想要更精确地获取触摸细节，也或者想根据长按/单击等动作的不同而产生不同的操作。

这时就需要更专业的触摸事件监听组件——Listener 组件，它同样易于学习和掌握。先来看一个典型的代码示例：

```
import 'package:flutter/material.dart';
void main() => runApp(MyApp());
class MyApp extends StatelessWidget {
  @override
  Widget build(BuildContext context) {
    return MaterialApp(
      title: "触摸事件监听",
      theme: ThemeData(
        primarySwatch: Colors.blue,
      ),
      home: Scaffold(
        appBar: AppBar(
          title: Text("触摸事件监听"),
        ),
        body: Listener(
          child: Container(
            width: double.infinity,
            height: double.infinity,
            color: Colors.green),
```

```
            onPointerDown: (event) => debugPrint("按下 $event"),
            onPointerUp: (event) => debugPrint("抬起 $event"),
            onPointerMove: (event) => debugPrint("移动 $event"),
        )));
    }
}
```

从上面的代码中可以看出，Listener 组件只允许一个子组件存在，且包含了 onPointerDown、onPointerUp 等属性。运行上面的代码，并在屏幕绿色的区域滑动手指，日志输出如下：

```
I/flutter (32417): 按下 PointerDownEvent(Offset(39.0, 159.5))
I/flutter (32417): 移动 PointerMoveEvent(Offset(40.0, 157.5))
I/flutter (32417): 移动 PointerMoveEvent(Offset(41.5, 157.0))
I/flutter (32417): 抬起 PointerUpEvent(Offset(41.5, 157.0))
```

这里要记住，event 并不单单包含坐标信息，还包含压力程度（pressure）、移动方向（orientation）等。你可以自行尝试，体会从触摸到响应的整个过程。若不想让某个组件响应触摸事件，则可使用 AbsorbPointer 组件或 IgnorePointer 组件包裹相应的组件。若将上面的 Container 组件改为

```
Listener(
  child: IgnorePointer(
    child: Container(
      width: double.infinity,
      height: double.infinity,
      color: Colors.green)),
    onPointerDown: (event) => debugPrint("按下 $event"),
    onPointerUp: (event) => debugPrint("抬起 $event"),
    onPointerMove: (event) => debugPrint("移动 $event"));
```

当再次尝试点击屏幕绿色区域时，触摸事件已经无法响应了。

除了上面常用的属性，Listener 还有一个重要的 behavior 属性。该属性定义了当多个组件叠加显示时的触摸事件处理方式，有 HitTestBehavior.deferToChild、HitTestBehavior.opaque 和 HitTestBehavior.translucent 三个值可选。这三者的含义如下：

◎ HitTestBehavior.deferToChild：当 behavior 设置为该值时，表示触摸事件会逐个在每一层的组件上响应。

◎ HitTestBehavior.opaque：当 behavior 设置为该值时，被容纳的子组件强制看作非透明的组件，使组件定义的全部空间都成为可响应触摸事件的区域。这样做可阻断其背后的组件响应触摸事件。在默认情况下，组件透明的部分将会被穿透，即不响应点击。

◎ HitTestBehavior.translucent：当 behavior 设置为该值且有触摸事件时，会穿透相应的组件，即其下方的组件依旧可以收到触摸事件。

在某些特定的需求中，behavior 属性扮演着相当重要的角色，甚至可以解决一些疑难杂症。因此，建议你亲自动手实践，体会不同属性值的含义和区别。

6.7.4 手势识别

Flutter 框架为开发者提供了丰富的手势识别的方法，相关的组件是 GestureDetector。和 Listener 组件类似，它也只允许一个子组件存在。在学习本小节时，虽然可以使用虚拟设备，但是建议你直接连接真实的设备进行测试，其在响应速度和响应方式上会有更明显的体现。

单击、双击和长按。我们用类似于上例中绿色的 Container 组件来表示用户操作的区域，并使用 GestureDetector 组件包裹该区域，最后在某些回调方法中输出日志，来实现识别单击、双击和长按三种基本手势。

```
GestureDetector(
  child: Container(
    width: double.infinity,
    height: double.infinity,
    color: Colors.green),
  onTap: () => debugPrint("手势：单击"),
  onDoubleTap: () => debugPrint("手势：双击"),
  onLongPress: () => debugPrint("手势：长按"));
```

可以看到，代码中 Container 占用了尽可能多的面积。在本例中，由于不存在其他占用屏幕空间的组件，因此它将充满屏幕。当我们进行相应操作时，会看到有日志输出。以上便是较为基本的手势识别，当然，Flutter 框架为我们提供的手势识别远不止这些。

滑动。GestureDetector 组件使用 onPanDown，onPanUpdate 和 onPanEnd 三个回调组合表示滑动手势，分别对应滑动按下、滑动中和滑动结束。示例如下：

```
GestureDetector(
  child: Container(
    width: double.infinity,
    height: double.infinity,
    color: Colors.green),
  onPanDown: (DragDownDetails dragDownDetails) =>
    debugPrint("手势：滑动按下：${dragDownDetails.globalPosition}"),
  onPanUpdate: (DragUpdateDetails dragDownDetails) =>
    debugPrint("手势：滑动中，当前位置：${dragDownDetails.delta.dx} - ${dragDownDetails.delta.dy}"),
```

```
onPanEnd: (DragEndDetails dragDownDetails) =>
    debugPrint("手势：滑动结束，瞬时速度：
${dragDownDetails.velocity.pixelsPerSecond}"));
```

在上述代码中，三个方法体中的内容已经诠释了这三个回调的含义和参数的用法，你可以自行运行并体会上述代码的输出结果。

这里要注意的是，在 onPanDown 和 onTap 共存时，有可能只有 onPanDown 事件得到响应。这是由于针对复杂的手势而言，识别起来非常复杂。Flutter 在处理这方面问题的时候，引入了竞技者（GestureArenaMember）的概念。在竞争中，如果 onPanDown 获胜了，则只有它里面的内容会被执行。

类似地，当我们想在屏幕水平方向上平移某个物体时，想要保持垂直方向上没有移动几乎是不可能的。此时，就要忽略掉垂直方向上的位移，只保留水平方向上的。这也是竞争，最终水平方向上的位移获胜。既然说到水平/垂直方向上的滑动，接下来就来看如何处理这种滑动。

水平/垂直方向上的滑动可以帮我们过滤掉不必要的另一个方向上的滑动。它的使用和滑动非常类似，由 onVerticalDragDown，onVerticalDragUpdate 和 onVerticalDragEnd 组成，代码如下：

```
GestureDetector(
  child: Container(
    width: double.infinity,
    height: double.infinity,
    color: Colors.green),
  // 水平滑动
  onHorizontalDragDown: (DragDownDetails dragDownDetails) =>
    debugPrint("手势：水平滑动按下：${dragDownDetails.globalPosition}"),
  onHorizontalDragUpdate: (DragUpdateDetails dragDownDetails) =>
    debugPrint("手势：水平滑动中，当前位置：${dragDownDetails.delta.dx} -
${dragDownDetails.delta.dy}"),
  onHorizontalDragEnd: (DragEndDetails dragDownDetails) => debugPrint("手
势：水平滑动结束，瞬时速度：${dragDownDetails.velocity.pixelsPerSecond}"),
);
```

对于垂直滑动而言，将 Horizontal 改为 Vertical 即可。

双指缩放常见于查看图片、网页、文档等使用场景，目前应用十分广泛。虽然这涉及多点触控，但是得益于 GestureDetector 的封装，它的使用依然很简单。它的回调由 onScaleStart，onScaleUpdate 和 onScaleEnd 组成，分别对应缩放开始、缩放中和缩放结束。代码如下：

```
GestureDetector(
  child: Container(
    child: Icon(Icons.android), color: Colors.green),
  // 缩放
```

```
onScaleStart: (details) =>
  debugPrint("手势：缩放开始：${details.toString()}"),
onScaleUpdate: (details) =>
  debugPrint("手势：缩放中：${details.scale}"),
onScaleEnd: (details) =>
  debugPrint("手势：缩放结束：${details.toString()}"),
);
```

除了以上常见的手势，为了实现更多、更复杂的手势，Flutter 还提供了 GestureRecognizer 类。实际上，在 GestureDetector 内部也是使用 GestureRecognizer 类来识别上面提及的各种识别的，而 GestureRecognizer 则是结合了 Listener 组件的响应信息实现的。

当需要实现更为复杂的手势时，只需要使用 GestureRecognizer 类即可。这正是 Flutter 框架具备的特点之一，即组件可以组合运用。

6.7.5 通知组件

Flutter 中的通知组件（NotificationListener）可以及时地反馈信息。在 Flutter 内置的组件中有很多已经可以向其上层组件报告通知，通知机制还可以叠加传送，因为它是逐层上报的。只要是 NotificationListener 组件包含的子组件发出的通知，那么，NotificationListener 组件就会收到这个通知；如果 NotificationListener 组件的父组件也是 NotificationListener 的话，这个通知就会再次向上传递。

下面我们将之前的例子稍加改造：

```
import 'package:flutter/material.dart';
void main() => runApp(MyApp());
class MyApp extends StatelessWidget {
  @override
  Widget build(BuildContext context) {
    return MaterialApp(
      title: "通知组件",
      theme: ThemeData(
        primarySwatch: Colors.blue,
      ),
      home: Scaffold(
        appBar: AppBar(title: Text("通知组件")),
        body: NotificationListener(
          onNotification: (notification) {
            switch (notification.runtimeType) {
              case ScrollStartNotification:
                debugPrint("滚动开始");
```

```
            break;
          case ScrollUpdateNotification:
            debugPrint("滚动中");
            break;
          case ScrollEndNotification:
            debugPrint("滚动停止");
            break;
          case OverscrollNotification:
            debugPrint("滚动到界限");
            break;
        }
      },
      child: ListView.builder(
        itemCount: 50,
        itemExtent: 30,
        itemBuilder: (BuildContext context, int index) {
          return Text("当前位置：$index");
        },
    ))));
  }
}
```

代码中除了之前的 ListView.builder，还有 NotificationListener 组件，其包含了 ListView。由于 ListView 在滚动时会发出状态通知，因此其父组件可以收到这个通知。你可以尝试运行这段代码并滑动屏幕，观察日志的输出信息。

Flutter 中的通知除了可以使用这些自带组件提供的，还可以使用自定义通知。思考这样一个需求：界面上有一个按钮，当用户按下按钮时，产生两个随机的两位整数，计算它们的和并将整体算式显示在按钮上方，要求使用通知的机制实现。代码如下：

```
import 'package:flutter/material.dart';
import 'dart:math';
void main() => runApp(MyApp());
class MyApp extends StatelessWidget {
  @override
  Widget build(BuildContext context) {
    return MaterialApp(
      title: "通知组件—自定义",
      theme: ThemeData(
        primarySwatch: Colors.blue,
      ),
      home: Scaffold(
        appBar: AppBar(
          title: Text("通知组件—自定义"),
```

```
        ),
        body: GestureDetector(child: PlusNumWidget())));
  }
}
class PlusNumWidget extends StatefulWidget {
  @override
  State<StatefulWidget> createState() {
    return PlusNumWidgetState();
  }
}
class PlusNumWidgetState extends State<PlusNumWidget> {
  int numA;
  int numB;
  int result;
  @override
  Widget build(BuildContext context) {
    return NotificationListener<CustomNotification>(
        onNotification: (notification) {
          setState(() {
            numA = notification.numA;
            numB = notification.numB;
            result = numA + numB;
          });
        },
        child: Center(
            child: Column(children: <Widget>[
          Text("$numA + $numB = $result"),
          Builder(builder: (context) {
            return RaisedButton(
                child: Text("计算！"),
                onPressed: () {
                  CustomNotification(Random().nextInt(100), Random().
nextInt(100)).dispatch(context);
                });
          })
        ])));
  }
}
class CustomNotification extends Notification {
  int numA;
  int numB;
  CustomNotification(this.numA, this.numB);
```

}

在上面的代码中，CustomNotification 是自定义的通知类，该类有两个变量组成，代表两个相加的数。PlusNumWidget 是一个自定义的有状态组件，包含文本组件和按钮，分别用来显示计算算式与结果和触发计算的动作。

从逻辑上看，用户在点击按钮后生成两个随机数，范围是 0～100，生成后立刻交给通知，然后进行分发（dispatch()方法用来发出通知）。而 NotificationListener 用来接受这个通知，其中 notification 对象包含了生成的随机数。随后，将生成的随机数赋值给 numA 和 numB 并进行相加，最后通过 setState()方法更新界面数据。

6.7.6 全局事件广播

相比通知组件，全局事件广播的作用域通常更大一些，尤其在更换界面主题、切换语言等全局性的操作时，体现得更加明显。它使用事件总线（EventBus）的概念，相关的组件向一条事件总线上注册，注册后二者便关联在一起，当收到来自该总线的通知时就会得到响应。

Flutter 框架中的事件总线使用起来同样简单，我们用一个典型的需求——更改主题色，来了解如何使用事件总线机制。首先，配置必要的库并引入要使用的类，然后定义主题色的常量值。

```
pubspec.yaml
dependencies:
  event_bus: ^1.0.1
main.dart
import 'package:flutter/material.dart';
import 'package:event_bus/event_bus.dart';
import 'dart:math';
final List<Color> themeColorList = [
  Colors.red,
  Colors.orange,
  Colors.yellow,
  Colors.green,
  Colors.cyan,
  Colors.blue,
  Colors.purple
];
```

然后，定义 Event 类。理论上，任何一个类都可以作为 Event 类，但为了易读和可维护，这里用单独的 ChangeThemeEvent 类来代表 Event 类。

```
class ChangeThemeEvent {
```

```
  var themeIndex;
  ChangeThemeEvent(this.themeIndex);
}
```

这个类包含了一个变量，用来保存主题颜色的下标，对应 themeColorList 常量列表。然后对这个 Event 类进行监听，这需要在有状态组件的 initState()方法中完成，即在初始化时就开始监听。因此，我们还需要完成一个有状态的组件相关类。

```
class RainbowTheme extends StatefulWidget {
  @override
  State<StatefulWidget> createState() {
    return RainbowThemeState();
  }
}
class RainbowThemeState extends State<RainbowTheme> {
  @override
  void initState() {
    super.initState();
    eventBus = EventBus();
    themeColor = themeColorList[0];
    eventBus
        .on<ChangeThemeEvent>()
        .listen((ChangeThemeEvent onData) => setState(() {
      themeColor = themeColorList[onData.themeIndex];
    }));
  }
```

eventBus 是 EventBus 类的对象，themeColor 是 MaterialColor 类型对象。themeColor = themeColorList[onData.themeIndex]最为关键，表示监听 ChangeThemeEvent 类型的事件。当收到事件时，改变 themeColor 变量的值，将其改为新的 themeColorList 下标所代表的颜色。最后，我们需要在界面中添加一个按钮，用于触发事件的发生。

```
RaisedButton(
  onPressed: () => eventBus.fire(ChangeThemeEvent(Random().nextInt(7))),
  child: Text("点击更换主题色"));
```

eventBus.fire()方法为发送一个事件的方法，这里采用了随机的下标值。运行后，可见应用栏变色。

完整的代码如下：

```
import 'package:flutter/material.dart';
import 'package:event_bus/event_bus.dart';
import 'dart:math';
EventBus eventBus;
```

```
var themeColor;
final List<Color> themeColorList = [
  Colors.red,
  Colors.orange,
  Colors.yellow,
  Colors.green,
  Colors.cyan,
  Colors.blue,
  Colors.purple
];
void main() => runApp(MyApp());
class MyApp extends StatelessWidget {
  @override
  Widget build(BuildContext context) {
    return RainbowTheme();
  }
}
class RainbowTheme extends StatefulWidget {
  @override
  State<StatefulWidget> createState() {
    return RainbowThemeState();
  }
}
class RainbowThemeState extends State<RainbowTheme> {
  @override
  void initState() {
    super.initState();
    eventBus = EventBus();
    themeColor = themeColorList[0];
    eventBus
        .on<ChangeThemeEvent>()
        .listen((ChangeThemeEvent onData) => setState(() {
              themeColor = themeColorList[onData.themeIndex];
            }));
  }
  @override
  Widget build(BuildContext context) {
    return MaterialApp(
        title: "全局事件总线",
        theme: ThemeData(
          primarySwatch: themeColor,
```

```
      ),
      home: Scaffold(
        appBar: AppBar(
          title: Text("全局事件总线"),
        ),
        body: RaisedButton(
            onPressed: () => eventBus
                .fire(ChangeThemeEvent(Random().nextInt(7))),
            child: Text("点击更换主题色"))));
  }
}
class ChangeThemeEvent {
  var themeIndex;
  ChangeThemeEvent(this.themeIndex);
}
```

6.8 App 资源管理

界面复杂的 App 可能会使用到很多图片，某些特定的 App 还会包括音频甚至视频。这些素材要放在什么位置，以及如何在代码中使用和区分 iOS 和 Android 平台的资源是本节要讨论的话题。

6.8.1 放置资源

在 Flutter 中，使用 pubspec.yaml 文件指明资源文件路径。回顾前文中所用过的方法，当时我们做了如下声明：

```
flutter:
  uses-material-design: true
  assets:
    - images/image.png
```

这表示将 image.png 图片放在了 images 文件夹中。实际上，Flutter 框架并未强制使用 images 文件夹作为图片资源的路径，这给了我们很大的自由度，但是要确保放进去的资源文件易于查找。另外，考虑这样一种情况，如果在不同的目录下存在同名的文件，该怎样处理？比如：

```
/images/background.png
/images/dark/background.png
```

而在 pubspec.yaml 中，又存在如下引用：
- images/background.png

此时，Flutter 框架会搜索所有的 background.png 并将其包含在 asset bundle 中，/images/background.png 作为_main asset_存在，其他同名文件将被认为是变体（Variant）。这在本地化、不同屏幕适配时可能会用到。

6.8.2 使用资源

当我们想要获取资源文件时，可以通过 AssetBundle 对象访问。访问返回的结果可能是字符串，也可能是原始数据。现在放置 example.json 和 image.png 两个文件，pubspec.yaml 配置如下：

```
/assets/example.json
/assets/images/image.png
```

下面来分别讨论这两种情况：

加载文字资源。加载文字数据使用 DefaultAssetBundle 对象，该对象返回当前 BuildContext 的 AssetBundle，从而加载 asset 资源，这是官方推荐的做法。典型示例如下：

```
FutureBuilder(
  future:
DefaultAssetBundle.of(context).loadString("assets/example.json"),
  builder: (context, snapshot) {
    return Text(snapshot.data);
});
```

这里要注意的是，加载资源属于异步操作，因此在处理上要多加留意。

加载文件资源。由于前文中讨论过如何加载图片资源，这里就不再过多介绍。注意，当 App 在不同尺寸的屏幕上运行时，为了更好地适配，通常在图片的资源文件夹中建立 2.0x、1.5x 之类的文件，再将同名的不同尺寸的文件放入相应的文件夹中。当设备的像素比接近 2.0 时，将使用 2.0x 文件夹中的素材；当接近 1.5 时，使用 1.5x 文件夹中的素材，以此类推。

6.8.3 跨平台使用共享资源

同一个 App 在 Android 和 iOS 的界面上会有一些不同，其中最直观的就是图标，还有布局、按钮等，这是由于不同平台在界面上的设计语言不同造成的。这一节我们主要讨论图片素材在 Android 和 iOS 平台上如何实现差异化。

应用图标。对于应用图标而言，实现平台差异化编译非常简单，首先来看 Android 平台，如图 6.57 所示。

图 6.57 所示的 ic_launcher.png 就是启动图标。在实际开发中，当需要更换 App 图标时，仅需替换这里的文件就可以了。唯一注意的就是图标尺寸要符合各自文件夹所代表的屏幕尺寸，一个简单的方法就是看原图片的大小，只要保证一致就可以。

当然，也会想到如何使用另外的文件当作图标，也就是说，图标的文件名会发生变化。如果文件名发生了改变，就需要在 AndroidManifest.xml 文件的 android:icon 标签中更改图标文件名。iOS 平台和 Android 平台类似，如图 6.58 所示。

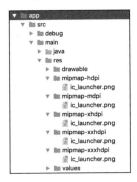

图 6.57　Android 平台的图标

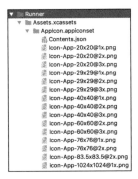

图 6.58　iOS 平台的图标

同样，只需按照图标的尺寸要求替换原有图标即可完成图标的改变。

启动页闪屏。启动页闪屏在很多 App 中都有应用，Flutter 对其提供了良好的支持。对于 Android 平台，在/android/app/src/main/res/drawable/launch_background.xml 文件中，对闪屏进行了定义。接下来，尝试使用应用图标作为闪屏图，具体代码如下：

```xml
<?xml version="1.0" encoding="utf-8"?>
<layer-list xmlns:android="http://schemas.android.com/apk/res/android">
    <item>
        <bitmap
            android:gravity="center"
            android:src="@mipmap/ic_launcher" />
    </item>
</layer-list>
```

运行后，观察程序在启动时的显示，如图 6.59 所示。

对于 iOS 平台，这和更换图标的方法类似，在/ios/Runner/Assets.xcassets/LaunchImage.imageset 中存在按尺寸分类的图片，这些图片默认是若干透明色的小图，仅需对这些图片进行替换即可。若要改变要使用的文件名，需要在 Contents.json 文件中指明新文件名和路径。下面是把 Flutter Logo 作为启动闪屏的示例（使用 flutter_logo.png）：

```
Contents.json
```

```
{
  "images" : [
    {
      "idiom" : "universal",
      "filename" : "flutter_logo.png",
      "scale" : "1x"
    },
    {
      "idiom" : "universal",
      "filename" : "flutter_logo.png",
      "scale" : "2x"
    },
    {
      "idiom" : "universal",
      "filename" : "flutter_logo.png",
      "scale" : "3x"
    }
  ],
  "info" : {
    "version" : 1,
    "author" : "xcode"
  }
}
```

运行后的 App 启动界面如图 6.60 所示。

图 6.59　Android 平台启动闪屏图

图 6.60　iOS 平台启动闪屏图

6.9 动画

Flutter 支持高达 120FPS（Frames Per Second，帧每秒）的帧率，可见 Flutter 在动画效果的支持上具有优秀的性能，而精心设计的动画效果又可以在很大程度上提升用户的体验。因此，我们可以借助 Flutter 实现各种优美的动画。

6.9.1 基本概念

在 Flutter 中，有很多自带的组件已经具备动画效果，如 RaisedButton 的点按特效等，当然也可以自定义效果。Flutter 中的动画共分为两大类：一类是补间动画，另一类是基于物理模拟的动画。我们先来了解一些有关动画的基本概念。

Animation 对象是非常重要的，它一方面生成动画的值，另一方面来得知动画的状态（开始/停止/正在进行/处于相反状态），但是无法通过它得知动画的具象，且和渲染没有任何关系。

AnimationController 是管理 Animation 的类。

CurvedAnimation 类能将动画的过程抽象成非线性曲线。

Tween（补间）定义了正在执行动画的对象所使用的数据范围内的值，如颜色渐变动画之间的颜色值。

Listener 和 StatusListener 是动画监听器，可以监视动画状态的改变。

6.9.2 补间动画

所谓补间动画（Tween），就是指补足二者之间的意思。在创建补间动画时，通常会给定起始点、结束点、时间线及时间/速度曲线，剩下的工作就交给 Flutter 框架来做，由框架自身完成整体的过渡过程。下面来看一段具体的代码片段：

```
class SmallToBigLogoState extends State<SmallToBigLogo>
    with SingleTickerProviderStateMixin {
  Animation<double> animation;
  AnimationController controller;
  AnimationStatus animationState;
  double animationValue;
  @override
  void initState() {
    super.initState();
```

```
      controller =
          AnimationController(duration: const Duration(seconds: 1), vsync: this);
      animation = Tween<double>(begin: 0, end: 150).animate(controller)
        ..addListener(() {
          setState(() {
            animationValue = animation.value;
          });
        })
        ..addStatusListener((AnimationStatus state) {
          setState(() {
            animationState = state;
          });
        });
    }
    @override
    Widget build(BuildContext context) {
      return Container(
        width: double.infinity,
        height: double.infinity,
        child: Column(
          children: <Widget>[
            RaisedButton(
              onPressed: () {
                controller.reset();
                controller.forward();
              },
              child: Text("缩放,变大！"),
            ),
            Container(
              height: animation.value,
              width: animation.value,
              child: FlutterLogo(),
            ),
          ],
        ),
      );
    }
    @override
    void dispose() {
      super.dispose();
```

```
    controller.dispose();
  }
}
```

上面的代码通过 RaisedButton 触发实现了 Flutter Logo 从无变大的过程。可以看到，在 RaisedButton 的点击事件中，首先调用了 AnimationController 的 reset()方法，然后又调用了 forward()方法。前者是让执行动画的控件回到初始位置，后者是让动画启动。这样做的目的是确保每一次动画都是在起始位置开始，即保证动画效果的一致性。

除此之外，代码中还调用了 reverse()方法和 stop()方法，分别表示倒序播放动画和停止动画。实际上，AnimationController 是一个特殊的 Animation 对象，在屏幕每刷新一帧时，就会生成一个新的值，因为动画是一直在变的。在创建该对象时，还要注意给定一个 vsync 参数，该参数代表垂直同步。它可以限制垂直同步的区域在执行动画的区域内，避免消耗过多的资源。

补间动画对象则是给定动画的起始点，继承自 Animatable。在示例中，我们定义了开始点为 0，结束点为 150，最终实现了放大效果。当然，如果将结束点和起始点相反赋值，将会得到缩小的效果。最终让补间动画对象起作用的是最后的 animate()方法。

此外，示例中还添加了两个监听器，分别为 addListener 和 addStatusListener。前者是在动画的值发生变化时触发，后者是在动画的状态发生变化时触发。

此外，补间动画不仅仅限于缩放，还有其他类型的动画。

6.9.3 物理模拟动画

物理模拟类型的动画是遵循物理学定律的动画，其运动将被模拟为和真实世界的物理行为相似的行为。

补间动画的 Animation 采用 Dart 编写，依赖 Dart 库，而基于物理的动画则是依赖 Physics 库。这个库包含了弹簧、阻尼和重力等物理效果。实际上，这个库是对 Animation 的一次再封装。也就是说，当我们要实现某种物理模拟时，可以自己动手使用 Animation 实现整个过程。Physics 库就相当于这个过程，它实现了相应的效果且节省时间，是实现物理类动画的便捷方式。

6.9.4 非线性动画

在补间动画的示例中，实现的效果是让 Flutter Logo 逐渐变大，整个变大过程均匀展开，呈线性特征。但如果需要实现非线性的效果，如变大速度从慢到快或先快后慢，就需要使用曲线（Curve）类。这个类可以用来描述动画的过程，其本身就定义了很多常用的效果，如 Curves.linear，即默认的线性执行。

比较下面的代码与前文示例的区别：

```
@override
void initState() {
  super.initState();
  controller =
    AnimationController(duration: const Duration(seconds: 1), vsync: this);
  CurvedAnimation curvedAnimation =
    CurvedAnimation(parent: controller, curve: Curves.bounceIn);
  animation = Tween<double>(begin: 0, end: 150).animate(curvedAnimation)
    ..addListener(() {
      setState(() {
        animationValue = animation.value;
      });
    })
    ..addStatusListener((AnimationStatus state) {
      setState(() {
        animationState = state;
      });
    });
}
```

经过对比发现，该示例中的 animation 对象在调用 animate() 方法时，传入的是 CurvedAnimation 而非 controller。可以简单地认为，CurvedAnimation 就好比给 controller 进行了一次包装。运行上述代码，并点击"放大"按钮，可见 Flutter Logo 呈气球跳跃式（bounce）放大。

6.9.5 共享元素过渡动画

共享元素过渡动画，也称为 hero 动画，指的是在两个页面之间共同存在的内容的动画。比如，通讯录中的联系人列表，每个条目前面都有联系人的小头像。当查看联系人详情时，这个小头像就摇身一变成为详情界面上的大图，即内容一致，但分别处在两个界面的不同位置。先来看一下效果，如图 6.61 所示。

图 6.61 共享元素过渡

如图 6.61 所示,用户点击左侧的小图,经过动画来到右侧的查看原图界面。代码如下:

```
import 'package:flutter/material.dart';
void main() => runApp(MyApp());
class MyApp extends StatelessWidget {
  @override
  Widget build(BuildContext context) {
    return MaterialApp(
      title: "Hero动画",
      theme: ThemeData(
        primarySwatch: Colors.blue,
      ),
      home: HeroAnimationRoute(),
    );
  }
}
class HeroAnimationRoute extends StatelessWidget {
  @override
  Widget build(BuildContext context) {
    return Container(
      alignment: Alignment.topCenter,
      child: Scaffold(
```

```
      appBar: AppBar(title: Text("小图")),
      body: InkWell(
        child: Hero(
          tag: "title",
          child: Image.asset(
            "assets/images/title.jpg",
            width: 80.0,
          ),
        ),
        onTap: () {
          Navigator.push(context, PageRouteBuilder(pageBuilder:
            (BuildContext context, Animation animation,
              Animation secondaryAnimation) {
            return FadeTransition(
              opacity: animation,
              child: Scaffold(
                appBar: AppBar(title: Text("原图")),
                body: HeroAnimationRouteB(),
              ),
            );
          }));
        },
      ),
    ),
  );
  }
}
// 原图界面
class HeroAnimationRouteB extends StatelessWidget {
  @override
  Widget build(BuildContext context) {
    return Hero(
      tag: "title",
      child: Image.asset("assets/images/title.jpg"),
    );
  }
}
```

HeroAnimationRoute 代表小图界面，HeroAnimationRouteB 代表查看原图界面。需要注意，Hero 组件的 tag 属性前后务必一致，这样框架才能知道到底要放大哪一个子组件。

6.9.6 多个动画的叠加

了解了上面几种动画类型后,接下来讨论较为复杂的情况,即多个动画的叠加。

在程序运行后显示空白,而在点击屏幕后有多个蓝色的条形从屏幕底部开始长高,而且颜色具有从白到蓝的渐变效果。为了实现这一效果,我们需要将多个动画叠加,这种动画叠加的技术也被称为交错动画。交错动画具有以下特点:

◎ 交错动画由多个动画对象构成。
◎ 交错动画中的多个动画对象有可能是逐个按照一定顺序进行的,也可能是交错在一起同时进行的,也可能存在时间间隙,间隔执行。
◎ 在交错动画中,仅存在一个 AnimationController。
◎ 交错动画中的所有动画在指定的间隔(Interval)范围内执行。
◎ 交错动画中的每个动画对象的每个属性都要创建一个补间动画。

下面来逐步实现交错动画,体会叠加多个动画的过程。首先,实现单个条形的动画。它具备两个动画效果,分别是高度从 0 增长到目标高度和从白色到蓝色的颜色渐变。实现代码如下,注意颜色渐变动画中 curve 的属性值:

```
class StaggeredAnimation extends StatelessWidget {
  StaggeredAnimation({Key key, this.controller}) : super(key: key) {
    height = Tween<double>(
      begin: 0.0,
      end: Random().nextInt(500) + 100 * 1.0,
    ).animate(
      CurvedAnimation(
        parent: controller,
        curve: Curves.ease,
      ),
    );
    color = ColorTween(
      begin: Colors.white,
      end: Colors.blue,
    ).animate(
      CurvedAnimation(
        parent: controller,
        curve: Interval(0.0, 0.8, curve: Curves.ease),
      ),
    );
  }
```

```
final Animation<double> controller;
Animation<double> height;
Animation<Color> color;
Widget _buildAnimation(BuildContext context, Widget child) {
  return Container(
    alignment: Alignment.bottomCenter,
    child: Container(
      color: color.value,
      width: 20.0,
      height: height.value,
    ),
  );
}
@override
Widget build(BuildContext context) {
  return AnimatedBuilder(
    builder: _buildAnimation,
    animation: controller,
  );
}
```

其中,Interval 意为间隔。示例中指定了颜色渐变从 0.0 到 0.8,因此,颜色渐变将占用整个动画 80%的时间来执行。高度变化的动画没有定义 Interval,因此,它将占用所有的动画时间来执行。我们可以利用 Interval 来定义多个动画在执行上的时间线顺序,然后定义 AnimationController。

```
class _StaggeredDemoState extends State<StaggeredDemo>
    with TickerProviderStateMixin {
  AnimationController _controller;
  @override
  void initState() {
    super.initState();
    _controller = AnimationController(
        duration: const Duration(milliseconds: 500), vsync: this);
  }
  @override
  Widget build(BuildContext context) {
    List<Widget> widgets = List();
    for (var i = 0; i < 10; i++) {
      widgets.add(StaggeredAnimation(controller: _controller));
      widgets.add(Container(width: 5.0));
```

```
    }
    return GestureDetector(
      behavior: HitTestBehavior.opaque,
      onTap: () {
        _controller.reset();
        _controller.forward();
      },
      child: Row(
        mainAxisAlignment: MainAxisAlignment.center,
        children: widgets,
      ));
  }
}
```

在上述代码中，定义了动画的时长为 500 毫秒。另外，在 build() 方法中，利用循环添加了 10 个动画对象，它们之间保留了 5 个单位宽度的间隔。最后，将组件放到界面上，即可完成整个交错动画。完整的代码如下：

```
import 'package:flutter/material.dart';
import 'dart:math';
void main() => runApp(MyApp());
class MyApp extends StatelessWidget {
  @override
  Widget build(BuildContext context) {
    return MaterialApp(
      title: "交错动画",
      theme: ThemeData(
        primarySwatch: Colors.blue,
      ),
      home: Scaffold(
        appBar: AppBar(title: Text("交错动画")),
        body: StaggeredDemo(),
      ));
  }
}
class StaggeredDemo extends StatefulWidget {
  @override
  _StaggeredDemoState createState() => _StaggeredDemoState();
}
class _StaggeredDemoState extends State<StaggeredDemo>
    with TickerProviderStateMixin {
  AnimationController _controller;
```

```
  @override
  void initState() {
    super.initState();
    _controller = AnimationController(
        duration: const Duration(milliseconds: 500), vsync: this);
  }
  @override
  Widget build(BuildContext context) {
    List<Widget> widgets = List();
    for (var i = 0; i < 10; i++) {
      widgets.add(StaggeredAnimation(controller: _controller));
      widgets.add(Container(width: 5.0));
    }
    return GestureDetector(
        behavior: HitTestBehavior.opaque,
        onTap: () {
          _controller.reset();
          _controller.forward();
        },
        child: Row(
          mainAxisAlignment: MainAxisAlignment.center,
          children: widgets,
        ));
  }
}
class StaggeredAnimation extends StatelessWidget {
  StaggeredAnimation({Key key, this.controller}) : super(key: key) {
    height = Tween<double>(
      begin: 0.0,
      end: Random().nextInt(500) + 100 * 1.0,
    ).animate(
      CurvedAnimation(
        parent: controller,
        curve: Curves.ease,
      ),
    );
    color = ColorTween(
      begin: Colors.white,
      end: Colors.blue,
    ).animate(
      CurvedAnimation(
```

```
        parent: controller,
        curve: Interval(0.0, 0.8, curve: Curves.ease),
      ),
    );
  }
  final Animation<double> controller;
  Animation<double> height;
  Animation<Color> color;
  Widget _buildAnimation(BuildContext context, Widget child) {
    return Container(
      alignment: Alignment.bottomCenter,
      child: Container(
        color: color.value,
        width: 20.0,
        height: height.value,
      ),
    );
  }
  @override
  Widget build(BuildContext context) {
    return AnimatedBuilder(
      builder: _buildAnimation,
      animation: controller,
    );
  }
}
```

6.10 字体

Flutter 框架为我们提供了替换默认字体的方法,其实现方式十分简单,这为更换默认显示字体提供了方便。

6.10.1 放置字体

在使用自定义字体前,首要任务是让框架知道都有哪些字体,因此,需要在 pubspec.yaml 中声明可以使用的字体。比如,现在有一种字体,为了方便讲解,我们将其命名为 TEST.TTF。首先,将 TEST.TTF 放到项目中,方法等同于放置图片资源文件。本例中,我们把它放到 assets

文件夹下的 fonts 文件夹中，然后编辑 pubspec.yaml 文件，声明字体。

```
flutter:
  fonts:
    - family: Test
      fonts:
        - asset: assets/fonts/TEST.ttf
```

要注意的是，如果某个字体位于某个包中，则按如下方式声明即可：

```
- asset: packages/package_name/fonts/Raleway-Medium.ttf
```

其中，package_name 为包名。如此，便完成了自定义字体的放置过程，该字体已经准备就绪，可以使用了。

6.10.2 使用字体

使用自定义字体的方法也很简单，只需在需要更换字体的组件中定义 Style 即可。如

```
Text('You have pushed the button this many times:',style: TextStyle(fontFamily: "Test")),
```

基于新创建的默认计数器 App，对其中的每个文本组件均进行了默认字体的替换。

此外，如果要使用的字体在某个包中，但是该字体未在 pubspec.yaml 中声明，在使用时则要遵循以下方式。

```
TextStyle(
  fontFamily: "Test",
  package: "package_name",
);
```

其中，package_name 为包名。

6.11 主题

众所周知，几乎每个 App 都有各自的配色方案，这涉及 App 外观的方方面面，如标题栏的颜色、复选框的背景、文字的大小等。定义主题样式可以极大地统一 App 中相似组件的显示风格，增强代码的可维护性，避免每个组件进行定义的烦琐。

6.11.1 使用主题

要使用已经定义好的主题，只需使用 Theme 类直接获取定义的属性值即可。例如，我

们在主题样式中定义了应用主色（primaryColor），在使用时，仅需按照如下代码实现即可。

```
color: Theme.of(context).primaryColor
```

实际上，在默认情况下，定义了统一的主题样式后，所有的组件样式均会自动发生改变，无须手动再指定。因此，上述方法在不希望某个组件表现为主题定义的样式时非常有用。

6.11.2　全局主题

实际上，在默认新建的计数器应用中，已经存在全局主题的定义，它存在于 MyApp 类的 build() 方法的 return 值中。下面我们对其进行修改，改变默认的蓝色为绿色，并使用自定义字体替换默认字体。具体方法如下：

```
class MyApp extends StatelessWidget {
  @override
  Widget build(BuildContext context) {
    return MaterialApp(
      title: "主题",
      theme: ThemeData(
        primaryColor: Colors.green,
        accentColor: Colors.red,
        fontFamily: "TEST",
      ),
      home: MyHomePage(title: "主题"),
    );
  }
}
```

这里，primaryColor 代表主色，影响标题栏等组件的颜色；accentColor 意为次主色，决定很多组件的背景色，如进度条、按钮等；fontFamily 是默认要使用的字体。

当然，允许定义的主题样式还有很多，这里就不一一列举了，你可以自行查阅 ThemeData 的属性定义。

运行上述代码，会发现标题栏和右下方按钮的颜色及文本样式已经发生了改变。

6.11.3　局部主题

如果我们不希望少数组件使用默认的主题样式，就可以使用 Theme 组件将其包裹，代码如下：

```
Theme(
  data: ThemeData(
```

```
    accentColor: Colors.red,
  ),
  child: FloatingActionButton(
    child: Icon(Icons.add),
  ),
);
```

上述代码可将 FloatingActionButton 组件的颜色改为红色,而非默认的蓝色,且不会影响其他组件的颜色。

6.11.4 扩展现有主题

和使用上述局部主题方式不同,如果希望使用默认主题样式的一部分,就可以先复制默认主题样式,然后在其中定义我们希望具有 "局部特色" 的属性值。代码如下:

```
Theme(
  data: Theme.of(context).copyWith(accentColor: Colors.red),
  child: FloatingActionButton(
    child: Icon(Icons.add),
  ),
);
```

这段代码同样定义了 FloatingActionButton 组件的颜色为红色,但其他的样式定义依然遵循全局主题样式。

6.12 练习

1. 对于任意图片,对其进行处理,最终将其裁切、绘制成为圆形头像。
2. 实现一个分页加载的列表,使用列表项目下标作为显示内容,每页加载 20 个项目,底部显示正在加载的提示。

第 7 章
数据的传递和持久化保存

我们知道,一个完整的 App 包括界面和数据两部分。本章就来进行数据的学习,先从数据的页面间传递开始,再到本地文件读写、网络请求响应、保存软件配置参数,以及数据库的增删改查操作。在学习完本章的内容后,就可以满足数据持久化保存的需求了。

7.1 页面跳转

在前面的章节中,大部分都是针对单个页面来讲的。而大多数完整的 App 都包含多个页面,不同的页面负责不同的功能,这一节我们主要讨论如何进行页面跳转,以及如何在跳转的过程中传递和返回数据。

在 Flutter 中,完成页面跳转需要用到 Route 和 Navigator 两个重要的类,分别表示路由(Route)定义和跳转操作。下面我们通过具体的示例来了解它们的使用方法。

7.1.1 页面的跳转和返回

在 Flutter 中,根据路由定义方式的不同,可将页面的跳转分为两种方式:静态定义和动态定义。下面分别看一下两者的使用方式和区别。

先看一段代码：
```
class MyApp extends StatelessWidget {
  @override
  Widget build(BuildContext context) {
    return MaterialApp(
      title: "页面跳转及数据传递",
      theme: ThemeData(
        primarySwatch: Colors.blue,
      ),
      home: MyHomePage(title: "页面跳转及数据传递"),
      routes: {"page_2": (BuildContext context) => new Page2()},
    );
  }
}
```

这段代码由计数器应用改变而来，区别在于 routes 属性的定义，其中"page_2"作为 key，后面的 new Page2()代表要跳转的具体界面。这种定义路由的方法就是静态定义。在执行跳转时，使用 Navigator 类通过 key 进行跳转的实际操作，代码片段如下所示：

```
// 跳转到 Page2
Navigator.pushNamed(context, "page_2");
```

当上面的代码被执行时，出现一个新的界面。当然，前提是存在 Page2。为了使代码具有高度的可读性和可维护性，通常把不同的页面写在不同的.dart 代码中。比如，上例中的 Page2 类并不在 main.dart 中，而是在 page_2.dart 中。在使用 Page2 类时，只需要导入指定的类即可。

另外，Navigator 的 pushNamed 和 push 均表示跳转到另一个页面，pop 表示退出当前界面。下面是 Page2 类的完整代码，其使用了 Navigator.pop()方法返回到之前的页面。

```
import 'package:flutter/material.dart';
class Page2 extends StatelessWidget {
  @override
  Widget build(BuildContext context) {
    return new Scaffold(
      appBar: AppBar(
        title: Text("页面二"),
      ),
      body: Center(
        child: RaisedButton(
          // 返回上一个页面
          onPressed: () => Navigator.pop(context, null),
          child: Text("返回"),
```

```
      ),
    ),
  );
  }
}
```

动态定义的方法通常在用于带参数的跳转和接收返回值时使用,无须使用 routes 属性。其使用方法也和静态定义相似,示例如下:

```
// 跳转到 Page2
Navigator.push(context, new MaterialPageRoute(builder: (BuildContext context) {
    return new Page2();
}));
```

上面的代码和静态定义的示例一样,都是跳转到 Page2。

7.1.2 数据的传递和返回

有时候,在跳转页面的同时,我们还要传递给新页面一些数据。比如,在联系人列表跳转到联系人详情界面时,要把联系人的信息传递给详情界面,这样一来,联系人详情界面才能准确地显示相应联系人的信息。那么,对于此种情况应该怎么做呢?

比较方便的写法就是使用类的构造方法,并利用动态定义的方法将参数进行传递。假如我们要实现一个改造计数器应用的功能,用户就可以通过点击按钮跳转到新的界面。在新的界面中,会显示计数器的值并在返回时重新计数。

首先实现 Page3 类,使其能够接受一个整型值,用来表示计数器的值。另外,还有一个返回按钮用来传递返回值,表示清零。代码如下:

```
import 'package:flutter/material.dart';
class Page3 extends StatelessWidget {
  var currentNum;
  Page3(this.currentNum);
  @override
  Widget build(BuildContext context) {
    return new Scaffold(
      appBar: AppBar(
        title: Text("页面三"),
      ),
      body: Center(
        child: Column(
          children: <Widget>[
```

```
            Text("当前计数器的值为：$currentNum, 返回后将重置"),
            RaisedButton(
              // 带值的返回
              onPressed: () => Navigator.pop(context, 0),
              child: Text("返回"),
            ),
          ],
        ),
      ),
    );
  }
}
```

在 RaisedButton 组件中，使用了 Navigator.pop()方法退出当前的界面，该方法中有 context 和 0 两个参数，其中 0 即返回值。然后，在 main.dart 中继续添加一个按钮来触发跳转到 Page3 界面，等待返回值并将返回值设置为计数器的值。具体代码如下：

```
RaisedButton(
    child: Text("跳转至页面三"),
onPressed: () {
    // 跳转到Page3
      Navigator.push<int>(context,
          new MaterialPageRoute(builder: (BuildContext context) {
      return new Page3(_counter);
  })).then((int backData) {
      setState(() {
          if (backData != null) {
            _counter = backData;
          }
      });
  });
},),
```

在上面的代码中，将_counter 变量当作参数传给 Page3 类的构造方法，这样 Page3 类便得到了计数器的值。完整代码如下：

page_2.dart 代码：

```
import 'package:flutter/material.dart';
class Page2 extends StatelessWidget {
  @override
  Widget build(BuildContext context) {
    return new Scaffold(
      appBar: AppBar(
        title: Text("页面二"),
```

```
    ),
    body: Center(
      child: RaisedButton(
        // 返回上一页面
        onPressed: () => Navigator.pop(context, null),
        child: Text("返回"),
      ),
    ),
  );
}
}
```

page_3.dart 代码:

```
import 'package:flutter/material.dart';
class Page3 extends StatelessWidget {
  var currentNum;
  Page3(this.currentNum);
  @override
  Widget build(BuildContext context) {
    return new Scaffold(
      appBar: AppBar(
        title: Text("页面三"),
      ),
      body: Center(
        child: Column(
          children: <Widget>[
            Text("当前计数器的值为: $currentNum, 返回后将重置"),
            RaisedButton(
              // 返回上一页面
              onPressed: () => Navigator.pop(context, 0),
              child: Text("返回"),
            ),
          ],
        ),
      ),
    );
  }
}
```

main.dart 代码:

```
import 'package:flutter/material.dart';
import 'page_2.dart';
import 'page_3.dart';
```

```
void main() => runApp(MyApp());
class MyApp extends StatelessWidget {
  @override
  Widget build(BuildContext context) {
    return MaterialApp(
      title: "页面跳转及数据传递",
      theme: ThemeData(
        primarySwatch: Colors.blue,
      ),
      home: MyHomePage(title: "页面跳转及数据传递"),
      routes: {"page_2": (BuildContext context) => new Page2()},
    );
  }
}
class MyHomePage extends StatefulWidget {
  MyHomePage({Key key, this.title}) : super(key: key);
  final String title;
  @override
  _MyHomePageState createState() => _MyHomePageState();
}
class _MyHomePageState extends State<MyHomePage> {
  int _counter = 0;
  void _incrementCounter() {
    setState(() {
      _counter++;
    });
  }
  @override
  Widget build(BuildContext context) {
    return Scaffold(
      appBar: AppBar(
        title: Text(widget.title),
      ),
      body: Center(
        child: Column(
          mainAxisAlignment: MainAxisAlignment.center,
          children: <Widget>[
            Text(
              'You have pushed the button this many times:',
            ),
            Text(
```

```
            '$_counter',
            style: Theme.of(context).textTheme.display1,
          ),
          RaisedButton(
            child: Text("跳转至页面二"),
            onPressed: () {
              // 跳转到页面二
              Navigator.pushNamed(context, "page_2");
            },
          ),
          RaisedButton(
            child: Text("跳转至页面三"),
            onPressed: () {
              // 跳转到页面二
              Navigator.push<int>(context,
                  new MaterialPageRoute(builder: (BuildContext context) {
                return new Page3(_counter);
              })).then((int backData) {
                setState(() {
                  if (backData != null) {
                    _counter = backData;
                  }
                });
              });
            },
          )
        ],
      ),
    ),
    floatingActionButton: FloatingActionButton(
      onPressed: _incrementCounter,
      tooltip: 'Increment',
      child: Icon(Icons.add),
    ),
  );
 }
}
```

运行结果如图 7.1 所示。

第 7 章 数据的传递和持久化保存

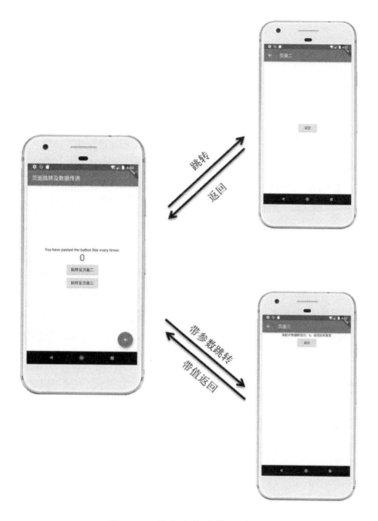

图 7.1 页面跳转结构示意图

7.2 本地文件

本小节将介绍数据持久化的第一种方式——本地文件。我们知道，开发 Flutter 使用的是 Dart 语言。因此，在文件读写上将使用 Dart IO 库进行开发。但是，由于 Flutter 框架面向的是 Android 平台和 iOS 平台，二者在本地文件的管理和组织上又存在差异，因此还是使用 PathProvider 库来实现二者的兼容。在使用这个库之前，首要任务是在 pubspec.yaml 中做声明，具体如下：

```
path_provider: ^1.1.0
```

在编写本书时，该库的版本是 1.1.0。随着时间的推移，库的版本可能会更新，你可以通过 flutter packages get 命令来获取最新版本的库。

7.2.1 本地文件的路径

有了 path_provider 库的支持，我们便可以使用该库获取各平台不同的目录了。

缓存目录：也称为临时目录，相当于 Android 平台的 getCacheDir()方法，iOS 平台的 NSTemporaryDirectory()方法。获取该目录的方法为 getTemporaryDirectory()。

应用数据目录：应用数据目录在 Android 平台表现为 AppData，iOS 平台对应的为 NSDocumentDirectory()。获取该目录的方法是 getApplicationDocumentsDirectory()。

外部存储目录：该目录对应 Android 平台的 getExternalStorageDirectory()方法。由于 iOS 的存储机制存在限制，因此没有外部存储目录的概念。如果强行在 iOS 平台获取该目录，就会得到 UnsupportedError 错误信息。获取该目录的方法是 getExternalStorageDirectory()。

另外，以上路径的获取方式均为异步，即返回 Future，在使用时要留意。

7.2.2 本地文件的读写

下面我们来实现这样一个需求：对于一个新建的计数器应用，在每一次数值发生改变后，将该值记录到文件中，并在下次启动 App 时读取这个值，达到继续上一次计数的目的。

首先，我们定义本地文件的路径为应用数据目录下的 counter.dat。由于 path_provider 库中的方法大多是异步的，因此，使用方式如下：

```
Future<File> _getLocalFile() async {
  String dir = (await getApplicationDocumentsDirectory()).path;
  return new File('$dir/counter.dat');
}
```

然后，分别实现写数据和读数据的逻辑。写数据到文件，代码如下：

```
Future<Null> _writeCounter(String counter) async {
  try {
    File file = await _getLocalFile();
    await file.writeAsString(counter);
  } on FileSystemException {
  }
}
```

从文件中读取数据，代码如下：

```
Future<int> _readCounter() async {
  try {
    File file = await _getLocalFile();
    String contents = await file.readAsString();
    return int.parse(contents);
  } on FileSystemException {
    return 0;
  }
}
```

最后，我们分别在计数器值增加 1 的逻辑后添加写数据方法的调用，在 initState()方法回调中加上读数据方法的调用。

```
Future<Null> _incrementCounter() async {
  setState(() {
    _counter++;
  });
  _writeCounter(_counter.toString());
}
@override
void initState() {
  super.initState();
  _readCounter().then((int value) {
    setState(() {
      _counter = value;
    });
  });
}
```

完整代码如下：

```
import 'dart:io';
import 'dart:async';
import 'package:flutter/material.dart';
import 'package:path_provider/path_provider.dart';
void main() {
  runApp(
    new MaterialApp(
      title: "文件读写",
      theme: new ThemeData(primarySwatch: Colors.blue),
      home: new FileRWDemo(),
    ),
  );
```

```dart
}
class FileRWDemo extends StatefulWidget {
  FileRWDemo({Key key}) : super(key: key);
  @override
  FileRWDemoState createState() => new FileRWDemoState();
}
class FileRWDemoState extends State<FileRWDemo> {
  int _counter;
  // 获取文件对象
  Future<File> _getLocalFile() async {
    String dir = (await getApplicationDocumentsDirectory()).path;
    return new File('$dir/counter.dat');
  }
  // 读取已保存的数据
  Future<int> _readCounter() async {
    try {
      File file = await _getLocalFile();
      String contents = await file.readAsString();
      return int.parse(contents);
    } on FileSystemException {
      return 0;
    }
  }
  Future<Null> _incrementCounter() async {
    setState(() {
      _counter++;
    });
    _writeCounter(_counter.toString());
  }
  // 保存数据到文件
  Future<Null> _writeCounter(String counter) async {
    try {
      File file = await _getLocalFile();
      await file.writeAsString(counter);
    } on FileSystemException {
    }
  }
  @override
  void initState() {
    super.initState();
    _readCounter().then((int value) {
```

```
      setState(() {
        _counter = value;
      });
    });
  }
  @override
  Widget build(BuildContext context) {
    return new Scaffold(
      appBar: new AppBar(title: new Text("文件读写")),
      body: new Center(
        child: new Text("按钮点击了$_counter 次"),
      ),
      floatingActionButton: new FloatingActionButton(
        onPressed: _incrementCounter,
        tooltip: 'Increment',
        child: new Icon(Icons.add),
      ),
    );
  }
}
```

运行代码，点击右下方的加号，在计数器的值发生增加后，退出 App。当再次进入 App 后，可见上一次的值得到保留。

7.3 网络请求

这一节，我们用实例来讲述如何进行 HTTP 请求，以及如何处理响应数据，最终实现一个简易的天气预报 App。根据数据提供商提供的数据，App 包含获取时间和城市信息等基本数据、实时天气状况、前一天的天气状况，以及未来几天的天气预报，参考图 7.2。

下面我们就逐步实现上述功能。

图 7.2　网络解析结果

7.3.1　发起 HTTP 请求

使用 Flutter 框架发起 HTTP 请求及响应并不难,打开示例中的请求地址就能看到有响应的数据。

HTTP 请求和返回的代码如下:
```
HttpClient httpClient = new HttpClient();
HttpClientRequest request = await
httpClient.getUrl(Uri.parse("http://t.weather.sojson.com/api/weather/city/10
1010100"));
HttpClientResponse response = await request.close();
String responseContent = await response.transform(utf8.decoder).join();
httpClient.close();
```

在上述代码中,HttpClientRequest 对象管理请求,HttpClientResponse 对象接收响应,最终响应的结果转化成字符串保存在 responseContent 变量中。最后,一定不要忘了调用

httpClient.close()方法关闭连接。

运行代码发现，responseContent 变量的值和前文所述浏览器打开后得到的内容一致。如上，便完成了整个获取数据的过程，也是基本的 HTTP 请求的样例。另外，为了避免重复获取，我们可以使用一个布尔变量表示正在获取的状态。如果现在正在进行请求并等待返回，就不允许再次发起请求操作，直到返回结果后才可以。完整的代码如下：

```
class _WeatherInfoState extends State<WeatherInfo> {
  bool isLoading = false;
  refresh() async {
    if (!isLoading) {
      isLoading = true;
      try {
        // HTTP 请求
        HttpClient httpClient = new HttpClient();
        HttpClientRequest request = await httpClient.getUrl(Uri.parse(
            "http://t.weather.sojson.com/api/weather/city/101010100"));
        HttpClientResponse response = await request.close();
        String responseContent = await response.transform(utf8.decoder).join();
        httpClient.close();
      } catch (e) {
        // 请求失败处理
        debugPrint("请求失败：$e");
      } finally {
        // 请求结束后处理
        setState(() {
          isLoading = false;
        });
      }
    } else {
      debugPrint("正在刷新");
    }
  }
}
```

特别注意的是，整个网络请求到响应的过程需要异步进行，以保证 UI 操作不受影响。某些时候，我们还需要在请求时添加请求头信息，这交给 HttpClientRequest 类就可以了。比如，要设置 user-agent 值为 iPhone 浏览器，则按照如下代码实现即可。

```
request.headers.add("user-agent", "Mozilla/5.0 (iPhone; CPU iPhone OS 10_3_1 like Mac OS X) AppleWebKit/603.1.30 (KHTML, like Gecko) Version/10.0 Mobile/14E304 Safari/602.1");
```

7.3.2 Json 解析

如果你尝试过使用浏览器打开前文中提及的请求地址，那么，可以看到其响应的结果是一段字符串。这些字符串的格式就成为 Json 格式，需要对其进行解析才能正常使用其中的内容。在 Dart 编程语言中，提供了解析 Json 格式相关的类，其名如下：

```
dart:convert
```

在进行 Json 解析时，需要导入这个类。在实现解析前，先来了解一下示例中的响应数据。一个比较方便的办法是使用 Json 格式化工具，某些网站上也提供了类似的服务，你可以通过搜索“Json 格式化工具”来发现并使用它们。对于响应的字符串，通过格式化后的结构如图 7.3 所示。

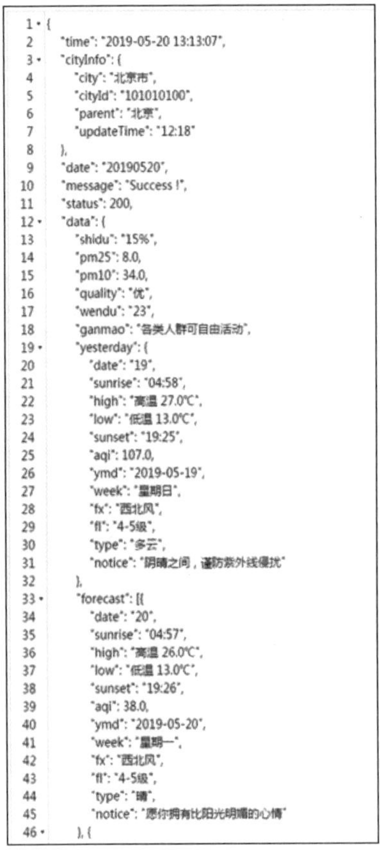

```
{
    "time": "2019-05-20 13:13:07",
    "cityInfo": {
        "city": "北京市",
        "cityId": "101010100",
        "parent": "北京",
        "updateTime": "12:18"
    },
    "date": "20190520",
    "message": "Success !",
    "status": 200,
    "data": {
        "shidu": "15%",
        "pm25": 8.0,
        "pm10": 34.0,
        "quality": "优",
        "wendu": "23",
        "ganmao": "各类人群可自由活动",
        "yesterday": {
            "date": "19",
            "sunrise": "04:58",
            "high": "高温 27.0℃",
            "low": "低温 13.0℃",
            "sunset": "19:25",
            "aqi": 107.0,
            "ymd": "2019-05-19",
            "week": "星期日",
            "fx": "西北风",
            "fl": "4-5级",
            "type": "多云",
            "notice": "阴晴之间，谨防紫外线侵扰"
        },
        "forecast": [{
            "date": "20",
            "sunrise": "04:57",
            "high": "高温 26.0℃",
            "low": "低温 13.0℃",
            "sunset": "19:26",
            "aqi": 38.0,
            "ymd": "2019-05-20",
            "week": "星期一",
            "fx": "西北风",
            "fl": "4-5级",
            "type": "晴",
            "notice": "愿你拥有比阳光明媚的心情"
        }, {
```

图 7.3　格式化后的 Json 字符串

在图 7.3 中，获取到的部分响应内容很清晰地展示出来了。解析 Json 的步骤：首先，构造一个对象，用来表示整个 Json 的内容；然后，将 Json 响应一一对应地赋值到这个对象中；最后，通过这个对象来获取数据。下面把各步骤拆解，逐步实现整个解析过程。

首先，构造一个对象，得到格式化后的 Json 文本。可以看出，它由三部分组成：第一部分是由 time，date，message，status 组成的键值对，这时就会很容易联想到，使用 Map 的数据结构保存它们再合适不过了；第二部分名为 cityInfo，由一对大括号包裹，其内容也是键值对；第三部分名为 data，里面不仅有键值对，还存在 yesterday，forecast。

实际上，我们完全可以把它们看作键值对，只不过有的比较简单，如 key 和 value；而有的比较复杂，如 key 仍为字符串，而 value 则是另一段键值对字符串，其关系是层层嵌套的。我们可以使用 json.decode()方法将响应的字符串作为参数传递：

```
// 从响应返回解析成对象
WeatherData.fromJson(json.decode(responseContent));
```

然后实现这部分对应关系：

```
class WeatherData {
  // json 字段
  String time;
  CityInfo cityInfo;
  String date;
  String message;
  int status;
  Data data;
  // 构造方法
  WeatherData(this.time, this.cityInfo, this.date, this.message, this.status,
      this.data);
  WeatherData.fromJson(Map<String, dynamic> jsonStr) {
    this.time = jsonStr['time'];
    this.cityInfo = CityInfo.fromJson(jsonStr['cityInfo']);
    this.data = Data.fromJson(jsonStr['data']);
    this.date = jsonStr['date'];
    this.message = jsonStr['message'];
    this.status = jsonStr['status'];
  }
}
```

如上述代码所示，解析后的 Json 被当作是 Map 数据类型，key 为 String 而 value 为 dynamic，并使用 Map 自身的通过 key 取 value 的方式给 WeatherData 类中的对象赋值。类似地，继续实现 cityInfo 类和 data 类：

```
class CityInfo {
  // json 字段
  String city;
  String cityId;
  String parent;
  String updateTime;
  // 构造方法
  CityInfo(this.city, this.cityId, this.parent, this.updateTime);
  CityInfo.fromJson(Map<String, dynamic> jsonStr) {
    this.city = jsonStr['city'];
    this.cityId = jsonStr['cityId'];
    this.parent = jsonStr['parent'];
    this.updateTime = jsonStr['updateTime'];
  }
}
class Data {
```

```
    // json 字段
    String shidu;
    double pm25;
    double pm10;
    String quality;
    String wendu;
    String ganmao;
    Yesterday yesterday;
    ForeCast foreCast;
    // 构造方法
    Data(this.shidu, this.pm25, this.pm10, this.quality, this.wendu, this.ganmao,
        this.yesterday, this.foreCast);
    Data.fromJson(Map<String, dynamic> jsonStr) {
      this.shidu = jsonStr['shidu'];
      this.pm25 = jsonStr['pm25'];
      this.pm10 = jsonStr['pm10'];
      this.quality = jsonStr['quality'];
      this.wendu = jsonStr['wendu'];
      this.ganmao = jsonStr['ganmao'];
      this.yesterday = Yesterday.fromJson(jsonStr['yesterday']);
      this.foreCast = ForeCast.fromJson(jsonStr['forecast']);
    }
  }
  class Yesterday {
    // json 字段
    String date;
    String sunrise;
    String high;
    String low;
    String sunset;
    double aqi;
    String ymd;
    String week;
    String fx;
    String fl;
    String type;
    String notice;
    // 构造方法
    Yesterday(this.date, this.sunrise, this.high, this.low, this.sunset, this.aqi,
```

```
      this.ymd, this.week, this.fx, this.fl, this.type, this.notice);
  Yesterday.fromJson(Map<String, dynamic> jsonStr) {
    this.date = jsonStr['date'];
    this.sunrise = jsonStr['sunrise'];
    this.high = jsonStr['high'];
    this.low = jsonStr['low'];
    this.sunset = jsonStr['sunset'];
    this.aqi = jsonStr['aqi'];
    this.ymd = jsonStr['ymd'];
    this.week = jsonStr['week'];
    this.fx = jsonStr['fx'];
    this.fl = jsonStr['fl'];
    this.type = jsonStr['type'];
    this.notice = jsonStr['notice'];
  }
}
class ForeCast {
  List<ForeCastItem> foreCastItems;
  ForeCast.fromJson(List items){
foreCastItems = new List();
// 针对Json数组的处理
    for (var i = 0; i < items.length; i++) {
      ForeCastItem foreCastItem = new ForeCastItem(
        items[i]['date'],
        items[i]['sunrise'],
        items[i]['high'],
        items[i]['low'],
        items[i]['sunset'],
        items[i]['ymd'],
        items[i]['week'],
        items[i]['fx'],
        items[i]['fl'],
        items[i]['type'],
        items[i]['notice']);
      foreCastItems.add(foreCastItem);
    }
  }
}
class ForeCastItem {
  // Json 字段
  String date;
```

```
    String sunrise;
    String high;
    String low;
    String sunset;
    String ymd;
    String week;
    String fx;
    String fl;
    String type;
    String notice;
    // 构造方法
    ForeCastItem(this.date, this.sunrise, this.high, this.low, this.sunset,
this.ymd, this.week, this.fx, this.fl, this.type, this.notice);
}
```

这里要特别注意,由于 ForeCast 类是由数组构成的,因此要使用列表对象和循环的逻辑来存储其中的值。这时便完成了构造 Json 对象和赋值的过程。最后,将该对象的值一一显示到界面上。从网络请求和响应到 Json 解析,完整的代码如下:

main.dart 代码:

```
import 'package:flutter/material.dart';
import 'dart:convert';
import 'dart:io';
import 'WeatherResp.dart';
void main() => runApp(MyApp());
class MyApp extends StatelessWidget {
  @override
  Widget build(BuildContext context) {
    return MaterialApp(
      title: "北京天气",
      theme: ThemeData(
        primarySwatch: Colors.blue,
      ),
      home: WeatherInfo(title: "北京天气"),
    );
  }
}
class WeatherInfo extends StatefulWidget {
  WeatherInfo({Key key, this.title}) : super(key: key);
  final String title;
  @override
  _WeatherInfoState createState() => _WeatherInfoState();
```

```dart
  }
  class _WeatherInfoState extends State<WeatherInfo> {
    bool isLoading = false;
    WeatherData weatherData;
    refresh() async {
      if (!isLoading) {
        isLoading = true;
        try {
          HttpClient httpClient = new HttpClient();
          HttpClientRequest request = await httpClient.getUrl(Uri.parse(
              "http://t.weather.sojson.com/api/weather/city/101010100"));
          HttpClientResponse response = await request.close();
          String responseContent = await
response.transform(utf8.decoder).join();
          setState(() {
            debugPrint(responseContent);
            this.weatherData =
WeatherData.fromJson(json.decode(responseContent));
          });
          httpClient.close();
        } catch (e) {
          debugPrint("请求失败：$e");
        } finally {
          setState(() {
            isLoading = false;
          });
        }
      } else {
        debugPrint("正在刷新");
      }
    }
    Column buildBaseInfo(weatherData){
      List<Widget> widgets = new List();
      widgets.add(Text("获取时间：${weatherData.time}"));
      widgets.add(Text("省：${weatherData.cityInfo.parent}"));
      widgets.add(Text("市：${weatherData.cityInfo.city}"));
      widgets.add(Text("更新时间：${weatherData.cityInfo.updateTime}"));
      return Column(crossAxisAlignment:CrossAxisAlignment.start,children:
widgets,);
    }
    Column buildCurrent(weatherData){
```

```
        List<Widget> widgets = new List();
        widgets.add(Text("湿度：${weatherData.data.shidu}"));
        widgets.add(Text("PM2.5：${weatherData.data.pm25}"));
        widgets.add(Text("PM10：${weatherData.data.pm10}"));
        widgets.add(Text("空气质量：${weatherData.data.quality}"));
        widgets.add(Text("气温：${weatherData.data.wendu}"));
        widgets.add(Text("感冒指数：${weatherData.data.ganmao}"));
        return Column(crossAxisAlignment:CrossAxisAlignment.start,children:widgets,);
    }
    Column buildYesterday(weatherData){
        List<Widget> widgets = new List();
        widgets.add(Text("昨日日出：${weatherData.data.yesterday.sunrise}"));
        widgets.add(Text("昨日日落：${weatherData.data.yesterday.sunset}"));
        widgets.add(Text("昨日最高温：${weatherData.data.yesterday.high}"));
        widgets.add(Text("昨日最低温：${weatherData.data.yesterday.low}"));
        widgets.add(Text("昨日风向：${weatherData.data.yesterday.fx}"));
        widgets.add(Text("昨日风力：${weatherData.data.yesterday.fl}"));
        widgets.add(Text("昨日天气：${weatherData.data.yesterday.type}"));
        widgets.add(Text("昨日提醒：${weatherData.data.yesterday.notice}"));
        return Column(crossAxisAlignment:CrossAxisAlignment.start,children:widgets,);
    }
    Column buildForecast(weatherData){
        List<Widget> widgets = new List();
        for (var i = 0; i < weatherData.data.foreCast.foreCastItems.length; i++){
            widgets.add(Text("日期：${weatherData.data.foreCast.foreCastItems[i].date}"));
            widgets.add(Text("日出：${weatherData.data.foreCast.foreCastItems[i].sunrise}"));
            widgets.add(Text("日落：${weatherData.data.foreCast.foreCastItems[i].sunset}"));
            widgets.add(Text("最高温：${weatherData.data.foreCast.foreCastItems[i].high}"));
            widgets.add(Text("最低温：${weatherData.data.foreCast.foreCastItems[i].low}"));
            widgets.add(Text("风向：${weatherData.data.foreCast.foreCastItems[i].fx}"));
            widgets.add(Text("风力：${weatherData.data.foreCast.foreCastItems[i].fl}"));
```

```
        widgets.add(Text("天气:
${weatherData.data.foreCast.foreCastItems[i].type}"));
      }
      return Column(crossAxisAlignment:CrossAxisAlignment.start,children:
widgets,);
    }
    @override
    Widget build(BuildContext context) {
      return Scaffold(
        appBar: AppBar(
          title: Text(widget.title),
        ),
        body: ListView(
          children: <Widget>[
            Text(weatherData == null ? "":"【基本信息】", style: new
TextStyle(color: Colors.red)),
            weatherData == null ? Text("") : buildBaseInfo(weatherData),
            Text(weatherData == null ? "":"【当前天气】", style: new
TextStyle(color: Colors.red)),
            weatherData == null ? Text("") : buildCurrent(weatherData),
            Text(weatherData == null ? "":"【昨日天气】", style: new
TextStyle(color: Colors.red)),
            weatherData == null ? Text("") : buildYesterday(weatherData),
            Text(weatherData == null ? "":"【未来预报】", style: new
TextStyle(color: Colors.red)),
            weatherData == null ? Text("") : buildForecast(weatherData),
          ],
        ),
        floatingActionButton: FloatingActionButton(
          onPressed: refresh,
          tooltip: "刷新天气",
          child: Icon(Icons.refresh),
        ),
      );
    }
  }
```

WeatherResp.dart 代码：

```
class WeatherData {
  String time;
  CityInfo cityInfo;
  String date;
```

```
    String message;
    int status;
    Data data;
    WeatherData(this.time, this.cityInfo, this.date, this.message, this.status,
        this.data);
    WeatherData.fromJson(Map<String, dynamic> jsonStr) {
      this.time = jsonStr['time'];
      this.cityInfo = CityInfo.fromJson(jsonStr['cityInfo']);
      this.data = Data.fromJson(jsonStr['data']);
      this.date = jsonStr['date'];
      this.message = jsonStr['message'];
      this.status = jsonStr['status'];
    }
  }
  class CityInfo {
    String city;
    String cityId;
    String parent;
    String updateTime;
    CityInfo(this.city, this.cityId, this.parent, this.updateTime);
    CityInfo.fromJson(Map<String, dynamic> jsonStr) {
      this.city = jsonStr['city'];
      this.cityId = jsonStr['cityId'];
      this.parent = jsonStr['parent'];
      this.updateTime = jsonStr['updateTime'];
    }
  }
  class Data {
    String shidu;
    double pm25;
    double pm10;
    String quality;
    String wendu;
    String ganmao;
    Yesterday yesterday;
    ForeCast foreCast;
    Data(this.shidu, this.pm25, this.pm10, this.quality, this.wendu, this.ganmao,
        this.yesterday, this.foreCast);
    Data.fromJson(Map<String, dynamic> jsonStr) {
```

```
      this.shidu = jsonStr['shidu'];
      this.pm25 = jsonStr['pm25'];
      this.pm10 = jsonStr['pm10'];
      this.quality = jsonStr['quality'];
      this.wendu = jsonStr['wendu'];
      this.ganmao = jsonStr['ganmao'];
      this.yesterday = Yesterday.fromJson(jsonStr['yesterday']);
      this.foreCast = ForeCast.fromJson(jsonStr['forecast']);
    }
  }
  class Yesterday {
    String date;
    String sunrise;
    String high;
    String low;
    String sunset;
    double aqi;
    String ymd;
    String week;
    String fx;
    String fl;
    String type;
    String notice;
    Yesterday(this.date, this.sunrise, this.high, this.low, this.sunset, this.aqi,
        this.ymd, this.week, this.fx, this.fl, this.type, this.notice);
    Yesterday.fromJson(Map<String, dynamic> jsonStr) {
      this.date = jsonStr['date'];
      this.sunrise = jsonStr['sunrise'];
      this.high = jsonStr['high'];
      this.low = jsonStr['low'];
      this.sunset = jsonStr['sunset'];
      this.aqi = jsonStr['aqi'];
      this.ymd = jsonStr['ymd'];
      this.week = jsonStr['week'];
      this.fx = jsonStr['fx'];
      this.fl = jsonStr['fl'];
      this.type = jsonStr['type'];
      this.notice = jsonStr['notice'];
    }
  }
```

```
class ForeCast {
  List<ForeCastItem> foreCastItems;
  ForeCast.fromJson(List items){
    foreCastItems = new List();
    for (var i = 0; i < items.length; i++) {
      ForeCastItem foreCastItem = new ForeCastItem(
          items[i]['date'],
          items[i]['sunrise'],
          items[i]['high'],
          items[i]['low'],
          items[i]['sunset'],
          items[i]['ymd'],
          items[i]['week'],
          items[i]['fx'],
          items[i]['fl'],
          items[i]['type'],
          items[i]['notice']);
      foreCastItems.add(foreCastItem);
    }
  }
}
class ForeCastItem {
  String date;
  String sunrise;
  String high;
  String low;
  String sunset;
  String ymd;
  String week;
  String fx;
  String fl;
  String type;
  String notice;
  ForeCastItem(this.date, this.sunrise, this.high, this.low, this.sunset,
this.aqi, this.ymd, this.week, this.fx, this.fl, this.type, this.notice);
      this.ymd, this.week, this.fx, this.fl, this.type, this.notice);
}
```

上述代码在绘制界面的过程中，使用了循环动态添加组件的逻辑。在实际开发中，可能会遇到这种不定数量的返回结果，此时就需要根据结果动态添加组件。

此外，为了让代码的可读性更强，根据不同的显示类别进行了方法的封装，这样做可以清楚地找到对应数据内容的界面逻辑。当然，你可以根据喜好进行代码优化，只要确保其具有可读性和可维护性就可以。

7.4 保存用户设置

众所周知，一个完整的 App 通常包含设置模块，这个模块中的内容会一直保留，不会随着程序的退出而消失。在 Android 开发中，我们通常使用首选项（SharedPreferences）来保存设置值，iOS 中的用法类似，它们的数据结构为键值对。但是，Flutter 框架自身并没有首选项的概念，需要借助额外的库来实现。

下面还是通过计数器的示例说明如何使用 Flutter 框架实现用户设置的保存，这次使用首选项来保存计数器的值。当程序再次启动时，继续上一次的计数。首先在 pubspec.yaml 文件中引用库：

```
shared_preferences: ^0.5.2
```

在执行 package get 指令后，回到 main.dart，并导入 dart 库：

```
import 'package:shared_preferences/shared_preferences.dart';
```

然后，在用户每一次点击计数按钮时，保存计数器的值就能回到首选项，其中 key 为 counter 类型的值，value 为 int 类型的值。具体代码实现如下：

```
SharedPreferences prefs = await SharedPreferences.getInstance();
int counter = (prefs.getInt('counter') ?? 0) + 1;
await prefs.setInt('counter', counter);
```

注意，这里同样需要异步处理。最后，我们在组件初始化时读取之前保存的值，具体代码实现如下：

```
@override
void initState() {
  super.initState();
  getSharedPreferences().then((SharedPreferences prefs) {
    int counter = prefs.getInt('counter') == null ? 0 : prefs.getInt('counter');
    setState(() {
      _counter = counter;
    });
  });
}
```

在添加完上述逻辑后，重新运行程序。点击计数按钮，退出程序，然后再次启动，就可以发现之前的计数值得到保留。

7.5 数据库操作

利用数据库保存数据也是保存持久化数据的一种重要途径，然而 Flutter 框架自身并没有提供操作数据库的类，因此需要引入 sqflite 库。常规的数据库操作包括数据的增加、删除、更新和查询。

接下来，用实现一个人员信息录入的功能的示例来对以上部分操作进行具体的讲解。首先启动一个页面供用户输入信息，包括名字、姓氏、电话号码和邮箱。然后添加一个按钮，用于触发保存的操作，再添加一个查看记录的按钮来跳转到新的页面。在新的界面中，显示所有已保存的记录。最后，实现查看所有已保存数据的页面。

在这个示例中，我们将分别实现增加和查询功能。首先在 pubspec.yaml 中声明要使用的库，由于数据库是以文件的形式保存的，因此，还需要 path_provider 库的支持。如下：

```
path_provider: ^1.1.0
sqflite: ^1.1.0
```

在修改完 pubspec.yaml 文件后，就可以执行 Package get 命令来获取库。

数据库的创建。在对数据进行增加、删除、更新、查询等操作前，需要创建数据库和数据表。创建数据库实际上就是创建数据库文件，为了安全起见，通常会将数据库文件放到 App 的私有目录下，这样可以阻止其他程序在未经允许的情况下访问数据库。因此，应使用 getApplicationDocumentsDirectory() 方法获取应用数据目录，并将数据库文件存放到这个目录下。

```
// 数据库文件保存位置
Directory documentsDirectory = await getApplicationDocumentsDirectory();
String path = join(documentsDirectory.path, "data.db");
```

数据表的创建。接下来，使用赋值后的 path 变量并结合 SQL 语句实现数据表的创建。根据实际需求，本例中一共有 5 个数据项，其中包括一个作为主键的 id 列。完整的代码如下：

```
// 打开数据库
initDb() async {
  Directory documentsDirectory = await getApplicationDocumentsDirectory();
  String path = join(documentsDirectory.path, "data.db");
```

```
    var db = await openDatabase(path, version: 1, onCreate: _onCreate);
    return db;
}
// 创建数据表
void _onCreate(Database db, int version) async {
    await db.execute("CREATE TABLE Employee(id INTEGER PRIMARY KEY, firstname TEXT, lastname TEXT, mobileno TEXT,emailId TEXT )");
}
```

增加一条记录。有了数据表，我们就可以将数据添加到数据表中了。增加一条记录的方法依然是使用原始 SQL 语句，代码片段如下：

```
// 插入一条数据
await dbClient.transaction((txn) async {
    return await txn.rawInsert(
        'INSERT INTO Employee(firstname, lastname, mobileno, emailid ) VALUES(' +
        '\'' + employee.firstName + '\'' + ',' +
        '\'' + employee.lastName + '\'' + ',' +
        '\'' + employee.mobileNo + '\'' + ',' +
        '\'' + employee.emailId + '\'' +
        ')');
});
```

为了防止因为用户输入某些特殊字符而导致 SQL 语句执行失败，这里添加了""。

查询全部数据记录。查询所有数据依然是使用 SQL 语句实现，然后用 Employee 对象的列表保存所有查询出来的值，代码片段如下：

```
Future<List<Employee>> getEmployees() async {
    var dbClient = await db;
    List<Map> list = await dbClient.rawQuery('SELECT * FROM Employee');
    List<Employee> employees = new List();
    for (int i = 0; i < list.length; i++) {
        employees.add(new Employee(list[i]["firstname"], list[i]["lastname"], list[i]["mobileno"], list[i]["emailid"]));
    }
    return employees;
}
```

类似地，在 Flutter 中要进行查询、删除、更新等数据的操作都可以调用 Database.raw×××字样的系列方法，执行 SQL 语句来实现。示例的完整代码如下：

employee.dart 代码：

```
class Employee{
    String firstName;
```

```dart
    String lastName;
    String mobileNo;
    String emailId;
    Employee(this.firstName, this.lastName,this.mobileNo,this.emailId);
     Employee.fromMap(Map map) {
      firstName = map[firstName];
      lastName = map[lastName];
      mobileNo = map[mobileNo];
      emailId = map[emailId];
    }
  }
```

dbhelper.dart 代码：

```dart
    import 'dart:async';
    import 'dart:io';
    import 'package:demo_database/model/employee.dart';
    import 'package:path/path.dart';
    import 'package:path_provider/path_provider.dart';
    import 'package:sqflite/sqflite.dart';
    class DBHelper {
      static Database _db;
      Future<Database> get db async {
        if (_db != null) return _db;
        _db = await initDb();
        return _db;
      }
      initDb() async {
        Directory documentsDirectory = await getApplicationDocumentsDirectory();
        String path = join(documentsDirectory.path, "data.db");
        var db = await openDatabase(path, version: 1, onCreate: _onCreate);
        return db;
      }
      void _onCreate(Database db, int version) async {
        await db.execute(
            "CREATE TABLE Employee(id INTEGER PRIMARY KEY, firstname TEXT, lastname TEXT, mobileno TEXT,emailId TEXT )");
      }
      void saveEmployee(Employee employee) async {
        var dbClient = await db;
        await dbClient.transaction((txn) async {
          return await txn.rawInsert(
```

```
            'INSERT INTO Employee(firstname, lastname, mobileno, emailid ) VALUES(' +
                '\'' +
                employee.firstName +
                '\'' +
                ',' +
                '\'' +
                employee.lastName +
                '\'' +
                ',' +
                '\'' +
                employee.mobileNo +
                '\'' +
                ',' +
                '\'' +
                employee.emailId +
                '\'' +
                ')');
      });
    }
    Future<List<Employee>> getEmployees() async {
      var dbClient = await db;
      List<Map> list = await dbClient.rawQuery('SELECT * FROM Employee');
      List<Employee> employees = new List();
      for (int i = 0; i < list.length; i++) {
        employees.add(new Employee(list[i]["firstname"], list[i]["lastname"], list[i]["mobileno"], list[i]["emailid"]));
      }
      return employees;
    }
  }
```

main.dart 代码：

```
import 'package:flutter/material.dart';
import 'database/dbhelper.dart';
import 'employeelist.dart';
import 'model/employee.dart';
void main() => runApp(new MyApp());
class MyApp extends StatelessWidget {
  @override
  Widget build(BuildContext context) {
    return new MaterialApp(
```

```dart
      title: "数据库的使用",
      theme: new ThemeData(
        primarySwatch: Colors.blue,
      ),
      home: new MyHomePage(title: "数据库的使用"),
    );
  }
}
class MyHomePage extends StatefulWidget {
  MyHomePage({Key key, this.title}) : super(key: key);
  final String title;
  @override
  _MyHomePageState createState() => new _MyHomePageState();
}
class _MyHomePageState extends State<MyHomePage> {
  Employee employee = new Employee("", "", "", "");
  String firstName;
  String lastName;
  String emailId;
  String mobileNo;
  final scaffoldKey = new GlobalKey<ScaffoldState>();
  final formKey = new GlobalKey<FormState>();
  @override
  Widget build(BuildContext context) {
    return new Scaffold(
      key: scaffoldKey,
      appBar: new AppBar(title: new Text("数据库的使用"), actions: <Widget>[
        new IconButton(
          icon: const Icon(Icons.view_list),
          tooltip: "全部数据",
          onPressed: () {
            navigateToEmployeeList();
          },
        ),
      ]),
      body: Padding(
        padding: const EdgeInsets.all(16.0),
        child: new Form(
          key: formKey,
          child: Column(
            children: [
```

```
            TextFormField(
              keyboardType: TextInputType.text,
              decoration: new InputDecoration(labelText: "名字"),
              validator: (val) => val.length == 0 ? "请输入名字" : null,
              onSaved: (val) => this.firstName = val,
            ),
            TextFormField(
              keyboardType: TextInputType.text,
              decoration: new InputDecoration(labelText: "姓氏"),
              validator: (val) => val.length == 0 ? "请输入姓氏" : null,
              onSaved: (val) => this.lastName = val,
            ),
            TextFormField(
              keyboardType: TextInputType.phone,
              decoration: new InputDecoration(labelText: "电话号码"),
              validator: (val) => val.length == 0 ? "请输入电话号码" : null,
              onSaved: (val) => this.mobileNo = val,
            ),
            TextFormField(
              keyboardType: TextInputType.emailAddress,
              decoration: new InputDecoration(labelText: "电子邮箱"),
              validator: (val) => val.length == 0 ? "请输入电子邮箱地址" : null,
              onSaved: (val) => this.emailId = val,
            ),
            Container(
              margin: const EdgeInsets.only(top: 10.0),
              child: RaisedButton(
                onPressed: _submit,
                child: new Text("添加数据"),
              ),
            )
          ],
        ),
      ),
    ),
  );
}
void _submit() {
  if (this.formKey.currentState.validate()) {
    formKey.currentState.save();
  } else {
```

```
      return null;
    }
    var employee = Employee(firstName, lastName, mobileNo, emailId);
    var dbHelper = DBHelper();
    dbHelper.saveEmployee(employee);
    this.formKey.currentState.reset();
  }
  void navigateToEmployeeList() {
    Navigator.push(
      context,
      new MaterialPageRoute(builder: (context) => new MyEmployeeList()),
    );
  }
}
```

employeelist.dart 代码:

```
import 'dart:async';
import 'package:flutter/material.dart';
import 'database/dbhelper.dart';
import 'model/employee.dart';
Future<List<Employee>> fetchEmployeesFromDatabase() async {
  var dbHelper = DBHelper();
  Future<List<Employee>> employees = dbHelper.getEmployees();
  return employees;
}
class MyEmployeeList extends StatefulWidget {
  @override
  MyEmployeeListPageState createState() => new MyEmployeeListPageState();
}
class MyEmployeeListPageState extends State<MyEmployeeList> {
  @override
  Widget build(BuildContext context) {
    return new Scaffold(
      appBar: new AppBar(
        title: new Text("全部数据"),
      ),
      body: Container(
        padding: EdgeInsets.all(16.0),
        child: FutureBuilder<List<Employee>>(
          future: fetchEmployeesFromDatabase(),
          builder: (context, snapshot) {
            if (snapshot.hasData) {
```

```
                return new ListView.builder(
                    itemCount: snapshot.data.length,
                    itemBuilder: (context, index) {
                      return new Column(
                        crossAxisAlignment: CrossAxisAlignment.start,
                        children: <Widget>[
                          new Text(snapshot.data[index].firstName,
                              style: new TextStyle(
                                  fontWeight: FontWeight.bold, fontSize:
18.0)),
                          new Text(snapshot.data[index].lastName,
                              style: new TextStyle(
                                  fontWeight: FontWeight.bold, fontSize:
14.0)),
                          new Divider()
                        ]);
                    });
              } else if (snapshot.hasError) {
                return Text("${snapshot.error}");
              }
              return new Container(
                alignment: AlignmentDirectional.center,
                child: CircularProgressIndicator(),
              );
            },
          ),
        ),
      );
    }
  }
```

运行上面的代码，结果如图 7.4 所示。

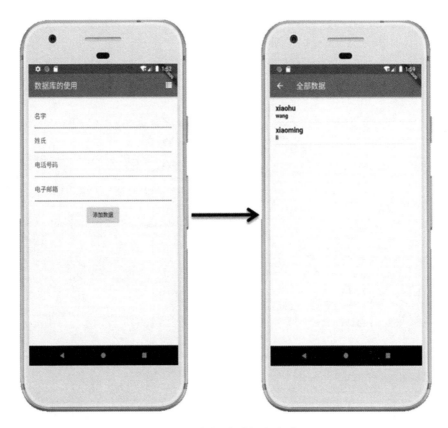

图 7.4　数据的增加和查询

7.6　练习

完善前文中天气预报的示例，使其具备以下功能：
◎　从 assets 的 citylist.json 中读取城市列表和城市代码。
◎　显示城市代码供用户选择，并根据相应的城市代码构造不同的请求地址。
◎　根据用户选择的城市，跳转到新的页面显示该城市的天气详情。

第 8 章
使用设备硬件实现更多功能

这一章我们主要针对设备硬件进行探索，涵盖 GPS 定位芯片、摄像头、蓝牙模块、距离传感器及 NFC 标签读取的内容。在进行跟踪练习时，建议使用真机进行调试。

在实例讲解的过程中，本书将采用 Android 为默认操作系统环境，并将 iOS 操作系统的实现放到后面的练习题中。

8.1　GPS 定位技术

首要看一下 Android 虚拟设备的硬件能力，以及如何使用虚拟设备进行硬件相关的调试。目前，Android 虚拟设备支持模拟 GPS、移动网络、电池、摄像头、电话、短信、方向轮盘、麦克风、指纹、加速器、屏幕方向、音量、环境温度、磁力感应、距离传感器、光线传感器、压力传感器、湿度传感器等功能。我们可以通过扩展控制（Extended controls）窗口向虚拟设备下达各项传感器数值。

图 8.1 是设置 GPS 经纬度信息的窗口，我们可以通过虚拟设备右侧按钮区域最下方的三个点按钮打开这个窗口。

同时，可以看到在该窗口的左侧提供了其他设备硬件控制的项目，可以利用该窗口中的功能向虚拟设备下放硬件数据，完成只有真机才能实现的功能。

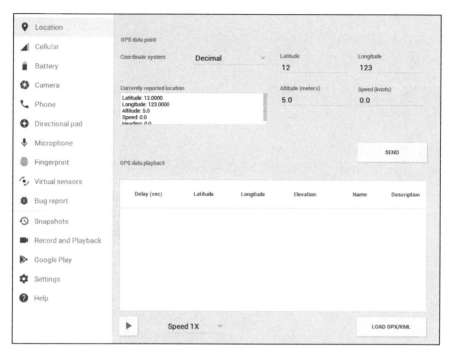

图 8.1　GPS 定位数据下放窗口

在目前的 Flutter 版本中，由于大部分的硬件传感器操作并未集成到其自身框架中，所以本章的内容并不涉及所有的硬件设备。

通常的做法是从 Flutter Package 网站上查找可用的库，然后把库集成到 App 源码中，以实现相应的硬件功能。而这些集成的步骤基本类似，使用的步骤还要参考库的具体文档，因为并非是固定不变的。因此，本章就是起到抛砖引玉的作用，即让你领会使用的方式，而不是掌握单独某个传感器的操作方法。

如果要实现实时获取 GPS 定位信息，即设备所在位置的经纬度，就需要使用 geolocator 库，其目前最新的版本是 4.0.3。首先，在 pubspec.yaml 中声明这个库：

```
dependencies:
  flutter:
    sdk: flutter
  cupertino_icons: ^0.1.2
  geolocator: ^4.0.3
```

声明后，运行 package get 命令获取库。为了让 App 有权限使用设备的位置信息，还需要声明相关的权限。对于 Android 平台而言，需要在项目的 android.xml 中添加定位权限，代码片段如下：

```
<uses-permission android:name="android.permission.ACCESS_FINE_LOCATION" />
<uses-permission android:name="android.permission.ACCESS_COARSE_LOCATION" />
```

然后，在 main.dart 中导入库：

```
import 'package:geolocator/geolocator.dart';
```

如此，便可在代码中使用 location 库了。下面的代码片段展示了如何开启定位并获取经纬度数值、计算距离等实现方式。

```
getLocate() async {
    setState(() {
      locationInfo = "正在定位\n";
    });
    Geolocator geoLocator = new Geolocator();
    geoLocator.forceAndroidLocationManager = true;
    Position position = await geoLocator.getCurrentPosition();
    setState(() {
      locationInfo += "当前位置: ${position.latitude} - ${position.longitude}\n";
    });
    setState(() {
      locationInfo += "根据经纬度计算距离\n";
    });
    double distanceInMeters = await Geolocator().distanceBetween(
        39.9077798469, 116.3912285961, 39.9177397478, 116.3970290499);
    setState(() {
      locationInfo += "天安门到故宫的距离: $distanceInMeters 米";
    });
}
```

这里需要特别注意的是，因为在国内无法使用 Google Play 套件，所以需要将 forceAndroidLocationManager 设置为 true，意为强制使用 LocationManager 类进行定位，默认使用 FusedLocationProviderClient 类。我们在新建的默认项目——计数器应用中，添加这个方法并修改右下角的 FloatActionButton。

```
@override
Widget build(BuildContext context) {
    return Scaffold(
      appBar: AppBar(
        title: Text(widget.title),
      ),
      body: Center(
        child: Text(locationInfo),
```

```
      ),
      floatingActionButton: FloatingActionButton(
        onPressed: getLocate,
        tooltip: "获取当前位置",
        child: Icon(Icons.add_location),
      ),
    );
}
```

如果使用的是虚拟设备,就修改经纬度数值并尝试多次下发到设备。

当然,经纬度的数值会根据设备所在位置或虚拟设备下发的数据值不同而变化。

8.2 相机

类似地,在 Flutter 中使用拍摄照片功能也需要使用库实现。本节介绍如何调用系统自己的相机拍照,并返回照片。在后面的音视频录放小节中,介绍如何实现拍照功能。这里我们用到的库为 image_picker,版本为 0.6.0+4。

实际上,这个库通常是在选取照片时使用,因为它不仅可以完成调用系统相机进行拍照的过程,还可以完成调用系统相册选取照片的功能。我们还是先要在 pubspec.yaml 中声明这个库的使用,如下:

```
dependencies:
  flutter:
    sdk: flutter
  # The following adds the Cupertino Icons font to your application.
  # Use with the CupertinoIcons class for iOS style icons.
  cupertino_icons: ^0.1.2
  image_picker: ^0.6.0+4
```

然后执行 package get 命令获取该库。由于是调用系统相机,因此我们无须添加任何额外的权限。接下来,在 main.dart 中导入这个库:

```
import 'package:image_picker/image_picker.dart';
```

image_picker 的使用步骤就是调用拍照,然后等待返回。完整的代码如下:

```
import 'package:flutter/material.dart';
import 'package:image_picker/image_picker.dart';
import 'dart:io';
void main() => runApp(MyApp());
class MyApp extends StatelessWidget {
  @override
  Widget build(BuildContext context) {
```

```
    return MaterialApp(
      title: "Image Picker",
      theme: ThemeData(
        primarySwatch: Colors.blue,
      ),
      home: MyHomePage(),
    );
  }
}
class MyHomePage extends StatefulWidget {
  @override
  _MyHomePageState createState() => new _MyHomePageState();
}
class _MyHomePageState extends State<MyHomePage> {
  File _image;
  Future getImage() async {
    var image = await ImagePicker.pickImage(source: ImageSource.camera);
    setState(() {
      _image = image;
    });
  }
  @override
  Widget build(BuildContext context) {
    return new Scaffold(
      appBar: new AppBar(
        title: new Text("Image Picker"),
      ),
      body: new Center(
        child: _image == null
            ? new Text('没有可显示的照片')
            : new Image.file(_image),
      ),
      floatingActionButton: new FloatingActionButton(
        onPressed: getImage,
        tooltip: "按此拍照",
        child: new Icon(Icons.photo_camera),
      ),
    );
  }
}
```

在上述代码中，source: ImageSource.camera 便是指定图片来源的值，它还可以赋值为

ImageSource.gallery。运行上述代码，并尝试拍照，如图 8.2 所示。

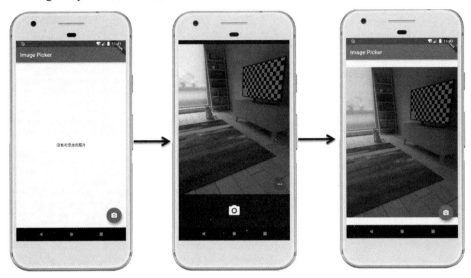

图 8.2　调用系统相机拍照

8.3　蓝牙

蓝牙模块的使用较为复杂，包括搜索设备、连接、发送数据和接收数据。要实现蓝牙相关的功能，就需要使用 flutter_blue 库，目前最新的版本是 0.5.0。首先，在 pubspec.yaml 中声明并运行 package get 命令获取它。代码如下：

```
dependencies:
  flutter:
    sdk: flutter
  # The following adds the Cupertino Icons font to your application.
  # Use with the CupertinoIcons class for iOS style icons.
  cupertino_icons: ^0.1.2
  flutter_blue: ^0.5.0
```

其次，由于这个库要求最低运行在 API Level 19（Android 4.4 Kitkat）的版本上，因此还需要修改 android.gradle 文件，即更改 minSdkVersion 的值为 19，其他值保持不变。如下：

```
defaultConfig {
    // TODO: Specify your own unique Application ID
(https://developer.android.com/studio/build/application-id.html).
    applicationId "com.example.demo_bluetooth"
```

```
        minSdkVersion 19
        targetSdkVersion 28
        versionCode flutterVersionCode.toInteger()
        versionName flutterVersionName
        testInstrumentationRunner
"android.support.test.runner.AndroidJUnitRunner"
    }
```

接下来，在 main.dart 中导入库：

```
import 'package:flutter_blue/flutter_blue.dart';
```

我们以搜索设备为例，了解一下这个库的用法。通过查看 flutter_blue 库的文档，了解到搜索设备的方法是 FlutterBlue.scan()。它将返回 ScanResult 对象，其中包含了设备的名称、ID、类型等信息。为了能更加清晰地显示附近的可用设备，将会以列表的形式将搜索到的设备显示到界面上。首先，构造一个名为 BtDevice 的类，用来保存搜索到的设备信息：

```
import 'package:flutter_blue/flutter_blue.dart';
class BtDevice {
  String singleDeviceName;
  DeviceIdentifier id;
  BluetoothDeviceType type;
  BtDevice(this.singleDeviceName, this.id, this.type);
  @override
  bool operator ==(other) {
    return id.toString() == other.id.toString();
  }
  @override
  int get hashCode => id.hashCode;
}
```

然后，回到 main.dart 分别实现开始搜索和停止搜索两个方法：

```
void startScan() {
    deviceName = new List();
    scanSubscription = FlutterBlue.instance.scan().listen((scanResult) {
      BtDevice btDevice = new BtDevice(
          scanResult.device.name, scanResult.device.id,
scanResult.device.type);
      if (!deviceName.contains(btDevice)) {
        deviceName.add(btDevice);
        setState(() {});
      }
    });
  }
  void stopScan() {
```

```
      if (scanSubscription != null) {
        scanSubscription.cancel();
      }
    }
```

最后，在布局中增加按钮和列表组件。完整的代码如下：

```
import 'package:flutter/material.dart';
import 'package:flutter_blue/flutter_blue.dart';
import 'bt_device.dart';
void main() => runApp(MyApp());
class MyApp extends StatelessWidget {
  @override
  Widget build(BuildContext context) {
    return MaterialApp(
      title: "Bluetooth Demo",
      theme: ThemeData(
        primarySwatch: Colors.blue,
      ),
      home: MyHomePage(title: "Bluetooth Demo"),
    );
  }
}
class MyHomePage extends StatefulWidget {
  MyHomePage({Key key, this.title}) : super(key: key);
  final String title;
  @override
  _MyHomePageState createState() => _MyHomePageState();
}
class _MyHomePageState extends State<MyHomePage> {
  String status = "";
  var scanSubscription;
  List<BtDevice> deviceName;
  void startScan() {
    deviceName = new List();
    scanSubscription = FlutterBlue.instance.scan().listen((scanResult) {
      BtDevice btDevice = new BtDevice(
          scanResult.device.name, scanResult.device.id, scanResult.device.type);
      if (!deviceName.contains(btDevice)) {
        deviceName.add(btDevice);
        setState(() {});
      }
```

```
    });
}
void stopScan() {
    if (scanSubscription != null) {
        scanSubscription.cancel();
    }
}
@override
Widget build(BuildContext context) {
    return Scaffold(
        appBar: AppBar(
            title: Text(widget.title),
        ),
        body: Column(
            children: <Widget>[
                Row(
                    mainAxisAlignment: MainAxisAlignment.center,
                    children: <Widget>[
                        RaisedButton(
                            child: Text("搜索蓝牙设备"),
                            onPressed: startScan,
                        ),
                        Container(width: 10.0),
                        RaisedButton(
                            child: Text("停止搜索蓝牙设备"),
                            onPressed: stopScan,
                        ),
                    ],
                ),
                deviceName == null
                    ? Text("点击开始搜索蓝牙设备")
                    : Flexible(
                        child: ListView.separated(
                            separatorBuilder: (BuildContext context, int index) {
                                return new Divider(color: Colors.grey);
                            },
                            itemCount: deviceName.length,
                            itemBuilder: (BuildContext context, int index) {
                                return InkWell(
                                    onTap: () {},
                                    child: Container(
```

```
                                   height: 35.0,
                                   child: Text(
                                       "${deviceName[index].singleDeviceName}
(${deviceName[index].id.toString()}),
${deviceName[index].type.toString()}")));
                           }),
                     )
                  ],
               ),
            );
         }
      }
```

由于 Android 虚拟设备不支持模拟蓝牙模块，因此只能使用真机进行调试。图 8.3 所示是一部手机运行的情况。

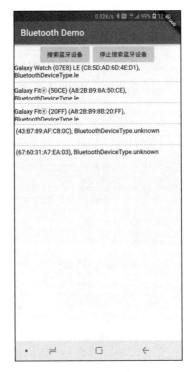

图 8.3　蓝牙搜索结果

连接和传输数据的操作和搜索类似，均是通过 flutter_blue 库实现。你可以自行查阅该库的文档，尝试实现蓝牙的其他相关功能。

8.4 音视频

在实际开发中,我们可能需要实现多媒体的一些功能,如录音、录像。这类功能在聊天软件中很常见,但单纯的 Flutter 框架本身尚未提供直接可用的类,依然需要库来支持。下面分别看一下音频和视频的录制和播放都是如何实现的。

8.4.1 音频录放

在 Flutter 项目中,需要两个库来实现添加音频的录制和播放功能,一个是提供音频录放的 flutter_sound 库,另一个是跨平台的路径兼容的 path_provider 库,这里主要讨论 flutter_sound 的用法。目前,flutter_sound 库最新的版本为 1.4.1,它同样需要在 pubspec.yaml 中声明并执行 package get 命令获取。如下:

```
dependencies:
  flutter:
    sdk: flutter
  # The following adds the Cupertino Icons font to your application.
  # Use with the CupertinoIcons class for iOS style icons.
  cupertino_icons: ^0.1.2
  flutter_sound: ^1.4.1
  path_provider: ^1.1.0
```

然后,我们需要声明录音和写文件的权限,对于 Android 平台而言,修改 android.xml 文件即可。相关权限如下:

```
<uses-permission android:name="android.permission.RECORD_AUDIO" />
<uses-permission android:name="android.permission.WRITE_EXTERNAL_STORAGE" />
```

在有了库和权限之后,就可以实现音频录放的功能。完整的代码如下:

```
import 'package:flutter/material.dart';
import 'dart:io';
import 'package:flutter_sound/flutter_sound.dart';
import 'package:path_provider/path_provider.dart';
void main() => runApp(MyApp());
class MyApp extends StatelessWidget {
  @override
  Widget build(BuildContext context) {
    return MaterialApp(
```

```dart
      title: "Audio Record & Play",
      theme: ThemeData(
        primarySwatch: Colors.blue,
      ),
      home: MyHomePage(title: "Audio Record & Play"),
    );
  }
}
class MyHomePage extends StatefulWidget {
  MyHomePage({Key key, this.title}) : super(key: key);
  final String title;
  @override
  _MyHomePageState createState() => _MyHomePageState();
}
class _MyHomePageState extends State<MyHomePage> {
  FlutterSound flutterSound = new FlutterSound();
  startRec() {
    debugPrint("Start record");
    if (!flutterSound.isRecording) {
      stopPlay();
      flutterSound.startRecorder(null);
    } else {
      stopRec();
    }
  }
  stopRec() {
    debugPrint("Stop record");
    if (flutterSound.isRecording) {
      flutterSound.stopRecorder();
    }
  }
  startPlay() {
    debugPrint("Start play");
    if (!flutterSound.isPlaying) {
      stopRec();
      flutterSound.startPlayer(null);
    } else {
      stopPlay();
    }
  }
  stopPlay() {
    debugPrint("Stop play");
    if (flutterSound.isPlaying) {
```

```
            flutterSound.stopPlayer();
        }
    }
    @override
    Widget build(BuildContext context) {
      return Scaffold(
        appBar: AppBar(
          title: Text(widget.title),
        ),
        body: Center(
          child: Row(
            mainAxisAlignment: MainAxisAlignment.center,
            children: <Widget>[
              IconButton(
                  icon: Icon(Icons.fiber_manual_record, color: Colors.redAccent),
                  onPressed: startRec),
              IconButton(
                  icon: Icon(Icons.play_arrow, color: Colors.redAccent),
                  onPressed: startPlay),
            ],
          ),
        ),
      );
    }
}
```

图 8.4 音频录放

在代码中，整个音频录放的过程通过两个按钮来控制，分别对应录音和放音。在实例化 flutterSound 对象后，通过该对象的 startRecorder() 方法和 startPlayer() 方法来开始录音和放音，stopRecorder()方法和 stopPlayer()方法来停止录音和放音。在开始录音或放音时，可以通过参数指定录音文件的保存路径和要播放的音频文件的路径。在示例中，参数值为 null，即使用默认的位置 sdcard/sound.mp4。

运行上述代码后，可得到如图 8.4 所示的显示结果，点击左边的按钮开始录音，点击右边的按钮可停止录音并播放上一次录音。

在播放音频时，除了开始和停止功能，flutter_sound 还提供了暂停（flutterSound.pausePlayer()）、继续（flutterSound.resumePlayer()）、跳到指定的时间点（flutterSound.seekToPlayer(miliSecs)）等功能。

8.4.2 视频录放

和音频录放不同，视频录放需要两个库：一个是 camera，版本是 0.5.2+1；另一个是 video_player，版本是 0.10.1，分别对应视频录制和播放，如下：

```
dependencies:
  flutter:
    sdk: flutter
  # The following adds the Cupertino Icons font to your application.
  # Use with the CupertinoIcons class for iOS style icons.
  cupertino_icons: ^0.1.2
  camera: ^0.5.2+1
  path_provider: ^1.1.0
  video_player: ^0.10.1
```

单纯的视频播放只需要使用后者就可以了。不过要注意的是，由于 video_player 支持播放本地和网络的视频，因此，如果 App 中需要播放在线视频还需要声明互联网的访问权限。方法是修改 android.xml 文件，添加 Internet 权限，如下：

```
<uses-permission android:name="android.permission.INTERNET"/>
```

另外，camera 库要求至少运行在 Android 5.0 的设备上，因此，还需要修改 android.gradle 文件，即更改 minSdkVersion 的值为 21，其他值保持不变，如下：

```
defaultConfig {
    // TODO: Specify your own unique Application ID (https://developer.android.com/studio/build/application-id.html).
    applicationId "com.example.demo_video"
    minSdkVersion 21
    targetSdkVersion 28
    versionCode flutterVersionCode.toInteger()
    versionName flutterVersionName
    testInstrumentationRunner "android.support.test.runner.AndroidJUnitRunner"
}
```

来看下面图 8.5 所示的运行图。

图 8.5 所示是 camera 库的官方案例，本书做了中文化处理。完整的代码可参考官方代码示例，或直接参考本书中文化后的代码。

经过分析完整代码，我们发现：首先，App 运行后调用了 availableCameras()方法获取可用的摄像头，通常会获取到两个摄像头信息，一个是前置摄像头，一个是后置主摄像头。由于界面上要提供摄像头的选择，因此要先获取到摄像头信息后再显示界面。由于获取摄像头信息的时间极为短暂，因此在启动时，虽然在代码运行逻辑上有等待的时间，但实际上基本感觉不到时间的占用。

我们发现，整个 UI 布局是 CameraExampleHome 类绘制的，它是一个有状态的组件，_CameraExampleHomeState 对其进行了详细的描述，同时也是整个 App 的重点。仔细阅读 _CameraExampleHomeState 类，其成员变量 CameraController 为我们对摄像头的初始化、状态的获取等操作提供了渠道。同时，在预览时，它还将作为参数被传递。VideoPlayerController 对象提供对视频播放的控制，并在播放时作为参数传递。

onNewCameraSelected()方法在用户切换摄像头时被调用，onTakePictureButtonPressed()方法在用户点击拍照时被调用，onVideoRecordButtonPressed()方法在用户点击录像时被调用，onStopButtonPressed()方法在用户点击停止录像时被调用。

相应地，startVideoRecording()方法为开始录像，takePicture()方法为进行拍照，stopVideoRecording()方法为停止录像。另外，CameraPreview 组件提供了预览功能。在使用时，它需要一个 CameraController 类型的参数，并在_cameraPreviewWidget()方法中使用了这个组件。开始录像的关键代码很容易理解，如下：

图 8.5　视频录放

```
controller.startVideoRecording(filePath);
```

类似地，进行拍照的代码如下：

```
controller.takePicture(filePath);
```

8.5　距离传感器

距离传感器经常在语音通话时被使用，主要目的是检测面部和手机的距离。当近到一定距离时，就可以认为脸部已经贴近屏幕，这时就关闭屏幕显示。要在 Flutter 应用中集成距离传感器的使用，需要用到 proximity_plugin 库，版本为 1.0.2。在 pubspec.yaml 中声明并运行 package get 命令获取该库。

```
dependencies:
  flutter:
    sdk: flutter
  # The following adds the Cupertino Icons font to your application.
  # Use with the CupertinoIcons class for iOS style icons.
```

```
  cupertino_icons: ^0.1.2
  proximity_plugin: ^1.0.2
```
在使用时，需要导入库：
```
import 'package:proximity_plugin/proximity_plugin.dart';
```
proximity_plugin 库的使用非常简单，完成库导入后，只需要利用下面的代码就可以检测是否有物体贴近屏幕了。
```
proximityEvents.listen((ProximityEvent event) {
});
```
在上面的代码中，event.x 直接表明当前是否有物体遮挡，有 yes 和 no 两个值。在使用虚拟设备测试时，打开扩展控制窗口并选择 Virtual sensors，如图 8.6 所示。

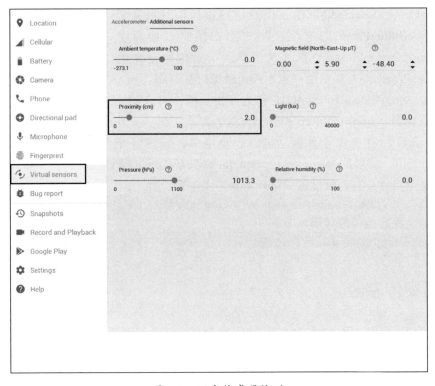

图 8.6　距离传感器检测

拖拽滑块或直接将数值改为 0.0，这时监听器中 event.x 的值为 yes，意思是已经有物体遮挡了；反之，值为 no。完整的代码如下：
```
import 'package:flutter/material.dart';
import 'package:proximity_plugin/proximity_plugin.dart';
import 'dart:async';
```

```
void main() => runApp(new MyApp());
class MyApp extends StatefulWidget {
  @override
  _MyAppState createState() => new _MyAppState();
}
class _MyAppState extends State<MyApp> {
  String _proximity ;
  List<StreamSubscription<dynamic>> _streamSubscriptions =
  <StreamSubscription<dynamic>>[];
  @override
  initState() {
    super.initState();
    initPlatformState();
  }
  initPlatformState() async {
    _streamSubscriptions
        .add(proximityEvents.listen((ProximityEvent event) {
      setState(() {
        _proximity= event.x;
      });
    }));
  }
  @override
  Widget build(BuildContext context) {
    return new MaterialApp(
      home: new Scaffold(
        appBar: new AppBar(
          title: new Text("Proximity"),
        ),
        body: new Center(
          child: new Text("接近侦测值: $_proximity"),
        ),
      ),
    );
  }
}
```

8.6　NFC 近场通信

NFC 全名为 Near Field Communication，意为近场通信。在 Flutter 中，flutter_nfc_reader

库可以实现 NFC 标签的读取，目前版本是 0.0.23。要注意的是，不一定所有的近场感应设备都可以获取到足够的信息，如支持触碰付款的银行卡等。图 8.7 所示是只读取到 ID 信息的结果示意图。

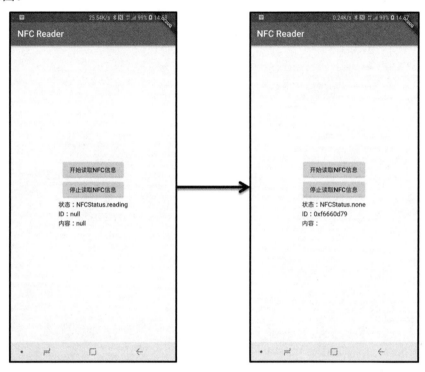

图 8.7　NFC 标签读取

要实现 NFC 标签的读取，首先，我们依然先要在 pubspec.yaml 中声明要使用的库：

```
dependencies:
  flutter:
    sdk: flutter
  # The following adds the Cupertino Icons font to your application.
  # Use with the CupertinoIcons class for iOS style icons.
  cupertino_icons: ^0.1.2
  flutter_nfc_reader: ^0.0.23
```

然后运行 package get 命令获取库。由于 NFC 的使用需要权限，因此，我们继续修改 android.xml 并添加下列权限：

```
<uses-permission android:name="android.permission.NFC" />
<uses-feature
    android:name="android.hardware.nfc"
```

```
        android:required="true" />
```

此外，flutter_nfc_reader 要求运行的 Android 系统版本最低是 4.4（API 19，Kitkat），因此，还要修改 android.gradle 文件，即更改 minSdkVersion 的值，如下：

```
defaultConfig {
    // TODO: Specify your own unique Application ID (https://developer.android.com/studio/build/application-id.html).
    applicationId "com.example.demo_nfc_reader"
    minSdkVersion 19
    targetSdkVersion 28
    versionCode flutterVersionCode.toInteger()
    versionName flutterVersionName
    testInstrumentationRunner "android.support.test.runner.AndroidJUnitRunner"
}
```

在完成了上面的准备工作后，就可以使用它来读取 NFC 标签了，完整的代码如下所示：

```
import 'package:flutter/material.dart';
import 'package:flutter_nfc_reader/flutter_nfc_reader.dart';
void main() => runApp(MyApp());
class MyApp extends StatelessWidget {
  @override
  Widget build(BuildContext context) {
    return MaterialApp(
      title: "NFC Reader",
      theme: ThemeData(
        primarySwatch: Colors.blue,
      ),
      home: MyHomePage(title: "NFC Reader"),
    );
  }
}
class MyHomePage extends StatefulWidget {
  MyHomePage({Key key, this.title}) : super(key: key);
  final String title;
  @override
  _MyHomePageState createState() => _MyHomePageState();
}
class _MyHomePageState extends State<MyHomePage> {
  NfcData _nfcData;
  // 开始读取 NFC 信息
  Future<void> startNFC() async {
```

```
      NfcData response;
      setState(() {
        _nfcData = NfcData();
        _nfcData.status = NFCStatus.reading;
      });
      try {
        response = await FlutterNfcReader.read;
      } catch (e) {
        debugPrint("error when read NFC ${e.toString()}");
      }
      setState(() {
        _nfcData = response;
      });
    }
    // 停止读取 NFC 信息
    Future<void> stopNFC() async {
      NfcData response;
      try {
        response = await FlutterNfcReader.stop;
      } catch (e) {
        debugPrint("error when read NFC ${e.toString()}");
        response.status = NFCStatus.error;
      }
      setState(() {
        _nfcData = response;
      });
    }
    @override
    Widget build(BuildContext context) {
      return Scaffold(
        appBar: AppBar(
          title: Text(widget.title),
        ),
        body: Center(
          child: Column(
            mainAxisAlignment: MainAxisAlignment.center,
            children: <Widget>[
              RaisedButton(child: Text("开始读取 NFC 信息"), onPressed: startNFC),
              RaisedButton(child: Text("停止读取 NFC 信息"), onPressed: stopNFC),
              _nfcData == null ? Text("请点击开始读取 NFC 信息按钮") : Text("状态:
```

```
                    ${_nfcData.status.toString()}\nID：${_nfcData.id}\n内容：${_nfcData.content}")
                    ],
                ),
            ),
        );
    }
}
```

在上述代码中，startNFC()方法和 stopNFC()方法分别表示开始和停止读取 NFC 标签，具体是通过 FlutterNfcReader.read()方法开启和 FlutterNfcReader.stop()方法停止的。response 是 NfcData 类型的对象，其中包含读取到的信息，包括状态、ID 和文本内容。

8.7 练习

1. 在 iOS 设备上实现 GPS 位置信息获取。
2. 在 iOS 设备上实现照片拍摄。
3. 在 iOS 设备上实现视频录制和播放。
4. 在 iOS 设备上实现音频录制和播放。
5. 在 iOS 设备上读取距离传感器数据。

第 9 章
使 App 更加通用——国际化的实现

所谓国际化，实际上就是指多语言环境。当 App 需要在多个国家上线时，这一特性便显得格外重要。它提供了一种方式，使开发者不必因为语言的不同而需要维护多个版本的 App。

Flutter 对于国际化的支持是很完善的，在默认情况下，Flutter 支持美式英语的语言。当我们需要其他语言的支持时，需要使用 flutterlocalizations 库。截至本书编写结束时，该库已经支持 52 种语言。和其他的库声明不同，此库需要在 pubspec.yaml 中做如下声明：

```yaml
dev_dependencies:
  flutter_test:
    sdk: flutter
  flutter_localizations:
    sdk: flutter
```

在运行 package get 命令后，App 就拥有了国际化的能力。接下来，我们分两大部分完整地实现国际化开发。

9.1 识别当前系统的首选语言

先来看一看怎样识别当前系统的首选语言，代码如下：

```
class MyApp extends StatelessWidget {
  @override
```

```
  Widget build(BuildContext context) {
    return MaterialApp(
      localizationsDelegates: [
        GlobalMaterialLocalizations.delegate,
        GlobalWidgetsLocalizations.delegate,
      ],
      supportedLocales: [const Locale('en', 'US'), const Locale('zh', 'CN')],
      localeListResolutionCallback: (currentLocale, supportedLocales){
        debugPrint("CurrentLocale: $currentLocale, SupportedLocales: $supportedLocales");
      },
      title: 'Flutter Demo',
      theme: ThemeData(
        primarySwatch: Colors.blue,
      ),
      home: MyHomePage(),
    );
  }
}
```

我们发现，在返回的 MaterialApp 中增加了 localizationsDelegates，supportedLocales 和 localeListResolutionCallback 三个属性。

localizationsDelegates：该属性名为本地化代理类，示例中的 GlobalMaterialLocalizations 提供了 Material 组件库不同语言的字符串等值；类似地，在 GlobalWidgetsLocalizations 中定义了默认的文本方向，它根据不同的地区而有所区别。同样地，我们也可以给 App 添加不同语言的字符串来实现 App 界面的多语言。

supportedLocales：该属性表示 App 支持哪些语言。不过要注意的是，在此定义的值只是定义了 App 支持的语言种类，而并非实际显示的语言。比如，示例中定义了支持英语和中文，但如果要显示的字符串是日文或者韩文也是可以正常显示的。

localeListResolutionCallback：该属性可以提供当前系统语言的环境和当前运行 App 的语言支持情况。在示例中，currentLocale 表示当前系统的语言设置。由于较新版本的 Android 提供的是语言显示列表，并非单一的语言，因此 currentLocale 是一个列表。而对于较早版本的 Android 是单一的值，supportedLocales 则是反应了当前 App 支持的语言，它随着 supportedLocales 值的改变而改变。

例如，在上述示例中，指明 supportedLocales 为英语和中文，同时，设备的系统设置如图 9.1 所示。

图 9.1　系统语言设置界面

当该代码片段被执行时，控制台将输出：

```
I/flutter (27672): CurrentLocale: [en_US, zh_Hans_CN], SupportedLocales: [en_US, zh_CN]
```

此外，我们还可以在其他 UI 组件顶部添加如下代码，实现对当前语言的检测：

```
// 获取当前区域和语言
Locale currentLocale = Localizations.localeOf(context);
debugPrint("Country code: ${currentLocale.countryCode}  Language Code: ${currentLocale.languageCode}");
```

运行上面的代码，当设备语言为简体中文时，控制台将输出：

```
I/flutter (27672): Country code: CN  Language Code: zh
```

当设备语言为美式英语时，控制台将输出：

```
I/flutter (27672): Country code: US  Language Code: en
```

9.2 使 App 支持多语言环境

下面我们对新建的计数器应用进行修改，使其满足国际化的要求：当系统语言为英文时，显示英文的界面；当系统语言为中文时，显示中文的界面。整个过程分为三步，只要掌握了这个流程，对其他语言的国际化需求也可以去实现了。

首先，实现 Localizations 类，这个类包含了不同语言和字符串的具体值。参考下面的代码：

```
import 'package:flutter/material.dart';
class LanguageZhCnLocalizations {
  bool isZh = false;
  LanguageZhCnLocalizations(this.isZh);
  static LanguageZhCnLocalizations of(BuildContext context){
    return Localizations.of<LanguageZhCnLocalizations>(context, LanguageZhCnLocalizations);
  }
  String get appBarContent{
    return isZh? "Flutter 演示首页":"Flutter Demo Home Page";
  }
  String get counterDescribe{
    return isZh? "你点击按钮的次数为：":"You have clicked the button this many times:";
  }
}
```

这是一个完整的 Localizations 类，由于我们的需求仅仅是中文和英文，因此，使用 isZh

的布尔变量来表示是否为中文。当需要显示的语言为中文时，这个值为 true；反之为 false，由该类的构造方法直接赋值。

  of()方法是一个静态方法，用来在使用该类时的实例化操作。appBarContent()方法和 counterDescribe()方法可以获取不同语言字符串的值，然后实现 Delegate 类。你可以简单地把这个类看作界面显示和不同语言文字之间的桥梁。通过它，可以实现在 Locale 改变时加载对应语言环境的字符串资源。对于本示例的需求，可以通过如下代码实现这个类：

```
import 'package:flutter/material.dart';
import 'package:demo_global_support/language_zh_cn.dart';
import 'package:flutter/foundation.dart';
class LanguageZhCnLocalizationsDelegate extends LocalizationsDelegate<LanguageZhCnLocalizations>{
    const LanguageZhCnLocalizationsDelegate();
  // 判断是否受支持
  @override
  bool isSupported(Locale locale) {
    return ['en','zh'].contains(locale.languageCode);
  }
  // 载入相应语言的语言包
  @override
  Future<LanguageZhCnLocalizations> load(Locale locale) {
    return SynchronousFuture<LanguageZhCnLocalizations>(
        LanguageZhCnLocalizations(locale.languageCode == "zh"));
  }
  @override
  bool shouldReload(LocalizationsDelegate<LanguageZhCnLocalizations> old) {
    return false;
  }
  static LanguageZhCnLocalizationsDelegate delegate = const LanguageZhCnLocalizationsDelegate();
}
```

  这个类的核心方法就是 load()，在语言发生改变时，该方法会被调用，从而实现不同语言环境的资源加载。shouldReload()方法表示在组件的 build()方法被调用时，是否重新加载 Locale 资源。我们通常将该返回值设置为 false，最后在 main.dart 中使用它们。完整的代码如下：

```
import 'package:flutter/material.dart';
```

```dart
import 'package:flutter_localizations/flutter_localizations.dart';
import 'delegate_language_zh_cn.dart';
import 'language_zh_cn.dart';
void main() => runApp(MyApp());
class MyApp extends StatelessWidget {
  @override
  Widget build(BuildContext context) {
    return MaterialApp(
      onGenerateTitle: (context){
        return LanguageZhCnLocalizations.of(context).appBarContent;
      },
      localizationsDelegates: [
        GlobalMaterialLocalizations.delegate,
        GlobalWidgetsLocalizations.delegate,
        LanguageZhCnLocalizationsDelegate.delegate
      ],
      // App 支持的语言
      supportedLocales: [const Locale('en', 'US'), const Locale('zh', 'CN')],
      localeListResolutionCallback: (currentLocale, supportedLocales){
        debugPrint("CurrentLocale: $currentLocale, SupportedLocales: $supportedLocales");
      },
      title: 'Flutter Demo',
      theme: ThemeData(
        primarySwatch: Colors.blue,
      ),
      home: MyHomePage(),
    );
  }
}
class MyHomePage extends StatefulWidget {
  @override
  _MyHomePageState createState() => _MyHomePageState();
}
class _MyHomePageState extends State<MyHomePage> {
  int _counter = 0;
  void _incrementCounter() {
    setState(() {
      _counter++;
```

```
        });
      }
      @override
      Widget build(BuildContext context) {
        // 获取当前区域和语言
        Locale currentLocale = Localizations.localeOf(context);
        debugPrint("Country code: ${currentLocale.countryCode}    Language Code: ${currentLocale.languageCode}");
        return Scaffold(
          appBar: AppBar(
            title: Text(LanguageZhCnLocalizations.of(context).appBarContent),
          ),
          body: Center(
            child: Column(
              mainAxisAlignment: MainAxisAlignment.center,
              children: <Widget>[
                Text(
                  LanguageZhCnLocalizations.of(context).counterDescribe,
                ),
                Text(
                  '$_counter',
                  style: Theme.of(context).textTheme.display1,
                ),
              ],
            ),
          ),
          floatingActionButton: FloatingActionButton(
            onPressed: _incrementCounter,
            tooltip: 'Increment',
            child: Icon(Icons.add),
          ),
        );
      }
    }
```

在程序运行的一开始，我们将 Delegate 类、GlobalMaterialLocalizations 类和 GlobalWidgetsLocalizations 类一起加入 localizationsDelegates 的属性值中。之后，便可以使用 Localizations 类的 appBarContent()方法和 counterDescribe()方法获取对应当前系统语言环境的字符串的值，如图 9.2 所示。

图 9.2　App 在不同语言环境下的表现

到此，一个简单的国际化实现就介绍完了。

9.3　练习

使用 intl 库实现上述示例中的多语言国际化需求。

第 10 章
与原生代码交互

尽管 Flutter SDK 仍在快速迭代、发展中，但在某些实际需求面前，有时仍显得力不从心。在这种情况下，就需要平台原生代码的支持。

Flutter 在设计时充分考虑到了这一点，因为可以通过平台通道的概念实现 Android 和 iOS 平台的原生代码交互。而且无论是 Java/Kotlin，还是 Objective-C/Swift，Flutter 都可以很好地与之配合，完成数据的双向传递和方法的调用。

说到数据的传递和调用，Flutter SDK 之所以能够做到这一点，依赖的就是其灵活的消息传递方式。对 Flutter 一侧，应用 Flutter 部分通过平台通道将消息发送到当前平台；对原生一侧，一旦接收到 Flutter 的消息就会立即调用特定于该平台的 API，并将响应发送回 Flutter 一侧。

接下来，我们将通过具体的示例将整个过程通过代码的方式进行讲解，相信你在阅读完本章后，就会豁然开朗了。

10.1 平台通道

在 Flutter SDK 的概念中，Flutter 一侧的部分称为客户端（Client），原生一侧的部分称为宿主（Host），二者之间靠平台通道（MethodChannel）进行沟通。

10.1.1 平台通道的概念

图 10.1 来自 Flutter 官网，其诠释了平台通道在整个交互过程中的角色。

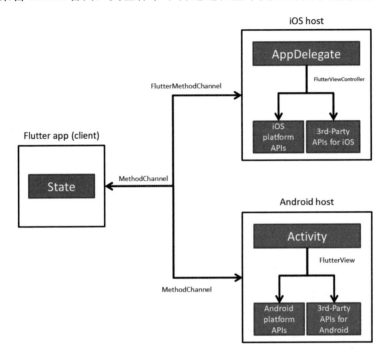

图 10.1 平台通道示意图

如图 10.1 所示，MethodChannel 提供了消息的发送和接收。对于 Android 平台而言，它叫作 MethodChannel；对于 iOS 平台而言，它叫作 FlutterMethodChannel。类似于前文中提及的网络请求，这里消息的传递也是异步进行的，这样做是为了保证用户前台 UI 界面不会因此而停止响应。

10.1.2 平台通道支持的数据类型和解码器

在传递消息时，MethodChannel 使用标准消息编解码器，因为它更加高效地支持二进制数的序列化。当开发者在发送或接收消息时，序列化和反序列化的操作会自动进行。表 10.1 所示是数据类型在不同平台/语言中的转化对应情况。

表 10.1 通用数据类型在不同平台上的对应

Dart	Android	iOS
null	null	nil (NSNull when nested)
bool	java.lang.Boolean	NSNumber numberWithBool:
int	java.lang.Integer	NSNumber numberWithInt:
int, if 32 bits not enough	java.lang.Long	NSNumber numberWithLong:
int, if 64 bits not enough	java.math.BigInteger	FlutterStandardBigInteger
double	java.lang.Double NSNumber	numberWithDouble:
String	java.lang.String	NSString
Uint8List	byte[]	FlutterStandardTypedData typedDataWithBytes:
Int32List	int[]	FlutterStandardTypedData typedDataWithInt32:
Int64List	long[]	FlutterStandardTypedData typedDataWithInt64:
Float64List	double[]	FlutterStandardTypedData typedDataWithFloat64:
List	java.util.ArrayList	NSArray
Map	java.util.HashMap	NSDictionary

10.2 与 Android 原生代码交互

我们首先来看如何与 Android 平台原生代码进行交互，这里用具体的示例来完成整个过程。示例提供获取当前电量的功能，如图 10.2 所示。

众所周知，开发 Android App 的原生语言是 Java 或 Kotlin。对于这两种不同的语言，客户端要做的事情是一样的，即发送消息和接收消息。首先新建一个 Flutter 项目，在新建的过程中，默认使用 Java 语言作为原生开发语言。如果要使用 Kotlin，就需要在新建项目的过程中选中相关复选框。如果是使用命令行新建项目，则需要添加相关参数。

我们可以使用下面的命令行指令新建 Kotlin 项目：

`flutter create -a kotlin battery_level`

也可以使用新建项目向导添加 Kotlin 支持，如图 10.3 所示。

图 10.2 电量显示示例

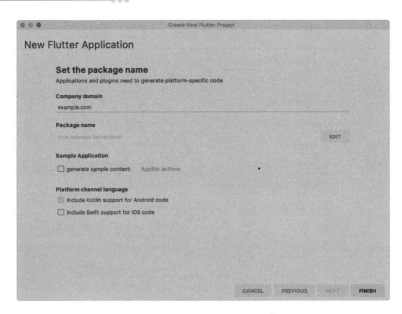

图 10.3　添加 Kotlin 语言支持

在开始编写代码前,只有引入相关的库才能正常使用平台通道,如下:

```
import 'package:flutter/services.dart';
import 'dart:async';
```

运行后整个 App 界面非常简洁,而界面交互部分的代码也非常简单,如下:

```
@override
Widget build(BuildContext context) {
  return Scaffold(
    appBar: AppBar(
      title: Text(widget.title),
    ),
    body: Center(
      child: Column(
        mainAxisAlignment: MainAxisAlignment.center,
        children: <Widget>[
          Text(batteryLevel)
        ],
      ),
    ),
    floatingActionButton: FloatingActionButton(
      onPressed: getBatteryLevel,
      tooltip: "获取电量",
      child: Icon(Icons.battery_unknown),
```

```
    ),
  );
}
```

我们重点来看下面这部分代码：

```
static const platform = const
MethodChannel("methodchannel.example.com/batterylevel");
Future<Null> getBatteryLevel() async{
    try{
      int result = await platform.invokeMethod("getBatteryLevel");
      batteryLevel = "当前电量：$result";
    }catch(e){
      debugPrint(e.toString());
      batteryLevel = "无法获取当前电量信息";
    }
    setState(() {
    });
}
```

在上面的代码中，开始就声明了 platform 常量，参数为 methodchannel.example.com/batterylevel，这个值是通道名称。要注意的是，由于在单个应用中所使用的所有通道名称必须是唯一的，因此，Flutter 框架建议我们在通道名称前加前缀。

在示例代码中，methodchannel.example.com 为前缀，之后的 getBatteryLevel()方法会在用户点击右下角获取电量时被调用。其中，getBatteryLevel()方法将通过字符串标识符调用的方法调用，它对应原生代码中的方法。为了避免出现调用失败，我们使用 try-catch 语句包裹住这部分代码。完整的代码如下：

```
import 'package:flutter/material.dart';
import 'package:flutter/services.dart';
import 'dart:async';
void main() => runApp(MyApp());
class MyApp extends StatelessWidget {
  @override
  Widget build(BuildContext context) {
    return MaterialApp(
      title: 'Flutter Demo',
      theme: ThemeData(
        primarySwatch: Colors.blue,
      ),
      home: MyHomePage(title: 'Flutter Demo Home Page'),
    );
  }
```

```dart
}
class MyHomePage extends StatefulWidget {
  MyHomePage({Key key, this.title}) : super(key: key);
  final String title;
  @override
  _MyHomePageState createState() => _MyHomePageState();
}
class _MyHomePageState extends State<MyHomePage> {
  String batteryLevel = "点击右下角按钮获取当前电量";
  static const platform = const MethodChannel("methodchannel.example.com/batterylevel");
  Future<Null> getBatteryLevel() async{
    try{
      int result = await platform.invokeMethod("getBatteryLevel");
      batteryLevel = "当前电量：$result";
    }catch(e){
      debugPrint(e.toString());
      batteryLevel = "无法获取当前电量信息";
    }
    setState(() {
    });
  }
  @override
  Widget build(BuildContext context) {
    return Scaffold(
      appBar: AppBar(
        title: Text(widget.title),
      ),
      body: Center(
        child: Column(
          mainAxisAlignment: MainAxisAlignment.center,
          children: <Widget>[
            Text(batteryLevel)
          ],
        ),
      ),
      floatingActionButton: FloatingActionButton(
        onPressed: getBatteryLevel,
        tooltip: "获取电量",
        child: Icon(Icons.battery_unknown),
      ),
```

      );
    }
}
```

到此，Flutter 客户端一侧的代码就完成了，接下来就是对应不同的平台编写相应的代码。

## 10.2.1 使用 Java 语言实现

针对不同的平台编写代码并不难，对于 Android 平台而言，只需要修改 MainActivity.java 类即可，它位于 android 文件夹中。针对本例，它位于 android_method_channel 中。

首先修改类继承关系，即将原有的父类改为 FlutterActivity，如下：

```
public class MainActivity extends FlutterActivity
```

然后定义平台通道名称，这里务必注意，名称需要和 dart 类中定义的名称一致。如下：

```
private static final String CHANNEL = "methodchannel.example.com/batterylevel";
```

接着，使用原生代码实现电量的获取：

```
private int getBatteryLevel() {
    int batteryLevel;
    if (VERSION.SDK_INT >= VERSION_CODES.LOLLIPOP) {
      BatteryManager batteryManager = (BatteryManager) getSystemService(BATTERY_SERVICE);
      batteryLevel = batteryManager.getIntProperty(BatteryManager.BATTERY_PROPERTY_CAPACITY);
    } else {
      Intent intent = new ContextWrapper(getApplicationContext())
          .registerReceiver(null, new IntentFilter(Intent.ACTION_BATTERY_CHANGED));
      batteryLevel = (intent.getIntExtra(BatteryManager.EXTRA_LEVEL, -1)) * 100 / intent
          .getIntExtra(BatteryManager.EXTRA_SCALE, -1);
    }
    return batteryLevel;
}
```

最后，复写 onCreate()方法并在其中添加下列代码：

```
GeneratedPluginRegistrant.registerWith(this);
new MethodChannel(getFlutterView(), CHANNEL).setMethodCallHandler(new MethodCallHandler() {
    @Override
    public void onMethodCall(MethodCall methodCall, Result result) {
```
```

```
            if (methodCall.method.equals("getBatteryLevel")) {
                int batteryLevel = getBatteryLevel();
                if (batteryLevel == -1) {
                result.error("获取失败", "电量信息不可用", null);
                } else {
                result.success(batteryLevel);
                }
            }else{
                result.notImplemented();
            }
        }
```

在上述代码中，创建了一个匿名的 MethodChannel 类对象，并在其中的 onMethodCall() 方法回调内部实现了数据值的返回。整个 MainActivity.java 类代码如下：

```
    package com.example.demo_method_channel;
    import android.content.ContextWrapper;
    import android.content.Intent;
    import android.content.IntentFilter;
    import android.os.BatteryManager;
    import android.os.Build.VERSION;
    import android.os.Build.VERSION_CODES;
    import android.os.Bundle;
    import io.flutter.app.FlutterActivity;
    import io.flutter.plugin.common.MethodCall;
    import io.flutter.plugin.common.MethodChannel;
    import io.flutter.plugin.common.MethodChannel.MethodCallHandler;
    import io.flutter.plugin.common.MethodChannel.Result;
    import io.flutter.plugins.GeneratedPluginRegistrant;
    public class MainActivity extends FlutterActivity {
      private static final String CHANNEL = "methodchannel.example.com/batterylevel";
        @Override
        protected void onCreate(Bundle savedInstanceState) {
          super.onCreate(savedInstanceState);
          GeneratedPluginRegistrant.registerWith(this);
          new MethodChannel(getFlutterView(), CHANNEL).setMethodCallHandler(new MethodCallHandler() {
            @Override
            public void onMethodCall(MethodCall methodCall, Result result) {
              if (methodCall.method.equals("getBatteryLevel")) {
                int batteryLevel = getBatteryLevel();
                if (batteryLevel == -1) {
```

```
          result.error("获取失败", "电量信息不可用", null);
        } else {
          result.success(batteryLevel);
        }
      }else{
        result.notImplemented();
      }
    }
  });
}
private int getBatteryLevel() {
  int batteryLevel;
  if (VERSION.SDK_INT >= VERSION_CODES.LOLLIPOP) {
    BatteryManager batteryManager = (BatteryManager) getSystemService(BATTERY_SERVICE);
    batteryLevel = batteryManager.getIntProperty(BatteryManager.BATTERY_PROPERTY_CAPACITY);
  } else {
    Intent intent = new ContextWrapper(getApplicationContext())
        .registerReceiver(null, new IntentFilter(Intent.ACTION_BATTERY_CHANGED));
    batteryLevel = (intent.getIntExtra(BatteryManager.EXTRA_LEVEL, -1)) * 100 / intent
        .getIntExtra(BatteryManager.EXTRA_SCALE, -1);
  }
  return batteryLevel;
}
}
```

10.2.2 使用 Kotlin 语言实现

Kotlin 语言实现和 Java 语言实现非常相似，只需要把相应的代码由 Java 语法改为 Kotlin 语法即可。下面是 MainActivity.kt 类完整的代码：

```
package com.example.battery_level
import android.os.Bundle
import android.content.Context
import android.content.ContextWrapper
import android.content.Intent
import android.content.IntentFilter
import android.os.BatteryManager
```

```kotlin
import android.os.Build.VERSION
import android.os.Build.VERSION_CODES
import io.flutter.app.FlutterActivity
import io.flutter.plugin.common.MethodChannel
import io.flutter.plugins.GeneratedPluginRegistrant
class MainActivity: FlutterActivity() {
  private val CHANNEL = "methodchannel.example.com/batterylevel"
  override fun onCreate(savedInstanceState: Bundle?) {
    super.onCreate(savedInstanceState)
    GeneratedPluginRegistrant.registerWith(this)
    MethodChannel(flutterView, CHANNEL).setMethodCallHandler { call, result ->
      if (call.method == "getBatteryLevel") {
        val batteryLevel = getBatteryLevel()
        if (batteryLevel != -1) {
          result.success(batteryLevel)
        } else {
          result.error("不可用", "无法获取电量信息", null)
        }
      } else {
        result.notImplemented()
      }
    }
  }
  private fun getBatteryLevel(): Int {
    val batteryLevel: Int
    if (VERSION.SDK_INT >= VERSION_CODES.LOLLIPOP) {
      val batteryManager = getSystemService(Context.BATTERY_SERVICE) as BatteryManager
      batteryLevel = batteryManager.getIntProperty(BatteryManager.BATTERY_PROPERTY_CAPACITY)
    } else {
      val intent = ContextWrapper(applicationContext).registerReceiver(null, IntentFilter(Intent.ACTION_BATTERY_CHANGED))
      batteryLevel = intent!!.getIntExtra(BatteryManager.EXTRA_LEVEL, -1) * 100 / intent.getIntExtra(BatteryManager.EXTRA_SCALE, -1)
    }
    return batteryLevel
  }
}
```

可见，使用 Java 语言和使用 Kotlin 语言的区别只在于原生代码一侧，Flutter 的 dart 类无须做任何修改。而原生代码一侧，其二者的区别大多也只在语言本身。

10.3 与 iOS 原生代码交互

Flutter 客户端一侧仍然保持和 Android 平台相同的代码，而区别在于各平台原生的部分。在这一节中，我们依旧按照原生语言的不同，分别讨论 Objective-C 和 Swift 两种语言的实现方式。类似地，在默认情况下，创建的项目是支持 Objective-C 的，若要创建支持 Swift 语言的项目，就需要使用如下命令行：

```
flutter create -i swift
```

或者在新建项目时添加 Swift 支持，如图 10.4 所示。

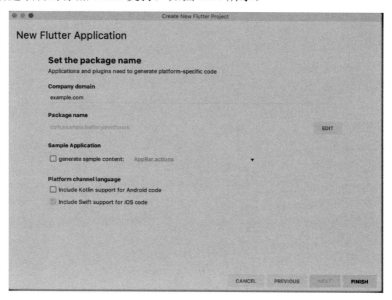

图 10.4　添加 Swift 语言支持

10.3.1 使用 Objective-C 语言实现

对于 iOS 平台而言，主要是修改 AppDelegate.m 类，这个类位于 ios 目录下。我们可以使用 XCode 打开项目，当然，如果你对于 iOS 开发比较熟悉，或者要实现的需求较为简单，直接使用 Android Studio 或者 Visual Studio Code 也是可以的。

下面是修改后的 AppDelegate.m 类的完整代码：

```objc
#include "AppDelegate.h"
#include "GeneratedPluginRegistrant.h"
#import <Flutter/Flutter.h>
@implementation AppDelegate
- (BOOL)application:(UIApplication *)application
    didFinishLaunchingWithOptions:(NSDictionary *)launchOptions {
  [GeneratedPluginRegistrant registerWithRegistry:self];
  // Override point for customization after application launch.
  FlutterViewController* controller = (FlutterViewController*)self.window.rootViewController;
  FlutterMethodChannel* batteryChannel = [FlutterMethodChannel methodChannelWithName:@"methodchannel.example.com/batterylevel"
                                          binaryMessenger:controller];
    [batteryChannel setMethodCallHandler:^(FlutterMethodCall* call, FlutterResult result) {
        if ([@"getBatteryLevel" isEqualToString:call.method]) {
        int batteryLevel = [self getBatteryLevel];
        if (batteryLevel == -1) {
            result([FlutterError errorWithCode:@"不可用"
                            message:@"电量信息获取失败"
                            details:nil]);
        } else {
            result(@(batteryLevel));
        }
      } else {
        result(FlutterMethodNotImplemented);
      }
    }];
    return [super application:application didFinishLaunchingWithOptions:launchOptions];
}
- (int)getBatteryLevel {
  UIDevice* device = UIDevice.currentDevice;
  device.batteryMonitoringEnabled = YES;
  if (device.batteryState == UIDeviceBatteryStateUnknown) {
    return -1;
  } else {
    return (int)(device.batteryLevel * 100);
  }
}
```

@end

类似地，我们在 didFinishLaunchingWithOptions() 方法中，创建了一个 FlutterMethodChannel，其中的 methodChannelWithName 需要特别注意，要保证和 Flutter 客户端一侧所写的通道名称保持一致。

接着，使用 Objective-C 原生代码实现获取电量的方法，名称为 getBatteryLevel，并将获取到的结果以 int 型返给调用者。最终，在 setMethodCallHandler()方法中调用原生方法，并将结果回传给 Flutter 客户端。可见，整个过程和 Android 平台思路一致。要特别注意的是，如果你使用的是 iOS 模拟器进行试验，将无法获取正确的电量信息，因为 iOS 虚拟设备并不支持该能力。

图 10.5 所示是在 iOS 平台上运行上述代码的显示结果。

图 10.5　iOS 平台的实现

10.3.2　使用 Swift 语言实现

使用 Swift 语言和 Objective-C 语言的区别就如同使用 Kotlin 语言和 Java 语言的区别一样，只在语言本身。下面是使用 Swift 语言实现的完整代码：

```
import UIKit
import Flutter
@UIApplicationMain
@objc class AppDelegate: FlutterAppDelegate {
    override func application(
        _ application: UIApplication,
        didFinishLaunchingWithOptions launchOptions: [UIApplicationLaunchOptionsKey: Any]?
    ) -> Bool {
        GeneratedPluginRegistrant.register(with: self)
        let controller : FlutterViewController = window?.rootViewController as! FlutterViewController;
        let batteryChannel = FlutterMethodChannel.init(name: "samples.flutter.io/battery",
                                                       binaryMessenger: controller);
        batteryChannel.setMethodCallHandler({
```

```
            (call: FlutterMethodCall, result: FlutterResult) -> Void in
            batteryChannel.setMethodCallHandler({
                (call: FlutterMethodCall, result: FlutterResult) -> Void in
                if ("getBatteryLevel" == call.method) {
                    receiveBatteryLevel(result: result);
                } else {
                    result(FlutterMethodNotImplemented);
                }
            });
        });
        return super.application(application, didFinishLaunchingWithOptions:
launchOptions)
    }
}
    private func receiveBatteryLevel(result: FlutterResult) {
        let device = UIDevice.current;
        device.isBatteryMonitoringEnabled = true;
        if (device.batteryState == UIDeviceBatteryState.unknown) {
            result(FlutterError.init(code: "UNAVAILABLE",
                                     message: "Battery info unavailable",
                                     details: nil));
        } else {
            result(Int(device.batteryLevel * 100));
        }
    }
}
```

请仔细阅读上面的代码，并和 Objective_C 版本的代码对比。

10.4 练习

尝试使用 Flutter 框架实现两个 100 以内随机数的相加，要求是在 Flutter 客户端完成随机数的生成、在原生端完成计算并回传计算结果。

第 11 章
Material Design（Android）风格设计

如果想要打造完全的 Android 和 iOS 风格界面，仅用前面讲到的基本组件是远远不够的。

对于一个新建的 Flutter 项目，你或许会有疑问：为什么 MyApp 类最终返回 MaterialApp，MaterialApp 是什么，在 MyHomePageState 类中 build() 方法的返回值 Scaffold 又是什么？

在学习了本章的知识后，这些问题就会得到答案。在本章中，我们会针对 Material Design 设计风格进行讲解，打造完全 Android 风格的应用，而在下一章讲解打造完全 iOS 风格的应用。

11.1 脚手架组件

在介绍脚手架组件前，要特别注意，必须由 MaterialApp 包装 Material Design 风格的 Widget。也就是说，如果想打造 Material Design 风格的 App，MaterialApp 是必需的。在默认情况下，新建的 Flutter 项目就是采用 Material Design 风格的设计。

在介绍各种 Material Design 风格的组件之前，我们先熟悉一下 MaterialApp，其主要属性如下：

- ◎ title：表示 App 的标题，通常显示在系统的最近任务视图中。
- ◎ theme：定义 App 的主题。

- color：定义应用图标的颜色，最终将显示在系统的最近任务视图中。
- home：App 界面的主要部分。
- routes：App 各个页面的路由，用来定义多页面，通常用来控制页面跳转。
- onLocaleChanged：当系统语言环境发生改变时会被回调。

脚手架组件，即 Scaffold，是 Material Design 布局的基本结构。Scaffold 类提供了抽屉组件（Drawer）、底部提示组件（SnackBar）和底部展开组件（BottomSheet）的显示能力。换言之，要实现 Material Design 风格的 App，Scaffold 组件也是必需的。

Scaffold 的常用属性：
- appBar：相当于 Android 平台的 ActionBar 或 ToolBar。
- floatingActionButton：一个显示在界面右下角的浮动按钮，从 Z 轴上看，它位于整个界面之上。
- drawer：用于定义一个从左侧滑出的抽屉组件。
- bottomNavigationBar：位于底部的导航条，通常用于切换不同的 Tab 页。
- body：页面上的主要内容。

下面的代码演示了 Scaffold 组件的使用方法：

```
class _MyHomePageState extends State<MyHomePage> {
  int _counter = 0;
  void _incrementCounter() {
    setState(() {
      _counter++;
    });
  }
  @override
  Widget build(BuildContext context) {
    return Scaffold(
      appBar: AppBar(
        title: Text(widget.title),
      ),
      body: Center(
        child: Column(
          mainAxisAlignment: MainAxisAlignment.center,
          children: <Widget>[
            Text(
              'You have pushed the button this many times:',
            ),
            Text(
              '$_counter',
              style: Theme.of(context).textTheme.display1,
            ),
```

```
        ],
      ),
    ),
    bottomNavigationBar:
        BottomAppBar(child: Container(height: 50), color: Colors.purple),
    drawer: Drawer(
      child: Container(color: Colors.lightBlue),
    ),
    floatingActionButton: FloatingActionButton(
      onPressed: _incrementCounter,
      tooltip: 'Increment',
      child: Icon(Icons.add),
    ),
  );
}
```

上面的代码是对新建的项目中默认的 main.dart 稍做修改的版本,即加上了抽屉组件和底部导航条。不过它们并没有实际内容,因此,看上去暂时没有实际意义。运行后,界面如图 11.1 所示。

图 11.1　Scaffold 运用实例

由图 11.1 可见，左侧的抽屉已经展开并且在主界面下方存在一定高度的导航栏。

11.2 顶部程序栏组件

顶部程序栏，即 AppBar，对应 Android 平台的 ActionBar 或 ToolBar，可以作为应用程序栏使用。它由一个标题栏和其他可能的 Widget 组成，这里其他可能的 Widget 可以是 TabBar 和 FlexibleSpaceBar。

通常，AppBar 使用 IconButtons 表示一个或多个常用操作，其后可以使用 PopupMenuButton，里面包含一些不太常用的操作对应 Android 平台中的溢出菜单。整个 AppBar 作为 Scaffold 中 appBar 的属性值使用，图 11.2 展示了 AppBar 中各种元素的位置。

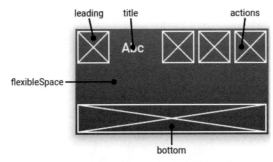

图11.2　AppBar中各组件的位置示意图

AppBar 的常用属性：

- ◎ leading：位于整个 AppBar 左上角的控件，通常在 App 主页面上显示为 App Logo 或菜单展开示意图，当然也可以没有图标。在子页面上显示为返回按钮。
- ◎ title：AppBar 的标题文字。
- ◎ actions：该属性允许多个 Widgets 存在，代表 AppBar 中的菜单，常用菜单使用 IconButton 组件，不常用的菜单收纳在 PopupMenuButton 组件中。
- ◎ bottom：该属性需要一个 AppBarBottomWidget 对象，通常使用 TabBar，从而组合成为 Tab 导航栏。
- ◎ centerTitle：该属性需要一个布尔变量，当值为 true 时，标题文字居中显示；反之，则靠起点位置（通常在左边）对齐。

下面来看一段 AppBar 的使用代码：

```
appBar: AppBar(
  leading: Builder(
    builder: (BuildContext context) {
```

```
          return IconButton(
            icon: const Icon(Icons.menu),
            onPressed: () {
              Scaffold.of(context).openDrawer();
            },
          );
        },
      ),
      actions: <Widget>[
        IconButton(icon: Icon(Icons.save), onPressed: (){
          debugPrint("save");
        },),
        IconButton(icon:Icon(Icons.share), onPressed: (){
          debugPrint("share");
        },),
        PopupMenuButton(itemBuilder: (BuildContext context) =>
          <PopupMenuItem<String>>[
            PopupMenuItem<String>(child: Text("帮助"), value: "help",),
            PopupMenuItem<String>(child: Text("关于"), value: "about",),
          ],
          onSelected: (String action){
            switch (action) {
              case "help":
                debugPrint("help");
                break;
              case "about":
                debugPrint("about");
                break;
            }
          },
        )
      ],
      title: Text(widget.title),
)
```

在这段代码中，使用了 leading 和 actions 属性。

尝试点击左上角和右侧的图标，分别观察界面的变化和日志输出情况。AppBar 底部的 AppBarBottomWidget 将在接下来的章节中进行讲解。

11.3 水平选项卡与内容视图组件

水平选项卡（TabBar）及其内容组件（TabBarView）通常成对出现，前者在 AppBar 下方显示一个水平的选项卡，后者根据选项卡显示相应的页面视图。

如图 11.3 所示，首先关注上方蓝色的 AppBar 部分，其中第二行的 Tab 切换选项卡就是 TabBar，下方的白色区域则是根据 TabBar 的选择状态进行切换后的显示结果，由 TabBarView 组织。

当用户点击上方选项卡中的 TabB 时，TabA 白色背景页面向左滑出，TabB 页面从右滑入。同时，TabBar 选项卡下方的白色矩形指示也向右滑动到 TabB 下方。二者同时开始，同时结束，来完成整个页面的切换过程。当然，用户也可以向左滑动 TabA 页面，效果等同于 Android 平台的 ViewPager，从而完成上述过程。

图 11.3　TabBar 与 TabBarView 的组合运用

TabBar 和 TabBarView 的具体用法如下：

```
class _MyHomePageState extends State<MyHomePage> with SingleTickerProviderStateMixin{
  TabController _controller;
  var _tabs = <Tab>[];
  @override
  void initState() {
    super.initState();
    _controller = TabController(initialIndex: 0,length: 3,vsync: this);
    _tabs = <Tab>[
        Tab(text: "TabA",),
        Tab(text: "TabB",),
        Tab(text: "TabC",)];
  }
  @override
  Widget build(BuildContext context) {
    return Scaffold(
      appBar: AppBar(
        title: Text(widget.title),
```

```
        bottom: TabBar(tabs: _tabs,
          indicatorColor: Colors.white,
          indicatorWeight: 5,
          indicatorSize: TabBarIndicatorSize.tab,
          controller: _controller ,),
      ),
      body: TabBarView(
        controller: _controller,
        children: _tabs
              .map((Tab tab) =>
              Container(child: Center(child: Text(tab.text))))
              .toList(),
    );
  }
  @override
  void dispose() {
    super.dispose();
    _controller.dispose();
  }
}
```

由此可见，实现上述效果主要归功于 TabBar 组件和 TabBarView 组件。

首先，在_MyHomePageState 类中开始就声明了_controller 对象和_tabs 对象，二者将分别被 TabBar 组件和 TabBarView 组件使用，因此需要声明为全局对象。它们分别代表当前所选的 Tab 组件和 Tabs 组件集合。

然后，在 AppBar 组件的 bottom 属性中使用 TabBar。示例中 TabBar 所用的属性说明如下：

- tabs：使用 TabBar 组件必需的属性，用来表示标签显示的文字，当然也可以使用图标。
- controller：该属性需要 TabController 对象。
- indicatorColor：该属性表示标签下方的当前所选指示器的颜色，本例中定义为白色，因此，运行之后会看到白色的矩形指示器。
- indicatorWeight：该属性表示标签下方的当前所选指示器的高度。
- indicatorSize：该属性表示标签的长度，有 TabBarIndicatorSize.tab 和 TabBarIndicatorSize.label 两种选择。前者表示所有标签等宽，均分父控件的空间；后者表示根据每个标签的内容调整为适合实际内容的长度。

接着，我们继续在 Scaffold 组件的 body 属性中使用 TabBarView。controller 属性可以简单地当作 TabBar 与 TabBarView 之间的桥梁，而 children 属性则是每个 tab 对应的页面，也是 TabBarView 组件必需的属性。

为了突出重点，示例中每个 tab 对应的页面均只包含一个 Text 文本组件，内容则是每个 Tab 的名称。

最后，不要忘记在回调的 dispose()方法中调用_controller.dispose()方法，确保在父组件销毁时能够释放资源。

11.4 底部导航栏组件

现在，我们来聊一聊对于切换页面，似乎更加常见的方式——底部导航栏。图 11.4 所示是一个具有底部导航栏的界面示例。

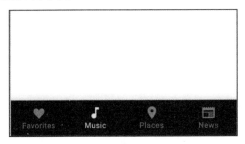

图 11.4 底部导航栏组件示例

对于 Flutter 而言，实现底部导航栏非常容易，使用 bottomNavigationBar 组件即可，该组件在 scaffold 脚手架组件中使用。bottomNavigationBar 常用的属性如下：

◎ items：该属性是实现底部导航栏所必需的，其值是一个集合，定义了底部导航栏所有元素的内容。
◎ onTap：在底部导航栏的某项被点击后触发调用。
◎ currentIndex：当前所选择的元素下标值。

bottomNavigationBar 组件的使用，代码如下：

```
class _MyHomePageState extends State<MyHomePage> {
  int _currentIndex = 0;
  List<Widget> _children;
  @override
  void initState() {
    super.initState();
    _children = new List();
```

```
      _children.add(Text("Home"));
      _children.add(Text("List"));
      _children.add(Text("Setting"));
  }
  @override
  Widget build(BuildContext context) {
    return Scaffold(
      appBar: AppBar(
        title: Text(widget.title),
      ),
      body: _children[_currentIndex],
      bottomNavigationBar: BottomNavigationBar(
        currentIndex: _currentIndex,
        onTap: (int index) {
          setState(() {
            _currentIndex = index;
          });
        },
        items: [
          BottomNavigationBarItem(
              title: new Text("Home"), icon: new Icon(Icons.home)),
          BottomNavigationBarItem(
              title: new Text("List"), icon: new Icon(Icons.list)),
          BottomNavigationBarItem(
              title: new Text("Setting"), icon: new Icon(Icons.settings)),
        ]),
    );
  }
}
```

在上面的代码中，使用了 bottomNavigationBar 组件。运行后的显示效果如图 11.5 所示。

在程序运行后，会显示 Home 页面，下方的导航栏也处在 Home 位置。当用户点击导航栏的 List 或 Setting 时，页面内容也会随之切换到指定的内容。这里，我们使用_children 集合存放这三个页面，并在每次点击导航栏时，利用下标的变化替换页面内容，最终实现上述效果。

图 11.5　底部导航栏组件的应用

11.5　抽屉组件

抽屉组件，即 drawer，其效果是从屏幕边缘水平滑动出现，通常用于显示 App 中的导航链接，该组件在 scaffold 脚手架组件中使用。

一般来讲，drawer 有一个 ListView 组成，第一个元素是 DrawerHeader，如在某些聊天软件中显示为个人头像，中间的部分由 ListTiles 组成，末尾的部分是 AboutListTile 组件。

drawer 组件的使用案例，代码如下：

```
class _MyHomePageState extends State<MyHomePage> {
  @override
  Widget build(BuildContext context) {
    return Scaffold(
      appBar: AppBar(
        title: Text(widget.title),
      ),
      drawer: Drawer(
        child: ListView(
```

```
        children: <Widget>[
          UserAccountsDrawerHeader(
            accountName: Text("David"),
            accountEmail: Text("address@example.com"),
            currentAccountPicture: Icon(Icons.person),
          ),
          ListTile(
            leading: new CircleAvatar(child: new Text("A")),
            title: new Text('Alice'),
            subtitle: new Text("Click to start talk"),
            onTap: () => {debugPrint("alice")},
          ),
          ListTile(
            leading: new CircleAvatar(child: new Text("B")),
            title: new Text('Bob'),
            subtitle: new Text("Click to start talk"),
            onTap: () => {debugPrint("Bob")},
          ),
          ListTile(
            leading: new CircleAvatar(child: new Text("C")),
            title: new Text('cindy'),
            subtitle: new Text("Click to start talk"),
            onTap: () => {debugPrint("cindy")},
          ),
          AboutListTile(
            child: Text("About this App"),
            icon: Icon(Icons.info),
          )
        ],
      ),
    ),
    body: Center(
      child: Column(
        mainAxisAlignment: MainAxisAlignment.center,
        children: <Widget>[],
      ),
    ),
  );
}
```

其中要说明的是，UserAccountsDrawerHeader 组件是专门用来显示个人信息的，它封装好了相关的代码。如果想自定义头部显示效果，直接使用 DrawerHeader 就可以了。

Flutter SDK 简化了很多代码的写法，如果你有 Android 编程基础，可以想象一下实现上述所有效果所需的代码会有多少。

11.6 浮动悬停按钮组件

Material Design 风格的浮动悬停按钮组件在第 6 章已经介绍过，它其实就是 RaisedButton。在本节中，我们深入地了解一下这个组件。其基本属性如下：

◎ onPressed：该属性是必需的，当用户点击按钮时回调，通常将点击后的事件处理放到该方法中实现。
◎ child：按钮中的子组件，一般会是一个文本组件，用来显示按钮上的文字。
◎ textColor：按钮中的文本颜色。
◎ color：按钮本身的颜色。
◎ disabledColor：当按钮被禁用时的颜色。
◎ disabledTextColor：当按钮被禁用时，文字的颜色。
◎ splashColor：当按钮被点击时，水波纹特效的颜色。
◎ highlightColor：长按按钮后，按钮的颜色。
◎ elevation：按钮下方的阴影范围，通常用来表示按钮的高度。

一个最简单的 RaisedButton 组件实现如下：

```
RaisedButton(
  onPressed: () {
    debugPrint("最简单的RaisedButton");
  },
  child: Text("最简单的RaisedButton")
)
```

上述代码实现了一个默认样式的 RaisedButton，并实现了在用户点击按钮后输出调试日志的功能，运行结果如图 11.6 所示。

最后需要指出的是，RaisedButton 继承自 MaterialButton，因此 MaterialButton 中的属性在 RaisedButton 中依然可用。

图 11.6 一个最简单的 RaisedButton 实现

11.7 扁平按钮组件

扁平按钮组件，即 FlatButton。在样式上和 RaisedButton 不同，FlatButton 没有高度的概念，也就是说，elevation 的值默认是 0。在点击时，FlatButton 将有变色的效果。

FlatButton 的用法和 RaisedButton 的基本一致，但它通常用于 ToolBar，Dialogd 等组件中。需要特别注意的是，由于 FlatButton 没有可见的边框，因此需要依赖相对四周组件的位置来进行自身位置的调整。例如，在 Dialog 或 CardView 组件中，FlatButton 通常覆盖在上述组件上并以基线对齐的方式靠在某个角中。

同样，FlatButton 也是继承自 MaterialButton，因此，MaterialButton 中的属性也可以直接套用在 FlatButton 组件上。

11.8 图标按钮组件

图标按钮组件，名为 IconButton。它的样式由一个图标组成，通过 icon 属性赋值。图 11.7 所示是 IconButton 的示例。

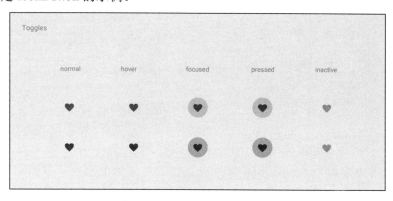

图 11.7 IconButton 组件示例

IconButton 组件的用法和 MaterialButton 的基本一致，这里列举一些不同的属性。
◎ icon：用来表示按钮所显示的图标。
◎ iconSize：用来表示按钮中图标的大小。

IconButton 组件通常用在 AppBar 中，作为 actions 的属性值。除上述常用属性外，onPressed 回调方法也是必需的。当 onPressed 回调方法没有被实现时，按钮将会处于 disabled

状态，点击没有任何反应。

下面是 IconButton 在 AppBar 中的使用示例代码：

```
class _MyHomePageState extends State<MyHomePage> {
  @override
  Widget build(BuildContext context) {
    return Scaffold(
      appBar: AppBar(title: Text(widget.title), actions: <Widget>[
        new IconButton(
          icon: new Icon(Icons.favorite),
          onPressed: () {
            debugPrint("favorite icon pressed");
          },
          color: Colors.green,
        ),
        new IconButton(
          icon: new Icon(Icons.delete),
          color: Colors.red,
          onPressed: () {
            debugPrint("delete icon pressed");
          },
        ),
      ]),
      body: Center(
        child: Column(
          children: <Widget>[],
        ),
      ),
    );
  }
}
```

在上述代码中，对于 IconButton 组件分别定义了图标的内容、点击后的响应及图标颜色。

这里要注意的是，如果需要指定图标大小，即 iconSize 属性，Flutter 官方则建议每个图标至少 48 像素。另外，虽然 IconButton 继承自 StatelessWidget 并非 MaterialButton，但是 MaterialButton 的某些属性依然可用，如 disabledColor, highlightColor 等。关于这些属性的说明，请你参考前文，这里不再详细介绍。

11.9 浮动动作按钮组件

浮动动作按钮组件，即 FloatingActionButton，其和原生 Android 中的 FloatingActionButton 相同，是一个圆形的图标按钮，悬停在整个内容页面上，通常提供类似于新建、导航等功能。在一个新建的 Flutter 工程中，计数器的增加就是通过 FloatingActionButton 触发的。

和 IconButton 相同，FloatingActionButton 也是继承自 StatelessWidget。其常用属性如下：

◎ child：按钮的内容。
◎ heroTag：共享元素过渡效果所使用的 Tag。
◎ mini：该属性值代表 FloatingAcitonButton 的大小，FloatingAcitonButton 共有 regular，mini，extended 三种状态。当 mini 属性值为 true 时，按钮将变为 mini 状态。
◎ isExtended：该属性值和 mini 类似，也代表 FloatingAcitonButton 的大小。当 isExtended 的值为 true 时，按钮为 extended 类型。extended 需要通过 floatingActionButton.extended()方法创建，也可以自定义更多的显示样式。

除上述常用属性外，onPressed 回调方法也是必需的。

下面是一段示例代码：

```
floatingActionButton: FloatingActionButton.extended(
  onPressed: _incrementCounter,
  tooltip: 'Increment',
  label: Text("add"),
  icon: Icon(Icons.add),
)
```

上面的代码展示了如何使用 floatingAction Button.extended()方法创建 extended 组件，在这种情况下，isExtended 的值将自动设置为 true。

11.10 弹出式菜单组件

弹出式菜单组件称为 PopupMenuButton，已在前面用过。PopupMenuButton 通常用于 AppBar 中，触发溢出菜单的显示。FloatingActionButton 的常用属性如下：

◎ itemBuilder：该属性是 PopupMenuButton 必需的，用于在用户点击时创建菜单。
◎ child：该属性表示单个菜单项中的子组件。
◎ onSelected：该回调中的代码将在用户点击菜单中的某一个元素后运行。

◎ onCanceled：该回调中的代码将在 PopupMenuButton 关闭时运行。需要注意的是，仅在用户没有选择菜单中的某一项时，该回调才会被执行。

PopupMenuButton 组件的使用示例如下：

```
appBar: AppBar(
  title: Text(widget.title),
  actions: <Widget>[
    PopupMenuButton(
      itemBuilder: (BuildContext context) => <PopupMenuItem<String>>[
        PopupMenuItem<String>(
          child: Icon(Icons.favorite),
          value: "fav",
        ),
        PopupMenuItem<String>(
          child: Text("检查更新"),
          value: "update",
        ),
        PopupMenuItem<String>(
          child: Text("关于"),
          value: "about",
        ),
      ],
      onSelected: (String action) {
        switch (action) {
          case "fav":
            debugPrint("fav");
            break;
          case "update":
            debugPrint("update");
            break;
          case "about":
            debugPrint("about");
            break;
        }
      },
    )
  ],
)
```

运行上面的代码，结果如图 11.8 所示。在没有点击该组件时，该组件位于 AppBar 的最右侧，以三个点样式的图标显示，通常代表更多的含义。在点击该组件时，显示更多菜单。

第 11 章　Material Design（Android）风格设计

图 11.8　PopupMenuButton 使用示例

11.11　滑块组件

在 Flutter 中，滑块组件称为 Slider，对应 Android 平台中水平风格的 SeekBar。Slider 的常用属性如下：

- ◎　onChanged：该回调参数是必需的，它在用户滑动 Slider 过程中回调，通常可用来获取当前滑动的位置。
- ◎　onChangeEnd：在用户结束滑动的瞬间回调。
- ◎　onChangeStart：在用户开始滑动的瞬间回调。
- ◎　max：该参数定义了 Slider 组件的最大值。
- ◎　min：该参数定义了 Slider 组件的最小值。
- ◎　activeColor：该参数定义了滑过部分的颜色。
- ◎　inactiveColor：该参数定义了未滑过部分的颜色。
- ◎　value：该参数表示滑动的当前位置。

Slider 滑块组件的简单实现如下：

```
class _MyHomePageState extends State<MyHomePage> {
  double processValue = 0;
  @override
```

```
Widget build(BuildContext context) {
  return Scaffold(
    appBar: AppBar(
      title: Text(widget.title),
    ),
    body: Center(
        child: Slider(
      max: 100,
      min: 0,
      inactiveColor: Colors.black,
      activeColor: Colors.red,
      onChanged: (double value) {
        setState(() {
          debugPrint("当前进度: $value");
          processValue = value;
        });
      },
      value: processValue,
    )),
  );
}
```

图 11.9　Slider 使用示例

由于我们需要在滑动滑块的同时输出当前滑动的位置，因此需要按照如上方式实现。这里需要特别注意的是，Slider 组件本身不维护任何状态，因此，当 Slider 的状态发生改变时，如用户拖动进度条，onChanged 回调方法会被调用。此时，需要在该方法中添加相应的逻辑，以便重新构建 Slider 组件，只有这样才能让 Slider 组件正常地响应用户的触摸。

上述代码的运行结果如图 11.9 所示。

同时，控制台会有如下输出：

```
I/flutter (15261): 当前进度: 37.14732102821491
I/flutter (15261): 当前进度: 37.547726374283506
I/flutter (15261): 当前进度: 38.24926301367643
I/flutter (15261): 当前进度: 38.55039430700075
```

```
I/flutter (15261): 当前进度：38.95410878816082
I/flutter (15261): 当前进度：39.65564542755375
I/flutter (15261): 当前进度：40.056050773622346
I/flutter (15261): 当前进度：40.35718206694667
I/flutter (15261): 当前进度：40.76089654810674
I/flutter (15261): 当前进度：41.06202784143106
I/flutter (15261): 当前进度：41.76356448082398
I/flutter (15261): 当前进度：42.16396982689258
```

11.12 日期时间选择组件

Flutter 框架为开发者提供了简单的日期时间选择器，称为 DatePicker。但它并不是一个"组件"，而是通过 showDatePicker() 和 showTimePicker() 两个方法来实现的，前者提供日期选择功能，后者提供时间选择功能。下面用实际案例分别来实现日期和时间的选择。

为了简化代码，我们使用 FloatingActionButton 作为选择日期时间的触发按钮。当用户点击按钮之后，先出现日期选择对话框，然后选择时间，最后结果以文本的形式居中显示在界面上，整个过程如下所示。

App 启动后的界面如图 11.10 所示。

点击右下角的 FloatingActionButton 之后的显示界面，如图 11.11 所示。

图 11.10 App 启动界面

图 11.11 DatePicker 组件

日期选取确认后的界面，如图11.12所示。

选择结束，显示所选时间日期结果，如图11.13所示。

图 11.12　TimePicker 组件

图 11.13　选择结果返回

首先，实现除了日期选择器的界面代码：

```
class _MyHomePageState extends State<MyHomePage> {
  var dateTime;
  void chooseDateTime() {

  }
  @override
  Widget build(BuildContext context) {
    return Scaffold(
      appBar: AppBar(
        title: Text(widget.title),
      ),
      body: Center(child: Text(dateTime == null ? "日期时间选择器" : dateTime)),
      floatingActionButton: FloatingActionButton(
        onPressed: chooseDateTime,
        tooltip: 'Increment',
        child: Icon(Icons.edit),
      ),
```

```
  );
 }
}
```

在上述代码中，dateTime 变量代表选择日期时间的结果。在开始没有选择操作时，dateTime 为 null。因此，屏幕中央部分将显示为日期时间选择器。当 dateTime 有值时，屏幕中央将显示 dateTime 的值。chooseDateTime()方法是选择日期和时间的具体实现方法，这里暂时留空，我们在下一步实现它。

接下来，先实现日期的选择器，需要用到 showDatePicker()方法。具体代码如下：

```
showDatePicker(
  context: context,
  initialDate: new DateTime.now(),
  firstDate: new DateTime.now().subtract(new Duration(days: 30)),
  lastDate: new DateTime.now().add(new Duration(days: 30)),
).then((DateTime date) {
  dateTime = "${date.year}-${date.month}-${date.day}";
}).catchError((errorMsg) {
  debugPrint(errorMsg.toString());
});
```

运行上述代码，并点击右下角的 FloatingActionButton，屏幕上将出现日期选择对话框。

在 showDatePicker()方法中，一些重要的、必需的属性如下：

◎ context：应用上下文。
◎ initialDate：该属性表示初始显示的日期。
◎ firstDate：该属性表示用户可选择的日期范围的开始。
◎ lastDate：该属性表示用户可选择的日期范围的结尾。

上例中，以当前日期为初始显示的日期，并且前后三十天为可选范围，允许用户在该范围内进行选择。未在此范围内的日期将显示为灰色并为不可选状态。除以上必选参数外，还可以根据所在国家设置相应的区域，以实现国际化。

接着，实现时间选择器，这里我们用到的是 showTimePicker()方法。具体实现如下：

```
showTimePicker(
  context: context,
  initialTime: new TimeOfDay.now(),
).then((time) {
  dateTime = "$dateTime ${time.hour}:${time.minute}";
}).catchError((errorMsg) {
  debugPrint(errorMsg.toString());
});
```

可以看出，时间选择器和日期选择器的用法类似。它需要两个参数：

- ◎ context：应用上下文，是必需属性。
- ◎ initialTime：该属性表示初始时间，也是必需的。示例中使用了当前的时间作为初始时间。

最后，我们将上述的日期选择器和时间选择器结合在一起。完整的 chooseDateTime() 方法代码如下：

```
void chooseDateTime() {
  showDatePicker(
    context: context,
    initialDate: new DateTime.now(),
    firstDate: new DateTime.now().subtract(new Duration(days: 30)),
    lastDate: new DateTime.now().add(new Duration(days: 30)),
  ).then((DateTime date) {
    dateTime = "${date.year}-${date.month}-${date.day}";
    showTimePicker(
      context: context,
      initialTime: new TimeOfDay.now(),
    ).then((time) {
      dateTime = "$dateTime ${time.hour}:${time.minute}";
      setState(() {
      });
    }).catchError((errorMsg) {
      debugPrint(errorMsg.toString());
    });
  }).catchError((errorMsg) {
    debugPrint(errorMsg.toString());
  });
}
```

图 11.14 SimpleDialog 使用示例

由于日期选择器和时间选择器调用的都是系统自身的组件，因此在不同的 Android 系统版本中，选择器的样式会有所差别。

11.13 简单对话框

在 Flutter 中，简单对话框的作用是弹出窗口、显示文字提示、向用户传递信息并提供选项，称为 SimpleDialog。一个典型的 SimpleDialog，如图 11.14 所示。

在图 11.14 中，屏幕中央的小窗口就是 SimpleDialog，它由一个标题和 4 个选项组成。用户可以点击四个选项中的其中一个来实现相应操作。下面是实现上述界面的代码片段：

```
void showSimpleDialog() {
  showDialog(
      context: context,
      builder: (BuildContext context) {
        return SimpleDialog(
          title: Text("一个SimpleDialog示例"),
          children: <Widget>[
            SimpleDialogOption(
              child: Text("选项 A"),
              onPressed: () {
                debugPrint("点击了选项A");
              },
            ),
            SimpleDialogOption(
              child: Text("选项 B"),
              onPressed: () {
                debugPrint("点击了选项B");
              },
            ),
            SimpleDialogOption(
              child: Text("选项 C"),
              onPressed: () {
                debugPrint("点击了选项C");
              },
            ),
            SimpleDialogOption(
              child: Text("选项 D"),
              onPressed: () {
                debugPrint("点击了选项D");
              },
            )
          ],
        );
      });
}
```

Flutter在使用上很灵活，因此，如果有需要，就可以在children属性中添加更多的组件。例如，在某些时候，我们除了需要标题，还会需要一些文字的具体描述，此时，就可以在children属性中添加Text组件，然后逐个添加SimpleDialogOption选项组件。

11.14 提示框

在 Flutter 中，还有一种对话框，称为 AlertDialog 的提示框。AlertDialog 和 SimpleDialog 不同，它通常会打断用户的操作，用于示警信息的显示。一个典型的 AlertDialog 示例如图 11.15 所示。

图 11.15　AlertDialog 使用示例

其实，AlertDialog 的用法和 SimpleDialog 的很相似，也很容易理解和掌握。下面我们来看一下图 11.15 中的提示框是如何实现的。

```
void showAlertDialog() {
  showDialog(
    context: context,
    builder: (BuildContext context) {
      return AlertDialog(
        title: Text("确实要删除这个文件吗"),
        content: Text("点击删除后，文件立即删除，无法恢复！请确认。"),
        actions: <Widget>[
          FlatButton(
            child: Text("取消"),
            onPressed: () {
```

```
                debugPrint("取消！");
              },
            ),
            FlatButton(
              textColor: Colors.red,
              child: Text("删除"),
              onPressed: () {
                debugPrint("删除！");
              },
            ),
          ],
        );
      });
}
```

可以看出，AlertDialog 本身提供了 content 属性，因此可以在此添加相应的文字描述。Flutter 官网文档中更是在 content 属性中添加了 SingleChildScrollView 滚动组件，以应对文字描述较多的情况。

11.15 可展开的列表组件

类似于 Android 原生平台的 ExpandableListView，Flutter 中可展开的列表组件称为 ExpansionPanelList。下面先看一个 ExpansionPanelList 的应用示例，如图 11.16 所示。

在图 11.16 中，第二个元素是展开后的样子，第一和第三个元素是没有展开的，另外每个元素都可以通过右侧的箭头按钮收缩或展开。ExpansionPanelList 只有两个常用属性：

◎ children：该属性代表列表中所有要显示的元素，允许列表对象作为值。

◎ expansionCallback：该回调在每个元素右侧的展开/收缩按钮被点击时执行。

接下来再聊聊 ExpansionPanel 类，它用在 ExpansionPanelList 的 children 属性中，描述整个列表中单个元素的详细情况。其常用属性如下：

图 11.16 ExpansionPanelList 使用示例

◎ headerBuilder：该属性通常用于显示列表中的一级元素。
◎ body：该属性通常用于显示列表中的二级元素。

ExpandableListView 组件的使用代码如下：

```
class _MyHomePageState extends State<MyHomePage> {
  var currentIndex = -1;
  List<int> mList;
  @override
  void initState() {
    super.initState();
    mList = new List();
    for (int i = 0; i < 3; i++) {
      mList.add(i);
    }
  }
  @override
  Widget build(BuildContext context) {
    return Scaffold(
      appBar: AppBar(
        title: Text(widget.title),
      ),
      body: SingleChildScrollView(
        child: Container(
          child: ExpansionPanelList(
            expansionCallback: (index, isExpanded) {
              setState(() {
                currentIndex = (currentIndex != index) ? index : -1;
              });
            },
            children: mList.map((i) {
              return new ExpansionPanel(
                headerBuilder: (context, isExpanded) {
                  return new ListTile(
                    title: new Text("第${i + 1}个元素标题"),
                  );
                },
                body: new Padding(
                  padding: EdgeInsets.all(10.0),
                  child: ListBody(
                    children: <Widget>[
                      new Text("第${i + 1}个元素内容"),
                    ],
```

```
                    ),
                  ),
                  isExpanded: currentIndex == i,
                );
              }).toList(),
            ),
          ),
        ),
      );
    }
  }
```

在 ExpansionPanelList 部分中，实际上只用了 expansionCallback 和 children 两个属性。前者在每次点击右侧"展开/收缩"按钮时，重建组件；后者的属性值则是 ExpansionPanel 的集合。

在 ExpansionPanel 中，每个 ExpansionPanel 元素都由 headerBuilder 和 body 两个属性值来定义。示例中，前者定义标题，即一级元素；后者定义内容，即二级元素。

在实际开发中，使用 ExpansionPanelList 的代码逻辑可能要比示例中的烦琐、复杂得多。此时，建议你利用封装的特性，把不同的功能写在单独的方法或单独的类中，这样可以增强代码的可读性，也可以降低以后的维护成本。

11.16 底部提示组件

Flutter 提供了与 Android 原生平台中 SnackBar 一致的组件，也称为 SnackBar。SnackBar 通常位于界面的最下方，用来显示一些文本提示。同时，还可以添加可选的操作，以实现快捷操作入口。图 11.17 所示是一个简单的 SnackBar 应用。

SnackBar 的使用非常简单，上述效果的代码实现如下：

图 11.17　SnackBar 使用示例

```
class _MyHomePageState extends State<MyHomePage> {
  GlobalKey<ScaffoldState> _scaffoldKey = new GlobalKey();
  @override
  Widget build(BuildContext context) {
    return Scaffold(
      key: _scaffoldKey,
      appBar: AppBar(
```

```
      title: Text(widget.title),
    ),
    body: Center(
      child: Column(
        mainAxisAlignment: MainAxisAlignment.center,
        children: <Widget>[],
      ),
    ),
    floatingActionButton: FloatingActionButton(
      onPressed: () {
        _scaffoldKey.currentState
          .showSnackBar(SnackBar(content: Text("SnackBar 示例")));
      },
      tooltip: 'Increment',
      child: Icon(Icons.message),
    ),
  );
}
```

在 FloatingActionButton 的 onPress()回调方法中，实现了 SnackBar 的显示。SnackBar 的常用属性如下，其中示例中仅使用了 content 属性。

◎ content：该属性表示 SnackBar 的主要内容，是一个必需的属性。
◎ backgroundColor：SnackBar 的背景颜色，在默认情况下是图 11.17 所示的深灰色。
◎ duration：SnackBar 的持续显示时间。
◎ action：该属性用来触发一个快捷动作。

在使用 SnackBar 组件时，要特别留意 context 的值。根据 Flutter 官方网站的描述，显示一个 SnackBar 仅需写成：

```
Scaffold.of(context).showSnackBar()
```

即可。但建议你按照上面示例中的方式实现，避免 context 出现问题导致 SnackBar 无法正常显示。

11.17 标签组件

标签组件，又称为碎片组件，在 Flutter 中名为 Chip，其样式如图 11.18 所示。
要实现图 11.18 中的效果非常简单，直接写三个 Chip 组件并用 Row 组织它们即可。

```
Row(children: <Widget>[
  Chip(label: Text("读书")),
```

```
    Chip(label: Text("电影")),
    Chip(label: Text("音乐"))
])
```

当然，除 label 属性以外，Chip 组件还有如下常用属性：
◎ avatar：用来表示标签左侧的小图标。
◎ backgroundColor：该属性定义了标签的背景色。
◎ shape：该属性表示整个标签的形状。
◎ onDeleted：当标签被删除时的回调。
◎ deleteIcon：该属性定义了用于显示在右侧的删除图标。
◎ deleteIconColor：该属性表示右侧删除图标的颜色。
◎ deleteButtonTooltipMessage：该属性定义了当删除按钮长按时出现的提示文本。

对上面的读书标签进行修改，具体如下：

```
Chip(
  label: Text("读书"),
  onDeleted: () {
    debugPrint("删除读书");
  },
  deleteIcon: Icon(Icons.delete),
  deleteIconColor: Colors.red,
  deleteButtonTooltipMessage: "删除",
),
```

使用热重载特性重新运行程序，界面如图 11.19 所示。

图 11.18　Chip 使用示例

图 11.19　Chip 属性示例

11.18　帮助提示组件

帮助提示组件，即 Tooltip。在默认新建的计数器应用中，FloatingActionButton 组件中就使用了 Tooltip。如下：

```
floatingActionButton: FloatingActionButton(
  onPressed: _incrementCounter,
  tooltip: 'Increment',
  child: Icon(Icons.add),
),
```

Tooltip 是一个文本提示工具，在相应组件长按时显示，用来解释这个组件的作用。
此外，Tooltip 组件还提供一个 child 属性，允许开发者实现更为复杂的提示内容。

11.19　卡片组件

在 Flutter 中，提供了 Material Design 风格的卡片组件，对应 Android 平台的 CardView。图 11.20 所示是来自 Flutter 官网的有关 Card 组件的示例，下面是它的实现代码：

```
SizedBox(
  height: 210.0,
  child: Card(
    child: Column(
      children: [
        ListTile(
          title: Text('1625 Main Street',
              style: TextStyle(fontWeight: FontWeight.w500)),
          subtitle: Text('My City, CA 99984'),
          leading: Icon(
            Icons.restaurant_menu,
            color: Colors.blue[500],
          ),
        ),
        Divider(),
        ListTile(
          title: Text('(408) 555-1212',
              style: TextStyle(fontWeight: FontWeight.w500)),
          leading: Icon(
            Icons.contact_phone,
```

```
          color: Colors.blue[500],
        ),
      ),
      ListTile(
        title: Text('costa@example.com'),
        leading: Icon(
          Icons.contact_mail,
          color: Colors.blue[500],
        ),
      ),
    ],
  ),
 ),
)
```

图 11.20　Card 组件示例

代码中的整个 Card 组件被高度为 210.0 的 SizedBox 约束。Card 组件由 child 构成，包含由多个 ListTile 组件构成的 Column 组件。

此外，Card 组件还提供 shape 属性，可以用来定义 Card 组件的形状，通常会用其绘制四周圆角。注意，Card 组件的内容是不允许滚动的。

11.20 水平和圆形进度组件

图 11.21 进度组件示例

在 Flutter 中，还有为开发者提供表示进度的组件。和前文中的滑块组件 Slider 不同，进度组件仅仅具有看的作用，而 Slider 则允许用户与之互动，可以拖动它的位置。

在 Flutter 中，水平进度组件是 LinearProgress Indicator，圆形进度组件是 CircularProgressIndicator。我们还是先来看实现效果图，如图 11.21 所示。

图 11.21 中的前两个组件，不管是水平进度组件还是圆形进度组件，都只是执行一个动画，表示正在进行但没有确定的进度值。后两个组件则是在用户点击右下方的 FloatingActionButton 后，进度每次以 10% 的速度递增。

水平进度组件和圆形进度组件的使用方法都很简单，代码如下：

```
class _MyHomePageState extends State<MyHomePage> {
  var progressValue = 0.0;
  @override
  Widget build(BuildContext context) {
    return Scaffold(
      appBar: AppBar(
        title: Text(widget.title),
      ),
      body: Center(
        child: Column(
          mainAxisAlignment: MainAxisAlignment.center,
          children: <Widget>[
            LinearProgressIndicator(),
            Container(
              height: 20,
            ),
            CircularProgressIndicator(),
            Container(
              height: 20,
            ),
            LinearProgressIndicator(value: progressValue),
            Container(
```

```
            height: 20,
          ),
          CircularProgressIndicator(value: progressValue),
        ],
      ),
    ),
    floatingActionButton: FloatingActionButton(
      onPressed: () {
        progressValue += 0.1;
        setState(() {
        });
      },
      child: Icon(Icons.add)),
  );
}
```

水平进度组件和圆形进度组件有一些共同的属性,其中 value 属性表示当前进度值,其范围是从 0.0 到 1.0。当 value 未赋值或为 null 时,仅显示为动画效果。

11.21 练习

实现一个音乐流派标签选择界面,其效果如图 11.22 所示。

图 11.22 练习题示例

第 12 章
Cupertino（iOS）风格设计

对于 Flutter App 来说，Flutter 框架自带了完整的 Material Design 风格组件库，在使用时，仅需导入相应的类即可。而对于 iOS 风格而言，则默认在 pubspec.yaml 中另外添加 cupertino_icons 库。

12.1 脚手架组件

对于 Cupertino 风格而言，可使用的组件比 Material Design 风格少得多。换言之，它学习起来要更省时。如果想要构建 Cupertino 风格的界面，就先要把默认的 Material Design 风格换成 Cupertino 风格。

对于新建的 Flutter 工程，在 MyApp 类的 build()方法中，最终返回了 MaterialApp 对象。如果想使界面呈现 iOS 风格，就需要更改这个返回值。参考下面的代码：

```
import 'package:flutter/cupertino.dart';
void main() => runApp(MyApp());
class MyApp extends StatelessWidget {
  @override
  Widget build(BuildContext context) {
    // 返回 CupertinoApp
```

```
    return CupertinoApp(
      title: 'Flutter Demo',
      home: MyHomePage(title: 'Flutter Demo Home Page'),
    );
  }
}
class MyHomePage extends StatefulWidget {
  MyHomePage({Key key, this.title}) : super(key: key);
  final String title;
  @override
  _MyHomePageState createState() => _MyHomePageState();
}
class _MyHomePageState extends State<MyHomePage> {
  @override
  Widget build(BuildContext context) {
    return CupertinoPageScaffold(
      navigationBar: CupertinoNavigationBar(middle: Text(widget.title)),
      child: Center(child: Text("Cupertino demo")),
    );
  }
}
```

和 Material Design 风格类似，Cupertino 风格也有相应的脚手架组件，名为 CupertinoPageScaffold，而 appBar 替换为 iOS 原生开发中的 navigationBar。在 MyApp 类中，返回的 MaterialApp 类型值替换为 CupertinoApp。其运行结果如图 12.1 所示。

CupertinoPageScaffold 包含 iOS 风格的基本布局结构，如导航栏和页面内容。其重要属性如下：

◎ backgroundColor：该参数表示整个脚手架组件内所有组件的颜色。
◎ child：该参数用来盛放内容部分的组件。
◎ navigationBar：该参数用来声明导航栏。

从上述代码中可以看到，除 backgroundColor 参数没有定义以外，navigationBar 和 child 都有声明。其中顶部导航栏会在下一节中讨论，而 child 组件只是一个文本组件。如此，便完成了 iOS 风格的简单实现。

图 12.1 Cupertino 风格的 App

除 CupertinoPageScaffold 以外，Flutter 框架还提供了 CupertinoTabScaffold。当要实现标

签式的 iOS 应用时，需要用到该组件，它可以将选项卡栏放在主内容页面上方。

12.2 顶部导航栏组件

Cupertino 风格中的顶部导航栏组件名为 CupertinoNavigationBar，在本章开始的示例代码中已经出现过。

CupertinoNavigationBar 除了可以提供居中的标题显示，还可以在其左侧显示返回按钮。在默认情况下，整体的背景透明度值不为 1.0，因此当页面内容显示在其下方时，将呈现模糊效果。下面看一段代码：

```
import 'package:flutter/cupertino.dart';
void main() => runApp(MyApp());
class MyApp extends StatelessWidget {
  @override
  Widget build(BuildContext context) {
    return CupertinoApp(
      title: "Page 1",
      home: Page1(title: "Page 1"),
    );
  }
}
class Page1 extends StatefulWidget {
  Page1({Key key, this.title}) : super(key: key);
  final String title;
  @override
  _Page1State createState() => _Page1State();
}
class _Page1State extends State<Page1> {
  @override
  Widget build(BuildContext context) {
return CupertinoPageScaffold(
  // 顶部导航栏组件
      navigationBar: CupertinoNavigationBar(
        middle: Text("Page 1"),
      ),
      child: Center(
        child: Column(
          mainAxisAlignment: MainAxisAlignment.center,
          children: <Widget>[
```

```
              Text(
                "Page 1",
              ),
              CupertinoButton(
                child: Text("Jump to page 2"),
                onPressed: () {
                  debugPrint("Jump to page 2");
                  // 界面跳转到Page2
                  Navigator.push(
                    context,
                    new CupertinoPageRoute(builder: (context) => new Page2()),
                  );
                },
              ),
            ],
          ),
        ),
      );
    }
}
// Page2 页面
class Page2 extends StatefulWidget {
  Page2({Key key, this.title}) : super(key: key);
  final String title;
  @override
  _Page2State createState() => _Page2State();
}
class _Page2State extends State<Page2> {
  @override
  Widget build(BuildContext context) {
return CupertinoPageScaffold(
  // 顶部导航栏
      navigationBar: CupertinoNavigationBar(
         middle: Text("Page 2"),
         previousPageTitle: "Page 1",
         trailing: CupertinoButton(padding: EdgeInsets.all(0.0),
            child: Text("Delete"),
            onPressed: () {
              debugPrint("delete");
            })),
      child: Center(
```

```
          child: Column(
            mainAxisAlignment: MainAxisAlignment.center,
            children: <Widget>[
              Text(
                "Page 2",
              ),
            ],
          ),
        ),
      );
    }
}
```

上面的代码包含 Page1 和 Page2 两个页面。先来看 Page1，它包含了 CupertinoNavigationBar，Text 和 Cupertino 风格的按钮组件——CupertinoButton，关于 CupertinoButton 组件会在后续章节中讲解，这里暂且把它当作普通的按钮即可。当用户点击这个按钮时，会跳转到 Page 2 页面。Page 2 页面仅包含 CupertinoNavigationBar 和 Text 组件。

在运行上述代码并点击 Page 1 上的按钮跳转到 Page 2 后，发现原本只写了标题和右侧按钮的 CupertinoNavigationBar 组件竟然还自动多出了一个返回按钮。这实际上是该组件根据页面跳转的情况自动生成的。

除了示例中用到的 middle 和 trailing 属性，CupertinoNavigationBar 组件还有一些其他的常用属性，如下：

- backgroundColor：该属性表示整个组件的背景色。
- leading：该属性用来定义左侧按钮的样式。
- middle：该属性用来定义居中显示的内容，通常是文本标题。
- trailing：该属性用来定义右侧动作按钮的样式，通常用来触发一些额外的操作，如删除、编辑等。
- previousPageTitle：该属性表示上一个页面的标题，它将在左侧按钮旁边显示。
- automaticallyImplyLeading：该属性表示是否自动生成左侧的返回按钮，默认值为 true，即会在跳转后的页面生成返回按钮。

运行上述代码，界面如图 12.2 所示。

第 12 章　Cupertino（iOS）风格设计

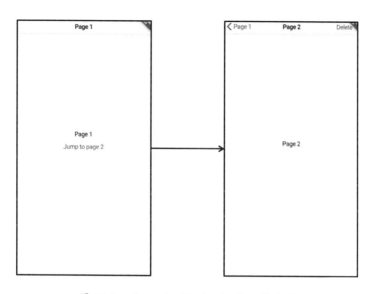

图 12.2　CupertinoNavigationBar 的应用

12.3　底部导航栏组件

底部导航栏组件的名称为 CupertinoTabBar，通常和 CupertinoTabScaffold 组件与 CupertinoTabViews 组件组合使用，这里重点讨论 CupertinoTabBar 组件。首先看一下完整的代码：

```
import 'package:flutter/cupertino.dart';
List<String> title;
void main() => runApp(MyApp());
class MyApp extends StatelessWidget {
  @override
  Widget build(BuildContext context) {
    title = new List();
    title.add("Home");
    title.add("Book");
    title.add("Setting");
    return CupertinoApp(
      title: 'Flutter Demo',
      home: MyHomePage(title: 'Flutter Demo Home Page'),
    );
  }
```

• 329 •

```dart
}
class MyHomePage extends StatefulWidget {
  MyHomePage({Key key, this.title}) : super(key: key);
  final String title;
  @override
  _MyHomePageState createState() => _MyHomePageState();
}
class _MyHomePageState extends State<MyHomePage> {
  @override
  void initState() {
    super.initState();
  }
  @override
  Widget build(BuildContext context) {
    // Tab 布局适用的脚手架组件
return CupertinoTabScaffold(
  // 底部导航栏定义
      tabBuilder: (BuildContext context, int index) {
        // 每个 Tab 内容页定义
        return CupertinoTabView(
          builder: (BuildContext context) {
            return CupertinoPageScaffold(
              navigationBar: CupertinoNavigationBar(
                middle: Text(title[index]),
              ),
              child: Center(
                child: Text("${title[index]} Page"),
              ),
            );
          },
        );
      },
      tabBar: CupertinoTabBar(
        onTap: (int index) {
          debugPrint("点击第$index 个页面");
        },
        // Tab 样式定义
        items: <BottomNavigationBarItem>[
          BottomNavigationBarItem(
              icon: Icon(CupertinoIcons.home), title: Text(title[0])),
          BottomNavigationBarItem(
```

```
                  icon: Icon(CupertinoIcons.book), title: Text(title[1])),
              BottomNavigationBarItem(
                  icon: Icon(CupertinoIcons.settings), title: Text(title[2]))
        ],
      ),
    );
  }
}
```

在代码中，CupertinoTabScaffold 组件将 CupertinoTabView 组件和 CupertinoTabBar 组件联系在一起。因此，在 CupertinoTabBar 组件被点击时，CupertinoTabView 组件的页面会同时发生切换操作。

CupertinoTabBar 几个重要且常用的属性如下：

◎ items：该属性是必需属性，描述了底部 Tab 的样式和个数，需要 BottomNavigationBarItem 类型的集合。
◎ onTap：某个 Tab 元素被点击的回调。
◎ activeColor：该属性表示当前所选的高亮颜色。
◎ currentIndex：该属性表示当前显示第几个页面。
◎ inactiveColor：该属性和 activeColor 属性相对，表示未选中状态下的颜色值。

运行上面的代码，结果如图 12.3 所示。

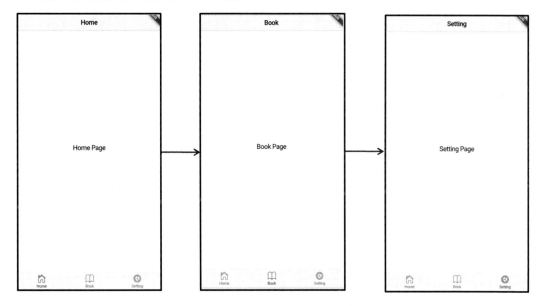

图 12.3　CupertinoTabBar 应用实例

12.4 操作表单组件

针对 iOS 系统，当有多种选择需要用户做决定时，通常会用到操作表单组件。一个常见的场景就是在设置个人资料时的头像设置，App 会弹出选择询问从相册中选取还是拍照的操作菜单。该组件在 iOS 中被称为 ActionSheet，而在 Flutter 中被称为 CupertinoActionSheet。本节将通过图 12.4 中的示例来讲解此组件的使用。

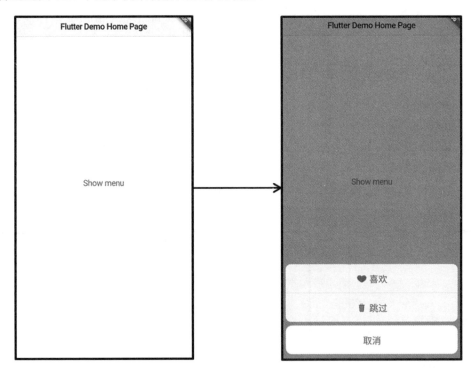

图 12.4 CupertinoActionSheet 应用实例

图 12.4 的实现代码：

```
import 'package:flutter/cupertino.dart';
void main() => runApp(MyApp());
class MyApp extends StatelessWidget {
  @override
  Widget build(BuildContext context) {
    return CupertinoApp(
      title: 'Flutter Demo',
```

```dart
      home: MyHomePage(title: 'Flutter Demo Home Page'),
    );
  }
}
class MyHomePage extends StatefulWidget {
  MyHomePage({Key key, this.title}) : super(key: key);
  final String title;
  @override
  _MyHomePageState createState() => _MyHomePageState();
}
class _MyHomePageState extends State<MyHomePage> {
  CupertinoActionSheet buildCupertinoActionSheet(BuildContext context) {
    // 构建操作表单组件
    return CupertinoActionSheet(
        cancelButton: CupertinoActionSheetAction(
          onPressed: () {
            debugPrint("取消");
            Navigator.pop(context);
          },
          child: Text("取消")),
        // 操作菜单详细内容定义
        actions: <Widget>[
          CupertinoActionSheetAction(
            onPressed: () {
              debugPrint("喜欢");
              Navigator.pop(context);
            },
            child: Row(
              mainAxisAlignment: MainAxisAlignment.center,
              children: <Widget>[
                Icon(CupertinoIcons.heart_solid),
                Container(width: 5.0),
                Text("喜欢")
              ],
            )),
          CupertinoActionSheetAction(
            onPressed: () {
              debugPrint("跳过");
              Navigator.pop(context);
            },
            child: Row(
```

```
                mainAxisAlignment: MainAxisAlignment.center,
                children: <Widget>[
                  Icon(CupertinoIcons.delete_solid),
                  Container(width: 5.0),
                  Text("跳过")
                ]))
        ]);
  }
  @override
  Widget build(BuildContext context) {
    return CupertinoPageScaffold(
        navigationBar: CupertinoNavigationBar(middle: Text(widget.title)),
        child: Center(
            child: CupertinoButton(
                child: Text("Show menu"),
                onPressed: () {
                  showCupertinoModalPopup(
                      context: context,
                      builder: (context) {
                        return buildCupertinoActionSheet(context);
                      });
                })));
  }
}
```

在上述代码中，当用户点击中间的 CupertinoButton 组件时，执行了 showCupertinoModalPopup()方法，这个方法便是触发操作表单出现的源头。示例中，赋给该方法 BuildContext 和 WidgetBuilder 两个参数。WidgetBuilder 通过 buildCupertinoActionSheet() 方法生成了 CupertinoActionSheet 对象，而该对象则是对操作表单的详细描述。

CupertinoActionSheet 的重要属性如下：

◎ actions：该属性提供了具体的可操作列表。
◎ cancelButton：该属性表示一个可选的取消按钮的描述。
◎ title：该属性表示操作表单的可选的标题。
◎ message：该属性表示操作表单的可选的文字描述。

在示例中，cancelButton 表示取消，actions 表示所有用户可选的操作。

12.5 动作指示器组件

所谓动作指示器组件，实际上就是 iOS 中的 ActivityIndicator。在 Flutter 中，它被称为 CupertinoActivityIndicator。图 12.5 所示是 CupertinoActivityIndicator 的简单应用。

图 12.5　CupertinoActivityIndicator 应用实例

实现图 12.5 显示效果的代码如下：

```
class _MyHomePageState extends State<MyHomePage> {
  @override
  Widget build(BuildContext context) {
    return CupertinoPageScaffold(
      navigationBar: CupertinoNavigationBar(middle: Text(widget.title)),
      child: Center(child: CupertinoActivityIndicator()));
  }
}
```

其中无须任何参数，只要实现一个 CupertinoActivityIndicator 组件即可。实际上，CupertinoActivityIndicator 支持定义 animating 和 radius 两个参数。animating 表示是否具有动画效果，默认为 true。当该参数值设置为 false 时，整体呈现完全静止的状态，组件不具有动画效果。radius 表示组件的大小，默认值为 10.0，该值越大，组件的尺寸就越大。

12.6 提示框组件

iOS 中的提示框组件称为 CupertinoAlertDialog，通常在需要用户确认时出现。该组件具有可选的标题、内容和操作组成。其中，标题在内容的上方，以加粗的格式显示，相关的操作在内容之下。一个典型的 CupertinoAlertDialog 组件显示效果如图 12.6 所示。

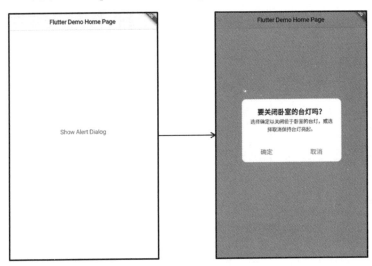

图 12.6 CupertinoAlertDialog 应用实例

图 12.6 的界面的实现代码如下：

```
showCupertinoDialog(
    context: context,
builder: (context) {
  // 构建提示框
    return CupertinoAlertDialog(
      title: Text("要关闭卧室的台灯吗？"),
      content: Text("选择确定以关闭位于卧室的台灯，或选择取消保持台灯亮着。"),
      // 提示框按钮详细定义
      actions: <Widget>[
        CupertinoButton(
          child: Text("确定"),
          onPressed: () {
            debugPrint("台灯关闭");
            Navigator.pop(context);
```

```
        }),
        CupertinoButton(
            child: Text("取消"),
            onPressed: () {
              debugPrint("保持台灯");
              Navigator.pop(context);
            }),
      ],
    );
});
```

上面的代码片段展示了如何弹出一个 AlertDialog，以及添加操作按钮的方法。如果你已经学过 CupertinoActionSheet，那么对于这种写法应该不会陌生。

上面的代码演示了具有两个按钮的情况，那么当有多种选择的情况出现时，界面会如何显示呢？我们对上面的代码稍加改动，增加几个按钮，如下：

```
showCupertinoDialog(
    context: context,
    builder: (context) {
      return CupertinoAlertDialog(
        title: Text("您正在控制卧室的台灯"),
        content: Text("请选择要执行的操作："),
        actions: <Widget>[
          CupertinoButton(
              child: Text("打开"),
              onPressed: () {
                debugPrint("台灯打开");
                Navigator.pop(context);
              }),
          CupertinoButton(
              child: Text("关闭"),
              onPressed: () {
                debugPrint("台灯关闭");
                Navigator.pop(context);
              }),
          CupertinoButton(
              child: Text("增加亮度"),
              onPressed: () {
                debugPrint("增加亮度");
                Navigator.pop(context);
              }),
          CupertinoButton(
```

```
          child: Text("减少亮度"),
          onPressed: () {
            debugPrint("减少亮度");
            Navigator.pop(context);
          }),
      CupertinoButton(
          child: Text("保持现状"),
          onPressed: () {
            debugPrint("保持台灯");
            Navigator.pop(context);
          }),
    ],
  );
});
```

运行上面的代码，界面显示如图 12.7 所示。

图 12.7　多种选择的 CupertinoAlertDialog 应用实例

可见，当多于两个选择操作出现时，这些操作按钮将以垂直的方向排列，而不再是水平方向。

12.7　按钮组件

iOS 风格的按钮组件称为 CupertinoButton，其常用属性如下：

- ◎ child：子组件，通常是一个 Text，表示按钮里面显示的内容。
- ◎ color：该参数表示按钮的背景色。
- ◎ disabledColor：该参数表示按钮在不可用时的背景颜色。
- ◎ enabled：该参数定义了按钮的可用状态，默认不可用。我们可以通过给 onPressed 赋值来启用按钮。
- ◎ onPressed：当按钮被点击时的回调方法，通常会将按下按钮后执行的动作放到这里实现。
- ◎ radius：该参数表示按钮边角的弧度，由于在默认情况下按钮没有背景色，因此，该参数仅在定义了背景色之后生效。

在之前的示例中，我们仅对 CupertinoButton 组件进行了简单地使用。接下来看这样一段代码：

```
CupertinoButton(
  child: Text("CupertinoButton"),
  color: CupertinoColors.activeBlue,
  onPressed: () {
    debugPrint("点击了 CupertinoButton");
  })
```

上面的代码定义了背景色及按下按钮后的操作，运行后的显示效果如图 12.8 所示。

图 12.8　带有背景色的 CupertinoButton

12.8 时间日期选择组件

和 Material Design 类似，Cupertino 风格也有完整的时间和日期选择组件，称为 CupertinoDatePicker。

为了代码简单并突出重点，这里直接将 CupertinoDatePicker 当作界面上唯一的组件来演示它的用法。在实际开发中，通常会通过一个按钮或其他的组件触发该组件的弹出。例如：

```
// 日期选择组件
CupertinoDatePicker(
    onDateTimeChanged: (dateTime) {
      debugPrint(
          "onDateTimeChanged: ${dateTime.year} - ${dateTime.month} - ${dateTime.day} - ${dateTime.hour} - ${dateTime.minute}");
    },
    initialDateTime: DateTime.now(),
    use24hFormat: true)));
```

在上面的代码中，主要用到 CupertinoDatePicker 的三个参数：onDateTimeChanged，initialDateTime 和 use24hFormat。

- ◎ onDateTimeChanged：该参数是使用该组件的必需参数，它在每次时间或日期发生改变时调用。示例中，向控制台输出每次变化的结果。
- ◎ initialDateTime：该参数定义了时间和日期的初始选择值。
- ◎ use24hFormat：该参数接受一个布尔值，当该参数值设置为 true 时，时间将以 24 小时形式显示；反之则以 12 小时形式显示。

运行上面的代码，得到如图 12.9 所示的结果。

尝试上下滑动时间和日期，观察控制台的日志输出：

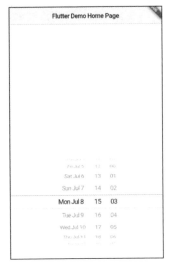

图 12.9 CupertinoDatePicker 的应用

```
I/flutter (15146): onDateTimeChanged: 2019 - 7 - 8 - 16 - 3
I/flutter (15146): onDateTimeChanged: 2019 - 7 - 8 - 17 - 3
I/flutter (15146): onDateTimeChanged: 2019 - 7 - 8 - 18 - 3
I/flutter (15146): onDateTimeChanged: 2019 - 7 - 9 - 18 - 3
I/flutter (15146): onDateTimeChanged: 2019 - 7 - 10 - 18 - 3
```

```
I/flutter (15146): onDateTimeChanged: 2019 - 7 - 10 - 18 - 4
I/flutter (15146): onDateTimeChanged: 2019 - 7 - 10 - 18 - 5
```

12.9 时间选择组件

和 CupertinoDatePicker 的名字类似，时间选择组件被称为 CupertinoTimerPicker。但这里的时间选择器，通常被用来做倒计时，其可选范围是从 0 到 23 小时 59 分 59 秒，图 12.10 所示是 CupertinoTimerPicker 的应用示例。

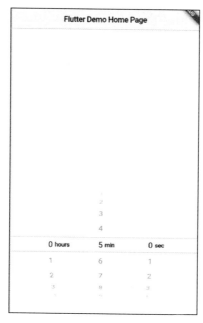

图 12.10　CupertinoTimerPicker 的应用

具体代码如下：

```
// 时间选择组件
CupertinoTimerPicker(
   onTimerDurationChanged: (duration) {
      debugPrint(
         "onTimerDurationChanged: ${duration.inSeconds}s");
   },
   mode: CupertinoTimerPickerMode.hms,
   initialTimerDuration: Duration(minutes: 5))
```

CupertinoTimerPicker 的常用属性如下：

- ◎ initialTimerDuration：该属性表示初始选择的时间。
- ◎ mode：该参数有 CupertinoTimerPickerMode.hms，CupertinoTimerPickerMode.ms 和 CupertinoTimerPickerMode.hm 三个值可选，分别对应时分秒、分秒和时分的选择。
- ◎ onTimerDurationChanged：该方法在所选时间发生改变时回调。示例中依然向控制台输出了选择结果，单位是秒。

运行上面的示例代码，并尝试滚动时间选择器，将会得到类似于下面的输出：

```
I/flutter (16984): onTimerDurationChanged: 301s
I/flutter (16984): onTimerDurationChanged: 302s
I/flutter (16984): onTimerDurationChanged: 303s
I/flutter (16984): onTimerDurationChanged: 304s
I/flutter (16984): onTimerDurationChanged: 364s
I/flutter (16984): onTimerDurationChanged: 424s
```

12.10 选择器组件

选择器组件即 CupertinoPicker，用来提供选择菜单，通常会和 showCupertinoModalPopup()方法一起使用，类似于前文中提及的 CupertinoActionSheet。它的运行效果如图 12.11 所示。

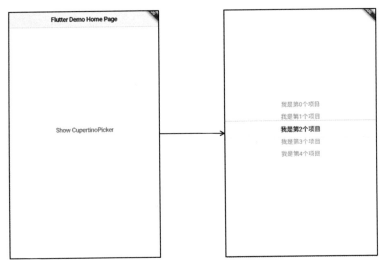

图 12.11　CupertinoPicker 的应用

要实现图 12.11 中的效果，完整的代码如下：

```dart
import 'package:flutter/cupertino.dart';
void main() => runApp(MyApp());
class MyApp extends StatelessWidget {
  @override
  Widget build(BuildContext context) {
    return CupertinoApp(
      title: 'Flutter Demo',
      home: MyHomePage(title: 'Flutter Demo Home Page'),
    );
  }
}
class MyHomePage extends StatefulWidget {
  MyHomePage({Key key, this.title}) : super(key: key);
  final String title;
  @override
  _MyHomePageState createState() => _MyHomePageState();
}
class _MyHomePageState extends State<MyHomePage> {
CupertinoPicker buildCupertinoPicker(BuildContext context) {
    // 构件选择器组件
    return CupertinoPicker(
        itemExtent: 30,
        looping: false,
        backgroundColor: CupertinoColors.white,
        onSelectedItemChanged: (index) {
          debugPrint("Current select $index");
        },
        // 选择器内容详细定义
        children: List<Widget>.generate(5, (index){
          return Center(child: Text("我是第$index个项目"),);
        }));
  }
  @override
  Widget build(BuildContext context) {
    return CupertinoPageScaffold(
        navigationBar: CupertinoNavigationBar(middle: Text(widget.title)),
        child: Center(
            child: CupertinoButton(
                child: Text("Show CupertinoPicker"),
                onPressed: () {
                  // 显示选择器组件
```

```
            showCupertinoModalPopup(
              context: context,
              builder: (context) {
                return buildCupertinoPicker(context);
              });
        }))));
  }
}
```

不难发现，CupertinoPicker 的用法和 CupertinoActionSheet 的用法也十分相似，其常用属性如下：

- itemExtent：该参数表示菜单中每个 item 的高度。
- looping：该参数允许赋值为一个布尔变量，当它为 true 时，所有 item 循环显示，最终构成一个无限循环的菜单；反之，则只显示一次菜单项。该参数默认值为 false。
- backgroundColor：该参数表示整个 CupertinoPicker 的背景色。
- onSelectedItemChanged：该方法在每次选中的 item 发生变化时调用，它将返回当前所选的 item 下标。
- children：该参数代表所有的子组件，需要 Widget 类型的列表赋值。

12.11 滑块组件

Cupertino 库中的滑块组件和 Material Design 库中的 Slider 对应，名为 CupertinoSlider。其用法也很类似，只是有样式上的区别。首先，来看一下它的模样，如图 12.12 所示。

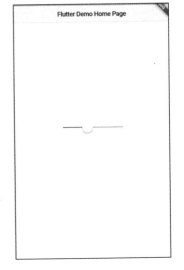

图 12.12 CupertinoSlider 的应用

按照前文中 Slider 的示例代码，如法炮制 CupertinoSlider 代码如下：

```
class _MyHomePageState extends State<MyHomePage> {
  double processValue = 0;
  @override
  Widget build(BuildContext context) {
    return CupertinoPageScaffold(
      navigationBar: CupertinoNavigationBar(middle: Text(widget.title)),
      child: Center(
```

```
      // 滑块组件
      child: CupertinoSlider(
        max: 100,
        min: 0,
        activeColor: CupertinoColors.activeBlue,
        onChanged: (double value) {
          setState(() {
            debugPrint("当前进度：$value");
            processValue = value;
          });
        },
        value: processValue,
      )));
  }
}
```

在参数方面，CupertinoSlider 和 Slider 基本一致。你可以参考 Slider 的参数对 CupertinoSlider 进行定制。但要注意的是，CupertinoSlider 并不包含 inactiveColor 参数。运行上述代码，尝试拖动滑块，观察控制台输出，将会得到类似于下面的结果：

```
I/flutter (18053): 当前进度：25.102095170454547
I/flutter (18053): 当前进度：26.25304383116884
I/flutter (18053): 当前进度：28.27909395292208
I/flutter (18053): 当前进度：29.144683441558445
I/flutter (18053): 当前进度：31.161221590909093
I/flutter (18053): 当前进度：32.32168222402597
I/flutter (18053): 当前进度：33.18727171266234
I/flutter (18053): 当前进度：35.20380986201299
I/flutter (18053): 当前进度：36.35475852272728
I/flutter (18053): 当前进度：37.22034801136365
```

12.12 练习

完成第 7 章的练习，然后将其界面风格改造成 iOS 样式。

第 13 章
实战演练：头条新闻

在本章中，将带你体会一个完整 App 的诞生过程，即从一开始的分析需求、确定使用的技术实现，到接下来的实际开发，最后更改 App 的图标和名称。

为了更好地体会一个 App 从 0 到 1 的过程，我们以一个简单的资讯类 App——头条新闻为例。当然，这个例子很简单，易于实现。在最后一小节中，提出了更多、更细化的要求，你可以自行发挥，开发出符合自己要求和阅读习惯的新闻 App。

13.1 功能需求和技术可行性分析

一个经验丰富的软件开发团队或开发者通常不会在接到开发要求时立刻就进行编码，那是盲目且低效的开发模式，除非要求极其简单。常规的做法是首先进行项目需求的分析和技术可行性的评估，前者确定项目功能，后者确保开发过程的顺利进行。

13.1.1 功能需求分析

首先我们来进行需求分析，一个合格的新闻资讯类 App 至少应该具备以下功能：
◎ 新闻频道列表，用户可以通过它切换不同的新闻分类。
◎ 吸引眼球的图片，因为图片比文字更具有视觉冲击力。
◎ 新闻标题及发布的时间和新闻来源。
◎ 可以手动刷新，以便获取最新的新闻。

虽然上述内容很基础，但其涉及 UI、网络等方面的内容。和前文中的示例或练习题不同，这一次是多种技术的结合，因此更加考验对技术的综合运用能力。

13.1.2 技术可行性分析

进行技术可行性分析首先要解决的一个问题就是数据源，也就是到哪里获取新闻内容。为了保证数据源能够稳定地提供，笔者特意在网上找了一些服务商，并最终确定使用聚合数据提供的服务。

聚合数据平台为开发者提供了诸多服务，有一些是完全免费的，有一些是免费但限制调用次数的，还有一些则是收费的。其中，新闻头条服务就是免费但限制调用次数的。对于免费用户，平台规定每天限制 100 次调用；如果是收费用户，则不限制调用次数。

你可以访问聚合数据的网站，在生活常用类中找到新闻头条服务，就可以看到请求地址、请求方法及返回示例了。

你可能会发现：在请求地址的参数部分需要名为 key 的值，该值的说明是应用 Appkey。简单来说，Appkey 类似于用户名和密码的组合，它表明了一个 App 的身份。提供服务的 API 接口服务器通过 Appkey 识别 App，并根据 App 的身份提供相应的服务。通常，每个 App 对应的 Appkey 不同，本例中也需要 Appkey 才能正常使用服务。那么，Appkey 如何才能获取呢？

要想合法地获取 Appkey，首先要有一个开发者账户，这一步很简单，只要完成聚合数据网站的用户注册流程即可。之后来到个人数据中心，在申请数据界面选中新闻头条，然后点击"立即申请"按钮即可，如图 13.1 所示。

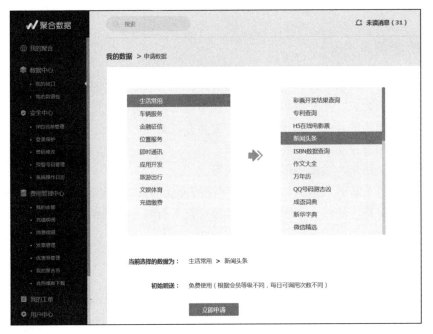

图 13.1　申请新闻头条服务

申请成功后，可在接口界面中看到 Appkey 的值，如图 13.2 所示。

图 13.2　申请新闻头条服务

看过了接口请求，再来看响应示例：

```
{
  "reason": "",
  "result": {
    "stat": "",
    "data": [
      {
        "uniquekey": "",
        "title": "",
        "date": "",
        "category": "",
        "author_name": "",
        "url": "",
```

```
            "thumbnail_pic_s": "",
            "thumbnail_pic_s02": "",
            "thumbnail_pic_s03": ""
         },
      ]
   },
   "error_code": 0
}
```

上面的响应示例对实际的响应内容做了简化处理。可以看到，这段 Json 信息包含了新闻的标题、发布日期、新闻详情地址、新闻类别及缩略图等有用信息，充分满足了项目需求且解析起来比较容易。

数据有了，接下来就是界面。在动手编码之前，还要确定 App 的"长相"，这就需要绘制产品原型图了。

13.2　绘制产品原型图

绘制产品原型图的工具和网站品类繁多，如 Axure，Adobe XD，还有在线的墨刀、xiaopiu 等。其实，这些工具提供的功能大同小异，都是生成原型图，区别在于有的要求用户从 0 开始一点点做，有的已经提供了模板。对于常用的软件，只需按照模板新建，然后简单地点击鼠标即可。你可以根据项目的实际需要和自己的喜好选取合适的工具，这里没有标准答案。

产品原型工具不是本书的重点，不再详述。下面是使用墨刀生成的简易原型，图 13.3 所示是新闻列表界面，图 13.4 所示是频道选择抽屉界面。由此可知，用户可以通过左边的抽屉列表选择要浏览的新闻分类，然后通过新闻标题列表界面查看最新的新闻。当点击列表中的某一条新闻时，将跳转查看相应的新闻详情。

当然，图 13.4 只是一个极其简单的原型图，它只包含组件元素的基本位置信息，并不包括配色、字体样式等主题信息。本例中我们将采用蓝色作为主题色进行开发。

图 13.3　新闻列表界面

图 13.4　频道选择抽屉界面

13.3　将代码托管到 Git

在这一小节中，你将会接触到一个全新的工具——Git。Git 是一个版本管理控制软件，与其类似的还有 SVN。

GitHub 是基于 Git 的版本控制软件，它包含服务器端和客户端。通常，在 mac OS 或 Windows 系统中，使用 GitHub 官方发布的 GitHub Desktop 软件作为客户端；在 Linux 系统中，使用命令行版的 Git 命令。服务器端则可以通过 GitHub 官网进行访问。当然，如果不想把自己的代码上传到 GitHub 的公共服务器中，也可以搭建自己的服务器端。本节重点讲述如何将代码托管到 GitHub。

13.3.1 注册 GitHub 账号

要使用 GitHub，首先要到 GitHub 官方网站进行注册。在打开官网后，就可以看到如图 13.5 所示的注册界面。

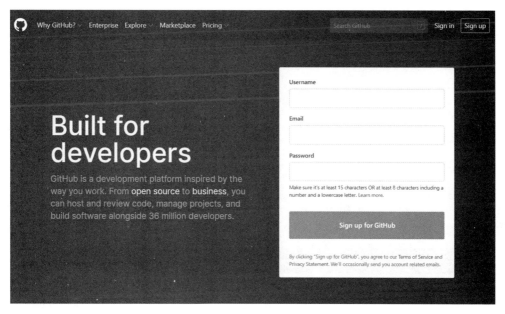

图 13.5 GitHub 注册

13.3.2 新建代码仓库

注册成功后，我们可以尝试创建第一个项目的代码仓库，这个仓库将存放该项目的所有代码。

成功登录 GitHub 网站后，就可以看到左侧的 Repositories 列表。该列表为代码仓库列表，它列出了该账号所有的代码仓库，如图 13.6 所示。

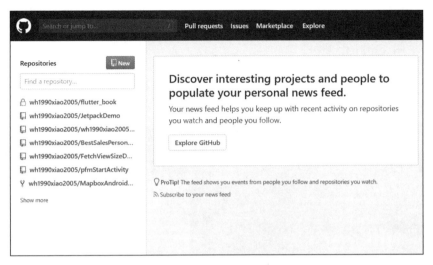

图 13.6　GitHub 首页

点击"New"按钮，即可开始创建一个新的仓库。在如图 13.7 所示的新建项目界面中，简单地填写项目名称（Repository name）和描述（Description）即可。当然，描述是可选（optional）的。

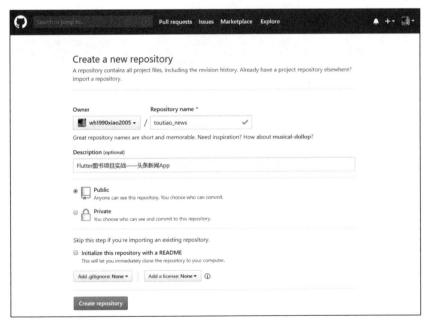

图 13.7　GitHub 新建项目

描述下方是项目可见性，这里有两种选择：一种是公开的（Public），另一种是私有的（Private）。顾名思义，公开的即所有人都可见，即使是未注册的用户也是可以访问的，但是修改内容的权限还是需要管理者定义；私有的则是完全由项目的管理者来选择谁有权查看和提交文件，默认只有创建者具有上述权限。

再下方是自述文档、忽略的文件和代码版权模板的选择，一个好的习惯是使用 README 对项目进行简要说明，尤其是公开的代码仓库更要注意这一点。.gitignore 文件描述了在项目代码中哪些文件可以忽略不提交。

比如，在编译项目时，会在 build 文件夹中生成编译用的临时文件。这些文件在每一次编译时都有可能发生改变，因此它们是无须提交的。在这种情况下，就需要把该文件夹添加到.gitignore 文件中，以便在每次提交更改时，不再续约提交这部分文件。开源许可则是定义了该项目源码的版权法律许可。要注意的是，版权法默认禁止共享，没有许可证的软件虽然开源了，用户也只能阅读源码但不能用，否则就会侵犯版权。所以如果软件开源的话，就必须明确授予用户开源许可证。

有关.gitignore 文件和开源许可证的相关知识，这里就不过多介绍了。

13.3.3 代码仓库的克隆

在创建好代码仓库后，就可以把仓库克隆到本地。一旦完成克隆，就意味着在本地保存了一份代码仓库的完整副本，我们就可以对其内容进行修改，然后把代码提交上去即可。这一过程有点类似于文件同步，不同的是 Git 在每一次修改时，自动保留了提交的历史记录，这样我们就可以通过文件历史记录轻松地回溯到任意一个历史版本中。

如果你使用的是 GitHub Desktop 软件，则直接使用鼠标操作即可。如果要使用命令行进行操作，则按照如下顺序操作即可。

首先，打开刚刚创建好的代码仓库，如图 13.8 所示。

我们只需定位（使用 cd 命令）到想要存放项目代码文件的目录下，再使用 Git clone 加上地址即可。对于本例而言，克隆代码仓库的命令如下：

```
git clone https://GitHub.com/wh1990xiao2005/toutiao_news.git
```

接下来需要输入 GitHub 的账号和密码，验证成功后，代码仓库就下载到本地了。

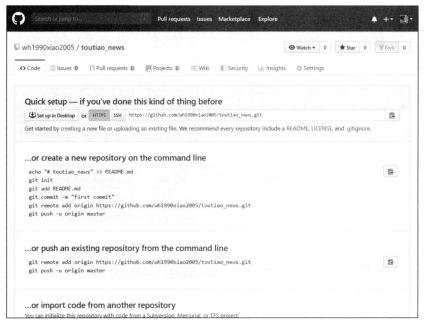

图 13.8　项目首页

13.3.4　代码的提交

代码的提交分为三个步骤：第一步添加想要提交的代码，第二步提交更改，第三步上传到服务器。

首先添加要提交的代码文件。如果想要添加 a.txt 文件，则只需执行如下命令：

```
git add a.txt
```

对于整个文件夹而言，也是一样的，比如想要添加 b 文件夹，则要执行如下命令：

```
git add b
```

如果需要添加的文件为所有文件，则需要执行如下命令：

```
git add .
```

这样，就表示添加了所有的文件。

然后提交文件更改。在提交时，通常会附加一段简述用来表示修改的是什么。比如，首次提交的信息就可以写为 First Commit。完整的提交命令如下：

```
git commit -m "First Commit"
```

最后，就是上传到服务器。上传命令如下：

```
git push
```

类似地,如果需要从服务器上下载最新的修改,则需要执行如下命令:

```
git pull
```

它和上传是相对的操作。

13.4 数据的获取和解析

我们将分为两大部分来完成整个 App 的开发:一部分是数据,另一部分是界面。

13.4.1 HTTP 请求和返回处理

针对 HTTP 请求和返回,相信对于你而言并非难事。代码如下:

```
// 刷新数据
refresh() async {
  url = "$defaultUrl$type${currentChannel.type}&$key";
  if (!isLoading) {
    isLoading = true;
    try {
      HttpClient httpClient = new HttpClient();
      HttpClientRequest request = await httpClient.getUrl(Uri.parse(url));
      HttpClientResponse response = await request.close();
      String responseContent = await response.transform(utf8.decoder).join();
      _newsData = NewsData.fromJson(json.decode(responseContent));
      listItems = ListBuilder.genWidgetsFromJson(_newsData);
      setState(() {});
      httpClient.close();
    } catch (e) {
      debugPrint("请求失败:$e");
    } finally {
      setState(() {
        isLoading = false;
      });
    }
  } else {
    debugPrint("正在刷新");
  }
}
```

值得注意的是,由于新闻频道的不同,需要在每一次请求时都要确定一下要刷新的频道。

因此,请求地址需要在每次刷新前重新生成,并将重新生成的值赋给 url 变量。

此外,NewsData 对象的_newsData 用来解析并保存 Json 返回结果;listItems 是列表对象,表示新闻标题列表组件集合。

13.4.2 Json 解析

接下来我们来讨论一下如何解析 Json,也就是上面代码中 NewsData 类的实现。首先再来回顾一下 Json 返回格式:

```
{
  "reason": "",
  "result": {
    "stat": "",
    "data": [
      {
        "uniquekey": "",
        "title": "",
        "date": "",
        "category": "",
        "author_name": "",
        "url": "",
        "thumbnail_pic_s": "",
        "thumbnail_pic_s02": "",
        "thumbnail_pic_s03": ""
      },
    ]
  },
  "error_code": 0
}
```

通过观察发现,返回的 Json 由 reason,result 和 error_code 三个字段构成,其中 result 字段包含了另一个由 stat 和 data 两个字段构成的 Json 对象,而 data 字段又包含了 Json 数组对象,是具体新闻内容的描述。

接下来,从最小的单位—— data 的一个元素开始完成 NewsData 类。首先来看这个最小单位,取名为 DataItem,如下:

```
class DataItem {
  String uniquekey;
  String title;
  String date;
  String category;
```

```
    String author_name;
    String url;
    String thumbnail_pic_s;
    String thumbnail_pic_s02;
    String thumbnail_pic_s03;
    DataItem(
        this.uniquekey,
        this.title,
        this.date,
        this.category,
        this.author_name,
        this.url,
        this.thumbnail_pic_s,
        this.thumbnail_pic_s02,
        this.thumbnail_pic_s03);
}
```

可以看到，根据 Json 数组对象生成的 DataItem 其实非常简单。接下来看 data 字段，取名为 Data，如下：

```
class Data {
  List<DataItem> dataItems;
  Data.fromJson(List items) {
    dataItems = new List();
    for (var i = 0; i < items.length; i++) {
      DataItem dataItem = new DataItem(
          items[i]['uniquekey'],
          items[i]['title'],
          items[i]['date'],
          items[i]['category'],
          items[i]['author_name'],
          items[i]['url'],
          items[i]['thumbnail_pic_s'],
          items[i]['thumbnail_pic_s02'],
          items[i]['thumbnail_pic_s03']);
      dataItems.add(dataItem);
    }
  }
}
```

在 Data 类中，使用循环来解析 Json 数组，然后继续实现 result 字段的解析，如下：

```
class Result {
  String stat;
```

```
  Data data;
  Result(this.stat, this.data);
  Result.fromJson(Map<String, dynamic> jsonStr) {
    this.stat = jsonStr['stat'];
    this.data = Data.fromJson(jsonStr['data']);
  }
}
```

最后，实现 NewsData 类，如下：

```
class NewsData {
  String reason;
  Result result;
  int error_code;
  NewsData(this.reason, this.result, this.error_code);
  NewsData.fromJson(Map<String, dynamic> jsonStr) {
    this.reason = jsonStr['reason'];
    this.error_code = jsonStr['error_code'];
    this.result = Result.fromJson(jsonStr['result']);
  }
}
```

注意，构造 Json 实体类的方法并非上述一种，类似于上述方式的实现顺序我们称之为自下而上的方法，即从局部到全面。相反，也可以使用自上而下的方法，即从全面到局部。

13.4.3 定义新闻频道列表

根据聚合数据的官方文档，新闻头条接口可提供包含默认频道在内的 10 个频道，这 10 个频道将会出现在界面上的抽屉组件中，还将作为 HTTP 请求网址的一部分。

因此，思路是建立频道名称和频道请求网址参数的对应关系，以使用户在点击侧边栏的频道名称时，进行对应的 HTTP 请求。

首先，建立一个频道类，名为 ChannelList，其中有 name 和 type 两个参数。前者对应出现在侧边栏的频道名称，后者对应 HTTP 请求参数值。再根据文档中的描述，使用 ChannelList 集合对象保存这些频道类即可。

为了增强代码的可维护性，我们将名为 ChannelList 的类单独写在一个 Dart 文件中，其内容只包含该类，如下：

```
class ChannelList {
  String name;
  String type;
  ChannelList(this.type,this.name);
}
```

最后，在 main.dart 中初始化频道列表数据，如下：

```
List<ChannelList> _channelList;
_channelList = new List();
_channelList.add(new ChannelList("top", "头条"));
_channelList.add(new ChannelList("shehui", "社会"));
_channelList.add(new ChannelList("guonei", "国内"));
_channelList.add(new ChannelList("guoji", "国际"));
_channelList.add(new ChannelList("yule", "娱乐"));
_channelList.add(new ChannelList("tiyu", "体育"));
_channelList.add(new ChannelList("junshi", "军事"));
_channelList.add(new ChannelList("keji", "科技"));
_channelList.add(new ChannelList("caijing", "财经"));
_channelList.add(new ChannelList("shishang", "时尚"));
ChannelList currentChannel;
currentChannel = _channelList[0];
```

在上述代码中，还存在一个 ChannelList 类型的对象，该对象在前面的 HTTP 请求代码中用到过，表示当前所选的频道。

到此，整个 App 的数据处理部分就结束了。

13.5 绘制界面

根据前文绘制的原型图，我们发现整个界面可以分成两个部分：第一部分是新闻标题列表，其以列表的形式展示每一条新闻的标题、发布日期等信息；第二部分是新闻详情。因此，本节也将根据这两部分进行讲解。

13.5.1 构建和绘制新闻标题列表

要实现新闻标题列表的抽屉组件非常容易，直接套用脚手架组件即可。如下：

```
@override
Widget build(BuildContext context) {
 return Scaffold(
  appBar: AppBar(
   title: Text(widget.title),
  ),
  drawer: Drawer(
    child: ListView(
      padding: EdgeInsets.zero,
```

```
            children: buildDrawerItems(_channelList))),
      body: Center(
        child: listItems != null
            ? ListView(
                children: listItems,
              )
            : Text("请点击刷新按钮"),
      ),
      floatingActionButton: FloatingActionButton(
        onPressed: refresh,
        tooltip: "刷新",
        child: Icon(Icons.refresh),
      ),
    );
}
```

如上代码所示，drawer 部分即抽屉组件。这里为了代码的简洁，依旧封装了 ListView 中子组件的内容。如下：

```
// 构建侧边栏元素
List<Widget> buildDrawerItems(List<ChannelList> _channelList) {
  List<Widget> widgets = new List();
  widgets.add(buildDrawerHeader());
  for (int i = 0; i < _channelList.length; i++) {
    widgets.add(Container(
        child: InkWell(
          child: Text(_channelList[i].name,
              style: TextStyle(color: Colors.blue, fontSize: 25),
              textAlign: TextAlign.center),
          onTap: () {
            currentChannel = _channelList[i];
            refresh();
          }),
        padding: EdgeInsets.all(10)));
  }
  return widgets;
}
// 构建侧边栏头部
Widget buildDrawerHeader() {
  return Container(
      child: Text("频道列表",
          style: TextStyle(color: Colors.white, fontSize: 30),
          textAlign: TextAlign.end),
```

```
        height: 100,
        color: Colors.blue,
        padding: EdgeInsets.all(5),
        alignment: Alignment.bottomRight);
}
```
仔细阅读上述代码,整个侧边栏由两部分组成:一部分是侧边栏头部,包含 Text 组件;另一部分则是根据_channelList 对象提供的数据构建整个频道列表。

在 HTTP 请求 refresh()方法中,有这样一句代码:

`listItems = ListBuilder.genWidgetsFromJson(_newsData);`

其中 listItems 是列表类型对象,它将作为新闻标题列表 ListView 中的子组件被使用。和 Json 解析时实现 NewsData 类的方法类似,依旧采用自下而上的方法实现新闻标题列表的绘制过程。

我们先根据原型图画出列表中单个元素的布局和赋值,起名为 ListItem,如下:

```
class ListItem {
  static Widget genSingleItem(DataItem dataItem) {
    String uniquekey = dataItem.uniquekey;
    String title = dataItem.title;
    String date = dataItem.date;
    String category = dataItem.category;
    String author_name = dataItem.author_name;
    String url = dataItem.url;
    String thumbnail_pic_s = dataItem.thumbnail_pic_s;
    String thumbnail_pic_s02 = dataItem.thumbnail_pic_s02;
    String thumbnail_pic_s03 = dataItem.thumbnail_pic_s03;
    return Container(
        padding: EdgeInsets.all(5.0),
        child: InkWell(
          onTap: () {
            openDetail(url);
          },
          child: Row(
            children: <Widget>[
              Image(
                  alignment: Alignment.centerLeft,
                  width: 100,
                  height: 100,
                  image: new NetworkImage(thumbnail_pic_s)),
              Expanded(
                  child: Column(
```

```
                mainAxisAlignment: MainAxisAlignment.start,
                children: <Widget>[
                  Container(
                      padding: EdgeInsets.all(3.0),
                      child: Text(date),
                      alignment: Alignment.topLeft),
                  Container(
                    padding: EdgeInsets.all(3.0),
                    child: Text(title,
                       softWrap: false, overflow: TextOverflow.ellipsis),
                    alignment: Alignment.centerLeft,
                  ),
                  Container(
                      padding: EdgeInsets.all(3.0),
                      child: Text(author_name),
                      alignment: Alignment.bottomLeft)
                ],
              ))
          ],
        )));
  }
}
```

上述代码中的 openDetail()方法是查看新闻详情的逻辑,这在下一节介绍。接下来就是根据 NewsData 类提供的数据完成数据到界面的显示。参考如下代码:

```
class ListBuilder {
  static List<Widget> genWidgetsFromJson(NewsData newsData) {
    List<Widget> returnData = new List();
    List<DataItem> dataItems = newsData.result.data.dataItems;
    for (var i = 0; i < dataItems.length; i++) {
      returnData.add(ListItem.genSingleItem(dataItems[i]));
    }
    return returnData;
  }
}
```

到此,ListBuilder 类就完成了。相应地,新闻列表部分也就完工了。

13.5.2 跳转查看新闻详情

通过观察 Json 的返回值，得知新闻详情的内容是以网址的形式返回的。因此，当用户需要查看某条新闻的详情时，只需要打开相应的网址就可以了。为了简单起见，这里使用 url_launcher 库来实现这个功能。

首先，在 pubspec.yaml 中对该库进行声明：

```
url_launcher: ^5.0.3
```

接着，运行 flutter pub get 命令获取该库。

然后，在 ListBuilder 类所在的 Dart 文件中 import 相应的类并实现 openDetail()方法，如下：

```dart
import 'package:url_launcher/url_launcher.dart';
void openDetail(String url) async {
  if (await canLaunch(url)) {
    await launch(url);
  } else {
    throw 'Could not launch $url';
  }
}
```

到此，代码部分全部编写完成。下面分别看一下每个 Dart 类，领会整个 App 的代码组织结构：

news_channel.dart 代码：

```dart
class ChannelList {
  String name;
  String type;
  ChannelList(this.type,this.name);
}
news_json_resp.dart
class NewsData {
  String reason;
  Result result;
  int error_code;
  NewsData(this.reason, this.result, this.error_code);
  NewsData.fromJson(Map<String, dynamic> jsonStr) {
    this.reason = jsonStr['reason'];
    this.error_code = jsonStr['error_code'];
    this.result = Result.fromJson(jsonStr['result']);
  }
```

```
}
class Result {
  String stat;
  Data data;
  Result(this.stat, this.data);
  Result.fromJson(Map<String, dynamic> jsonStr) {
    this.stat = jsonStr['stat'];
    this.data = Data.fromJson(jsonStr['data']);
  }
}
class Data {
  List<DataItem> dataItems;
  Data.fromJson(List items) {
    dataItems = new List();
    for (var i = 0; i < items.length; i++) {
      DataItem dataItem = new DataItem(
          items[i]['uniquekey'],
          items[i]['title'],
          items[i]['date'],
          items[i]['category'],
          items[i]['author_name'],
          items[i]['url'],
          items[i]['thumbnail_pic_s'],
          items[i]['thumbnail_pic_s02'],
          items[i]['thumbnail_pic_s03']);
      dataItems.add(dataItem);
    }
  }
}
class DataItem {
  String uniquekey;
  String title;
  String date;
  String category;
  String author_name;
  String url;
  String thumbnail_pic_s;
  String thumbnail_pic_s02;
  String thumbnail_pic_s03;
  DataItem(
      this.uniquekey,
```

```
    this.title,
    this.date,
    this.category,
    this.author_name,
    this.url,
    this.thumbnail_pic_s,
    this.thumbnail_pic_s02,
    this.thumbnail_pic_s03);
}
```

news_list.dart 代码：

```
import 'package:flutter/material.dart';
import 'news_json_resp.dart';
import 'package:url_launcher/url_launcher.dart';
class ListBuilder {
  static List<Widget> genWidgetsFromJson(NewsData newsData) {
    List<Widget> returnData = new List();
    List<DataItem> dataItems = newsData.result.data.dataItems;
    for (var i = 0; i < dataItems.length; i++) {
      returnData.add(ListItem.genSingleItem(dataItems[i]));
    }
    return returnData;
  }
}
class ListItem {
  static Widget genSingleItem(DataItem dataItem) {
    String uniquekey = dataItem.uniquekey;
    String title = dataItem.title;
    String date = dataItem.date;
    String category = dataItem.category;
    String author_name = dataItem.author_name;
    String url = dataItem.url;
    String thumbnail_pic_s = dataItem.thumbnail_pic_s;
    String thumbnail_pic_s02 = dataItem.thumbnail_pic_s02;
    String thumbnail_pic_s03 = dataItem.thumbnail_pic_s03;
    return Container(
        padding: EdgeInsets.all(5.0),
        child: InkWell(
          onTap: () {
            openDetail(url);
          },
          child: Row(
```

```dart
            children: <Widget>[
              Image(
                  alignment: Alignment.centerLeft,
                  width: 100,
                  height: 100,
                  image: new NetworkImage(thumbnail_pic_s)),
              Expanded(
                  child: Column(
                mainAxisAlignment: MainAxisAlignment.start,
                children: <Widget>[
                  Container(
                      padding: EdgeInsets.all(3.0),
                      child: Text(date),
                      alignment: Alignment.topLeft),
                  Container(
                    padding: EdgeInsets.all(3.0),
                    child: Text(title,
                        softWrap: false, overflow: TextOverflow.ellipsis),
                    alignment: Alignment.centerLeft,
                  ),
                  Container(
                      padding: EdgeInsets.all(3.0),
                      child: Text(author_name),
                      alignment: Alignment.bottomLeft)
                ],
              ))
            ],
          )));
  }
  static void openDetail(String url) async {
    if (await canLaunch(url)) {
      await launch(url);
    } else {
      throw 'Could not launch $url';
    }
  }
}
```

main.dart 代码：

```dart
import 'package:flutter/material.dart';
import 'dart:convert';
import 'dart:io';
import 'news_channel.dart';
import 'news_json_resp.dart';
import 'news_list.dart';
List<ChannelList> _channelList;
NewsData _newsData;
String defaultUrl = "http://v.juhe.cn/toutiao/index?";
String key = "key=4cd58305bd70f1a1e33bab4b692a0e90";
String type = "type=";
String url;
ChannelList currentChannel;
void main() {
  runApp(MyApp());
}
class MyApp extends StatelessWidget {
  @override
  Widget build(BuildContext context) {
    _channelList = new List();
    _channelList.add(new ChannelList("top", "头条"));
    _channelList.add(new ChannelList("shehui", "社会"));
    _channelList.add(new ChannelList("guonei", "国内"));
    _channelList.add(new ChannelList("guoji", "国际"));
    _channelList.add(new ChannelList("yule", "娱乐"));
    _channelList.add(new ChannelList("tiyu", "体育"));
    _channelList.add(new ChannelList("junshi", "军事"));
    _channelList.add(new ChannelList("keji", "科技"));
    _channelList.add(new ChannelList("caijing", "财经"));
    _channelList.add(new ChannelList("shishang", "时尚"));
    currentChannel = _channelList[0];
    return MaterialApp(
      title: "头条新闻",
      theme: ThemeData(
        primarySwatch: Colors.blue,
      ),
      home: NewsList(title: "头条新闻"),
    );
  }
}
```

```
class NewsList extends StatefulWidget {
  NewsList({Key key, this.title}) : super(key: key);
  final String title;
  @override
  _NewsListState createState() => _NewsListState();
}
class _NewsListState extends State<NewsList>
    with SingleTickerProviderStateMixin {
  bool isLoading = false;
  List<Widget> listItems;
  // 构建侧边栏头部
  Widget buildDrawerHeader() {
    return Container(
        child: Text("频道列表",
            style: TextStyle(color: Colors.white, fontSize: 30),
            textAlign: TextAlign.end),
        height: 100,
        color: Colors.blue,
        padding: EdgeInsets.all(5),
        alignment: Alignment.bottomRight);
  }
  // 构建侧边栏元素
  List<Widget> buildDrawerItems(List<ChannelList> _channelList) {
    List<Widget> widgets = new List();
    widgets.add(buildDrawerHeader());
    for (int i = 0; i < _channelList.length; i++) {
      widgets.add(Container(
          child: InkWell(
            child: Text(_channelList[i].name,
                style: TextStyle(color: Colors.blue, fontSize: 25),
                textAlign: TextAlign.center),
            onTap: () {
              currentChannel = _channelList[i];
              refresh();
            }),
          padding: EdgeInsets.all(10)));
    }
    return widgets;
  }
  // 刷新数据
  refresh() async {
```

```
      url = "$defaultUrl$type${currentChannel.type}&$key";
      if (!isLoading) {
        isLoading = true;
        try {
          HttpClient httpClient = new HttpClient();
          HttpClientRequest request = await
httpClient.getUrl(Uri.parse(url));
          HttpClientResponse response = await request.close();
          String responseContent = await
response.transform(utf8.decoder).join();
          _newsData = NewsData.fromJson(json.decode(responseContent));
          listItems = ListBuilder.genWidgetsFromJson(_newsData);
          setState(() {});
          httpClient.close();
        } catch (e) {
          debugPrint("请求失败：$e");
        } finally {
          setState(() {
            isLoading = false;
          });
        }
      } else {
        debugPrint("正在刷新");
      }
    }

  @override
  Widget build(BuildContext context) {
    return Scaffold(
      appBar: AppBar(
        title: Text(widget.title),
      ),
      drawer: Drawer(
          child: ListView(
              padding: EdgeInsets.zero,
              children: buildDrawerItems(_channelList))),
      body: Center(
        child: listItems != null
            ? ListView(
                children: listItems,
              )
            : Text("请点击刷新按钮"),
```

```
      ),
      floatingActionButton: FloatingActionButton(
        onPressed: refresh,
        tooltip: "刷新",
        child: Icon(Icons.refresh),
      ),
    );
  }
}
```

运行上述代码，去看看效果吧！

13.6 进一步：还可以做些什么

到此，一个完整的 App 已经可以使用了，但它距离产品化、商用化的要求还有一段路要走。比如：

◎ 应用的图标总不能用默认的吧？
◎ 如果网络不通，无法获取最新的新闻，该如何处理？
◎ 用户想要查看几天前的新闻内容，该怎么做？
◎ 如果新闻量特别大，该如何优化性能？

通过本章的学习，相信你已经拥有了自己的 GitHub 账号。如果想在现有的代码基础上继续完善，可以使用 Fork 功能将源码拷贝到自己的账户中，再慢慢进行修改。

特别要注意的是，只有将源码 Fork 到自己的账号下，才可以正常提交和上传代码。另外，请你自行修改 Appkey，否则很快就会达到上限。

第 14 章
测试与调试应用

本章我们来看怎样在完成代码编写后进行测试,以及在程序运行时的调试方法。事实上,在实际开发中,测试和调试所占的时间在总开发时间中的比例还是比较高的。某些 Bug 隐藏之深是开发者通常想不到的,它可能需要特定的操作路径,或者特定的运行环境,或者长时间的使用才能复现,这些在开发中很难兼顾到。

与此同时,在修复这些 Bug 时,通常需要实时观察某个对象的值。虽然可以通过日志的形式进行输出,但在某些情形下,使用更好的调试工具可以使对这些值的观察变得更加方便。那么,如果需要观察一个集合,或者一个对象中所有变量的值,单纯地使用日志该怎么做呢?这时,你可能会想到用循环,也可能会在输出日志的代码中多次运用"."运算符对象内的变量取值。但是,这样就使得编写日志输出语句本身变得复杂,还会冒着空指针的风险。

因此,无论是在测试过程还是代码调试过程中,有一套好用的工具就变得尤为重要。

14.1 测试概述

随着 App 功能的日益增多,代码逻辑也会随之变得复杂,手动测试的难度也会随之加剧,甚至会有遗漏的情况出现。因此,自动化测试工具便应运而生。它可以帮助开发者或测试员在产品发布前确保产品的质量。

Flutter 框架提供了三种自动化的测试方法：单元测试、组件测试和集成测试。其使用场景如下：
- 单元测试：在测试单个功能、单个方法或单个类时使用。
- 组件测试：在测试单个组件时使用，它可能会涉及多个类及不同的运行状态。
- 集成测试：测试应用程序的整体或大部分。

14.2 单元测试

单元测试通常用于测试单个功能、方法或类，其目的在于验证逻辑单元在各种输入条件下仍然可以输出正确的结果。单元测试通常不会发生磁盘读写操作，不会显示在屏幕上，也不会从运行测试的进程以外截取用户操作。下面来看一下单元测试是如何进行的。

14.2.1 添加测试库

用于测试的库在新建 Flutter 工程时已经引入，你可以打开 pubspec.yaml 找到相关代码：

```
dev_dependencies:
  flutter_test:
    sdk: flutter
```

但是，如果工程代码不知为何没有引入这个库，请按照如上所示将其添加到 pubspec.yaml 文件中。

14.2.2 创建测试类和被测试类

测试类是用来测试另一个类的，被测试类是等待另一个类来测试的。观察整个 Flutter 工程的结构，来到项目的根目录下，发现它包含 test 目录。通常，该文件夹就是用来放测试类的，而将 App 的业务逻辑代码放在 lib 目录中。下面分别创建这两个类：

```
counter_app/
  lib/
    counter.dart
  test/
    counter_test.dart
```

如上所示，在 lib 目录中新建了 counter.dart 类，在 test 目录中新建了 counter_test.dart 类。前者是被测试类，后者是测试类。

14.2.3 开发业务逻辑

编写常规业务逻辑就等同于开发 Fluter App，这里实现一下简单的变量自增和变量自减两个方法。示例如下：

```
class Counter {
  int value = 0;
  void increment() => value++;
  void decrement() => value--;
}
```

14.2.4 开发测试类

接下来，我们编写 counter_test.dart 类，这里需要导入 test.dart 类以便可以正常使用测试方法。在测试 counter.dart 类中变量自增和变量自减方法的代码如下：

```
import 'package:flutter_test/flutter_test.dart';
import 'package:demo_unit_test/counter.dart';
void main() {
  test('Counter value should be incremented', () {
    final counter = Counter();
    counter.increment();
    expect(counter.value, 1);
  });
  test('value should be decremented', () {
    final counter = Counter();
    counter.decrement();
    expect(counter.value, -1);
  });
}
```

除了上述写法，如果多个测试方法属于同一个功能或可归为同一类，就可以使用 group 将其归类，其实现如下：

```
import 'package:flutter_test/flutter_test.dart';
import 'package:demo_unit_test/counter.dart';
void main() {
  group('Counter', () {
    test('value should start at 0', () {
      expect(Counter().value, 0);
```

```
  });
  test('value should be incremented', () {
    final counter = Counter();
    counter.increment();
    expect(counter.value, 1);
  });
  test('value should be decremented', () {
    final counter = Counter();
    counter.decrement();
    expect(counter.value, -1);
  });
});
}
```

14.2.5 运行测试类

最后，为了得到最终的测试结果来运行测试类。打开 Android Studio 中的 Terminal 视图，运行集成的控制台，在其中输入如下命令：

```
flutter test test/counter_test.dart
```

然后按回车键，稍等片刻，即可得到测试结果：

```
00:02 +2: All tests passed!
```

如果输入如下命令：

```
flutter test
```

那么，在不指定测试类时，Flutter 框架会默认运行所有测试类。

14.3 组件测试

顾名思义，所谓组件测试就是用来测试单个组件的，即用来确保某个组件按预期的方式运行。下面分步骤来介绍组件测试如何进行。

14.3.1 添加测试库

和单元测试一样，运行组件测试依然需要添加测试库，如下：

```
dev_dependencies:
  flutter_test:
    sdk: flutter
```

14.3.2 创建要被测试的组件

新建的项目包含一个 MyApp 组件,以及多个 Material Design 风格的组件,这里测试的主要组件是 MyApp。

打开 test 目录下的 widget_test.dart 文件,可以看到具体的测试步骤。

14.3.3 创建组件测试类

打开 test 目录下的 widget_test.dart 文件,阅读里面的代码,发现用于组件测试的结构如下。

```
void main() {
  testWidgets('MyWidget has a title and message', (WidgetTester tester) async {
    // 测试代码
  });
}
```

这里用 testWidgets()方法进行组件测试,它包含了 WidgetTester 对象——tester。

14.3.4 使用 WidgetTester 创建组件

继续阅读 widget_test.dart 文件中的代码,在 testWidgets()方法中,开始执行以下语句:

```
await tester.pumpWidget(MyApp());
```

pumpWidget()方法创建了 MyApp 组件,这一步并没有在移动设备上运行,只是在后台默默地完成了组件的渲染。还发现 tester.tap()方法模拟点击的操作,紧跟其后的 tester.pump()方法则会重建组件。因为在单纯的点击后并不会使状态组件发生最终的显示变化,所以只有在调用 tester.pump()方法之后才行。通常,在被测试的代码中有 setState()方法就会有 tester.pump()方法出现。

14.3.5 使用 find 查找组件

在 widget_test.dart 文件中,还有类似这样的写法:

```
find.text('0')
find.byIcon(Icons.add)
```

使用 find 可以找到要验证的组件。比如,在上面的代码中,前者是通过"包含 0"去寻找符合该要求的组件。运行被测试的代码，界面显示如图 14.1 所示。

图 14.1　组件测试

显而易见，符合"包含 0"条件的只有屏幕中央的文本，右下角的加号按钮则是通过加号条件找到的。

14.3.6　使用 Matcher 验证结果

在找到组件并模拟点击事件后，就要验证最终的结果。在 widget_test.dart 文件中，将查找组件和验证结果写到了一起。代码如下所示：

```
expect(find.text('0'), findsOneWidget);
expect(find.text('1'), findsNothing);
```

这段代码很容易理解，通过查找"包含 0"的条件，若符合"找到一个组件"的结果，则表示测试通过。widget_test.dart 文件中的整段代码如下：

```
import 'package:flutter/material.dart';
import 'package:flutter_test/flutter_test.dart';
import 'package:demo_widget_test/main.dart';
void main() {
  testWidgets('Counter increments smoke test', (WidgetTester tester) async
{
    // Build our app and trigger a frame.
    await tester.pumpWidget(MyApp());
    // Verify that our counter starts at 0.
    expect(find.text('0'), findsOneWidget);
    expect(find.text('1'), findsNothing);
    // Tap the '+' icon and trigger a frame.
    await tester.tap(find.byIcon(Icons.add));
    await tester.pump();
    // Verify that our counter has incremented.
    expect(find.text('0'), findsNothing);
    expect(find.text('1'), findsOneWidget);
  });
}
```

其逻辑如下：

（1）创建 MyApp 组件。

（2）查找符合"包含 0"条件的组件，期望结果是 1 个。

（3）查找符合"包含 1"条件的组件，期望结果是 0 个。

（4）点击包含加号图标的组件。

（5）重建组件。

（6）查找符合"包含 0"条件的组件，期望结果是 0 个。

（7）查找符合"包含 1"条件的组件，期望结果是 1 个。

运行组件测试的方法和运行单元测试的相同。

14.4 集成测试

我们知道，单元测试和组件测试都是针对某个方法、某个类或某个组件而言的，它们通常不会测试这些单独的部分组合在一起后的情况。对于这种情况，就需要用到集成测试。

集成测试的进行方式和单元/组件测试的不同，它需要在设备或虚拟设备上部署指令化的程序，然后使用测试套件驱动它，最后检查并确保程序是按照期望的方式来运行的。

下面依旧分步骤来看一下集成测试是如何进行的。

14.4.1 创建要测试的 App

由于集成测试是对整个 App 而言的,因此要进行集成测试就需要先创建目标 App。在实际开发中,集成测试通常是在完成整个 App 开发后进行的。

这里,依旧使用新建的计数器应用为例,然后在计数值显示的 Text 组件和 FloatingActionButton 组件上添加 key 属性,如下:

```
import 'package:flutter/material.dart';
void main() => runApp(MyApp());
class MyApp extends StatelessWidget {
  @override
  Widget build(BuildContext context) {
    return MaterialApp(
      title: 'Flutter Demo',
      theme: ThemeData(
        primarySwatch: Colors.blue,
      ),
      home: MyHomePage(title: 'Flutter Demo Home Page'),
    );
  }
}
class MyHomePage extends StatefulWidget {
  MyHomePage({Key key, this.title}) : super(key: key);
  final String title;
  @override
  _MyHomePageState createState() => _MyHomePageState();
}
class _MyHomePageState extends State<MyHomePage> {
  int _counter = 0;
  void _incrementCounter() {
    setState(() {
      _counter++;
    });
  }
  @override
  Widget build(BuildContext context) {
    return Scaffold(
      appBar: AppBar(
        title: Text(widget.title),
```

```
      ),
      body: Center(
        child: Column(
          mainAxisAlignment: MainAxisAlignment.center,
          children: <Widget>[
            Text(
              'You have pushed the button this many times:',
            ),
            Text(
              '$_counter',
              key: Key('counter'),
              style: Theme.of(context).textTheme.display1,
            ),
          ],
        ),
      ),
      floatingActionButton: FloatingActionButton(
        key: Key('increment'),
        onPressed: _incrementCounter,
        tooltip: 'Increment',
        child: Icon(Icons.add),
      ),
    );
  }
}
```

14.4.2 添加必要的测试库

集成测试需要使用 flutter_driver 库。除了要声明 flutter_test 库，还要将 flutter_driver 库添加到 pubspec.yaml 的 dev_dependencies 节点中。如下：

```
dev_dependencies:
  flutter_test:
    sdk: flutter
  flutter_driver:
    sdk: flutter
  test: any
```

14.4.3 创建测试类

集成测试用到的测试类位于工程根目录下的 test_driver 目录中,默认创建的 Flutter 工程并不包含这个目录,需要手动新建。创建后,还需要创建指令化的 Flutter 应用程序类和集成测试用到的类。

创建指令化的 Flutter 应用程序类。指令化的 Flutter 应用程序允许开发者运行 App。本例中,将该类命名为 app.dart,并将其保存在 test_driver 目录下。

创建集成测试用到的类。集成测试类包含用于验证运行结果正确与否的测试套件,其同样记录性能分析数据。该类的命名规则为必须以与之相关的指令化应用程序类名后加 _test 为名。本例中,指令化的 Flutter 应用程序类名为 app.dart,则集成测试用到的类名为 app_test.dart。

创建好上述两个类后的工程目录结构如下:

```
demo_integration_test/
  ...
  lib/
    main.dart
  test_driver/
    app.dart
    app_test.dart
  ...
```

14.4.4 构建指令化的 Flutter 应用程序类

创建指令化的 Flutter 应用程序很简单,只需要启动 Flutter drive 扩展并运行程序即可。完整的 app.dart 代码如下:

```dart
import 'package:flutter_driver/driver_extension.dart';
import 'package:demo_integration_test/main.dart' as app;
void main() {
  enableFlutterDriverExtension();
  app.main();
}
```

由于 main() 方法在 app.dart 中也有声明,因此这里使用了 import ... as ... 的方式导入类,并在使用时通过调用 app.main() 方法区分不同类但同名的 main() 方法。

14.4.5 构建集成测试用到的类

在构建好指令化的 Flutter 应用程序后，就可以写针对它的测试类了。这个测试类使用 Flutter driver API 来指导应用程序执行操作，之后再验证这个操作是否正确。完整的 app_test.dart 代码如下：

```dart
import 'package:flutter_driver/flutter_driver.dart';
import 'package:flutter_test/flutter_test.dart';
void main() {
  group('Counter App', () {
    final counterTextFinder = find.byValueKey('counter');
    final buttonFinder = find.byValueKey('increment');
    FlutterDriver driver;
    setUpAll(() async {
      driver = await FlutterDriver.connect();
    });
    tearDownAll(() async {
      if (driver != null) {
        driver.close();
      }
    });
    test('starts at 0', () async {
      expect(await driver.getText(counterTextFinder), "0");
    });
    test('increments the counter', () async {
      await driver.tap(buttonFinder);
      expect(await driver.getText(counterTextFinder), "1");
    });
  });
}
```

如上代码所示，首先使用 find 定位要测试的组件。本例中，通过 key 的方式找到计数值 Text 组件和 FloatingActionButton 组件。接着，在正式测试前调用 setUpAll()方法连接到 App。然后，测试脚本的内容，分别对应本例中的两个 test()方法。最后，调用 tearDownAll()方法和 App 断开连接，结束测试流程。

14.4.6 运行测试

运行测试的方法是启动集成的命令行视图。在工程根目录下运行以下指令：

```
flutter drive --target=test_driver/app.dart
```

注意，由于集成测试会真正地在设备上运行 App，因此能看到测试操作的全过程。在测试完成后，App 将自动关闭，并在命令行留下相关日志。从日志中查看的测试结果如下：

```
Using device Android SDK built for x86.
Starting application: test_driver/app.dart
Initializing gradle...                                     2.5s
Resolving dependencies...                                  10.4s
Installing build\app\outputs\apk\app.apk...                2.3s
Running Gradle task 'assembleDebug'...                     8.0s
Built build\app\outputs\apk\debug\app-debug.apk.
I/flutter (25973): Observatory listening on http://127.0.0.1:33620/bq9GdK_WZuM=/
00:00 [32m+0[0m: Counter App (setUpAll)[0m
[info ] FlutterDriver: Connecting to Flutter application at http://127.0.0.1:53896/bq9GdK_WZuM=/
[trace] FlutterDriver: Isolate found with number: 197444479
[trace] FlutterDriver: Isolate is paused at start.
[trace] FlutterDriver: Attempting to resume isolate
[trace] FlutterDriver: Waiting for service extension
[info ] FlutterDriver: Connected to Flutter application.
00:01 [32m+0[0m: Counter App starts at 0[0m
00:01 [32m+1[0m: Counter App increments the counter[0m
00:04 [32m+2[0m: Counter App (tearDownAll)[0m
00:04 [32m+2[0m: All tests passed![0m
Stopping application instance.
```

14.5 Dart 分析器

在运行应用程序前，Dart 分析器通过分析代码可以帮助开发者排除一些代码隐患。当然，如果你使用的是 Android Studio，Dart 分析器就会默认自动启用。若要手动测试代码，可以在工程根目录下使用

```
flutter analyze
```

命令，检查结果会稍后显示在命令行对话框中。

比如，在计数器应用中，去掉一个语句结尾的分号：

```
void _incrementCounter() {
  setState(() {
    _counter++
  });
}
```

运行 Dart 分析器，命令行输出：

```
error - Expected to find ';' - lib\main.dart:32:15 - expected_token
1 issue found. (ran in 8.9s)
```

14.6　Dart 单步调试法

在某些时候，我们需要进行单步调试。单步调试可以让程序语句逐条地进行，并可以看到当前运行的位置。另外，在单步调试过程中，还能实时关注相应范围内变量值的详细变化过程。

在 Android Studio 中提供了单步调试功能。其和开发原生 Android 平台 App 的单步调试方法一样，可以分为三步进行：第一步标记断点，第二步运行程序到断点处，第三步使用 Debug 工具进行调试。

下面以默认的计数器应用为例观察代码中 _counter 值的变化，以体会单步调试的全过程。

第一步是标记断点。既然要观察 _counter 值的变化，那么通过在每次 _counter 值发生变化后添加断点来观察数值变化是最理想的，因此在行号稍右侧点击鼠标，把断点加载到如图 14.2 所示的位置。

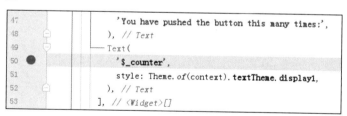

图 14.2　添加断点

在添加断点后，相应的行号右侧将会出现圆形的断点标记，并且整行将会高亮显示。到此，断点就添加好了，当然，还可以同时添加多个断点，以便实现多个位置的调试。

第二步是运行程序。和之前的运行方式不同，这次需要以调试模式启动 App。方法是点击 Android Studio 上方工具栏的"小虫子"图标，如图 14.3 所示。

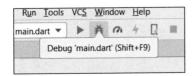

图 14.3 以调试方式启动 App

稍等片刻,程序就启动了。由于我们添加断点的位置在程序启动后会被立即运行到,因此,无须其他操作即可进入调试视图。如果断点位置并不是在程序一启动就执行,则需要手动让程序运行到断点位置。

如图 14.4 所示,进入 Debug 模式并运行到断点位置。

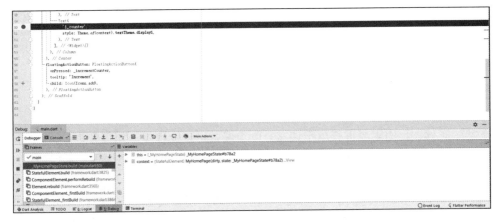

图 14.4 Debug 视图

这里介绍两种方法来获取 _counter 值:一种是在代码处通过执行表达式的方法,如图 14.5 所示。

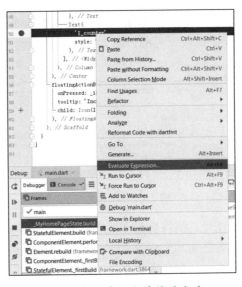

图 14.5 实时获取变量值的方法一

在相应的变量上点击右键，接着在弹出的菜单中选择"Evaluate Expression"，最后在弹出的对话框中点击"Evaluate"按钮，得到的运算结果如图 14.6 所示。

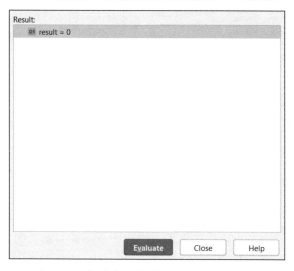

图 14.6　实时获取变量值的方法一的结果

除此之外，如果取得的值是一个对象，就可以在该窗口上方的表达式输入框中使用"."运算符调用该对象的方法来获取相应的运算结果。

另外一种方法是通过窗口下方的调试视图，在这里会有较为完整的变量值显示，并以树形的方式呈现。我们可以依次展开这个树形结构，找到_counter 值，如图 14.7 所示。

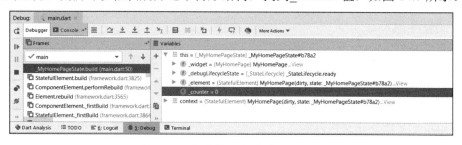

图 14.7　实时获取变量值的方法二

接下来，保持 App 继续运行，然后点击界面右下角的 FloatingActionButton，验证一下点击后_counter 值的准确性。此时，需要点击"运行到下一个断点"按钮，如图 14.8 所示。

点击该按钮后，程序会继续运行，直到下一个断点。本例只添加了一个断点，因此，程序再次停留在此处。如图 14.9 所

图 14.8　运行到下一个断点

示，在点击 FloatingActionButton 后，程序再次停留在断点位置，此时，_counter 值已经发生了变化，即完成了自增 1 的计算，结果无误。

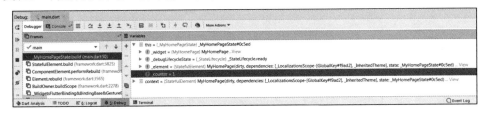

图 14.9 _counter 值发生了改变

图 14.10 退出调试模式

我们可以在任何时候退出调试模式，只需点击"停止运行"按钮即可，它位于"启动调试模式"按钮的右侧，如图 14.10 所示。

点击该按钮后，Android Studio 会退出调试模式，同时运行在设备上的程序也会被强制关闭。

14.7 调试应用程序的层

Flutter 框架中的每一层都提供了转储当前状态或事件的方式，这些转储的信息将通过 debugPrint()方法输出到控制台上。下面逐层探究其日志转储的方法和内容。

14.7.1 组件层

要转储组件层的状态需要调用 debugdumpapp()方法，而保证该方法取到有效日志的前提是该 App 至少构建了一次组件，且不要在 build()方法过程中调用。我们以新建的计数器应用为例，添加一个创建组件层日志转储的按钮，并在用户点击该按钮后执行 debugdumpapp()方法。完整代码如下：

```
import 'package:flutter/material.dart';
void main() => runApp(MyApp());
class MyApp extends StatelessWidget {
  @override
  Widget build(BuildContext context) {
    return MaterialApp(
      title: 'Flutter Demo',
      theme: ThemeData(
```

```dart
          primarySwatch: Colors.blue,
      ),
      home: MyHomePage(title: 'Flutter Demo Home Page'),
    );
  }
}
class MyHomePage extends StatefulWidget {
  MyHomePage({Key key, this.title}) : super(key: key);
  final String title;
  @override
  _MyHomePageState createState() => _MyHomePageState();
}
class _MyHomePageState extends State<MyHomePage> {
  int _counter = 0;
  void _incrementCounter() {
    setState(() {
      _counter++;
    });
  }
  @override
  Widget build(BuildContext context) {
    return Scaffold(
      appBar: AppBar(
        title: Text(widget.title),
      ),
      body: Center(
        child: Column(
          mainAxisAlignment: MainAxisAlignment.center,
          children: <Widget>[
            Text(
              'You have pushed the button this many times:',
            ),
            Text(
              '$_counter',
              style: Theme.of(context).textTheme.display1,
            ),
            RaisedButton(
                onPressed: () => debugDumpApp(),
                child: Text("Create app dump")),
          ],
        ),
```

```
      ),
      floatingActionButton: FloatingActionButton(
        onPressed: _incrementCounter,
        tooltip: 'Increment',
        child: Icon(Icons.add),
      ),
    );
  }
}
```

运行上述代码，然后点击该按钮，可以看到控制台有如下输出（节选）：

```
I/flutter ( 4489): WidgetsFlutterBinding - CHECKED MODE
I/flutter ( 4489): [root](renderObject: RenderView#d27b1)
I/flutter ( 4489):  └MyApp
I/flutter ( 4489):    └MaterialApp(state: _MaterialAppState#51668)
I/flutter ( 4489):      └ScrollConfiguration(behavior:
_MaterialScrollBehavior)
I/flutter ( 4489):        └WidgetsApp-[GlobalObjectKey
_MaterialAppState#51668](state: _WidgetsAppState#04e30)
I/flutter ( 4489):          └MediaQuery(MediaQueryData(size: Size(411.4, 797.7),
devicePixelRatio: 2.6, textScaleFactor: 1.1, platformBrightness:
Brightness.light, padding: EdgeInsets(0.0, 24.0, 0.0, 0.0), viewInsets:
EdgeInsets.zero, alwaysUse24HourFormat: true, accessibleNavigation:
falsedisableAnimations: falseinvertColors: falseboldText: false))
I/flutter ( 4489):            └Localizations(locale: en_US, delegates:
[DefaultMaterialLocalizations.delegate(en_US),
DefaultCupertinoLocalizations.delegate(en_US),
DefaultWidgetsLocalizations.delegate(en_US)], state:
_LocalizationsState#c0c98)
I/flutter ( 4489):              └Semantics(container: false, properties:
SemanticsProperties, label: null, value: null, hint: null, textDirection: ltr,
hintOverrides: null, renderObject: RenderSemanticsAnnotations#31c77)
I/flutter ( 4489):                └_LocalizationsScope-[GlobalKey#60b05]
I/flutter ( 4489):                  └Directionality(textDirection: ltr)
I/flutter ( 4489):                    └Title(title: "Flutter Demo", color:
MaterialColor(primary value: Color(0xff2196f3)))
I/flutter ( 4489):                      └CheckedModeBanner("DEBUG")
I/flutter ( 4489):                        └Banner("DEBUG", textDirection: ltr, location:
topEnd, Color(0xa0b71c1c), text inherit: true, text color: Color(0xffffffff),
text size: 10.2, text weight: 900, text height: 1.0x, dependencies:
[Directionality])
I/flutter ( 4489):                          └CustomPaint(renderObject:
```

```
RenderCustomPaint#c2a34)
    I/flutter ( 4489):                    └DefaultTextStyle(debugLabel: fallback style;
consider putting your text in a Material, inherit: true, color: Color(0xd0ff0000),
family: monospace, size: 48.0, weight: 900, decoration: double Color(0xffffff00)
TextDecoration.underline, softWrap: wrapping at box width, overflow: clip)
    I/flutter ( 4489):                       └Builder(dependencies: [MediaQuery])
    ……
```

这些内容看上去似乎很复杂，但仔细观察后发现：组件层的转储信息实际上就是把所有的组件按照树形结构罗列出来，其中包含组件的样式、值等信息。当然，还会看到某些未曾在代码中体现的组件，这是因为这些组件在框架本身的组件中有使用。比如，RaisedButton 中的 InkWell，虽然没有通过代码实现 InkWell，但 RaisedButton 本身为了实现相应的效果在其中使用了 InkWell 组件。

此外，在转储信息中，会有某个组件被标记为 dirty，这是因为创建转储信息的行为是通过该组件触发的。本例中，被标记为 dirty 的组件如下：

```
    RaisedButton(dependencies: [_LocalizationsScope-[GlobalKey#60b05],
_InheritedTheme])
    └RawMaterialButton(dirty, state: _RawMaterialButtonState#fe2da)
```

可见，它就是为了执行 debugDumpApp()方法而增加的按钮。

14.7.2 渲染层

由上一节得知组件层提供了各个组件的详情信息，但在某些时候，这些信息并不够使用，此时就可以调用 debugDumpRenderTree()方法转储渲染层。

基于上一小节的示例，继续添加一个按钮，其操作就是触发 debugDumpRenderTree()方法。如下：

```
RaisedButton(
    onPressed: () => debugDumpRenderTree(),
    child: Text("Create render tree dump"))
```

程序运行后，单击这个按钮，观察控制台输出（节选）：

```
I/flutter ( 7255): RenderView#7e860
I/flutter ( 7255): │ debug mode enabled - android
I/flutter ( 7255): │ window size: Size(1080.0, 2094.0) (in physical pixels)
I/flutter ( 7255): │ device pixel ratio: 2.6 (physical pixels per logical pixel)
I/flutter ( 7255): │ configuration: Size(411.4, 797.7) at 2.625x (in logical pixels)
I/flutter ( 7255): │
```

```
I/flutter ( 7255):      └child: RenderSemanticsAnnotations#62d7d
I/flutter ( 7255):      │ creator: Semantics ← Localizations ← MediaQuery ←
I/flutter ( 7255):      │   WidgetsApp-[GlobalObjectKey
_MaterialAppState#d0498] ←
I/flutter ( 7255):      │   ScrollConfiguration ← MaterialApp ← MyApp ← [root]
I/flutter ( 7255):      │ parentData: <none>
I/flutter ( 7255):      │ constraints: BoxConstraints(w=411.4, h=797.7)
I/flutter ( 7255):      │ size: Size(411.4, 797.7)
I/flutter ( 7255):      │
I/flutter ( 7255):      └child: RenderCustomPaint#e2d03
I/flutter ( 7255):        │ creator: CustomPaint ← Banner ← CheckedModeBanner
← Title ←
I/flutter ( 7255):        │   Directionality ←
_LocalizationsScope-[GlobalKey#6be84] ←
I/flutter ( 7255):        │   Semantics ← Localizations ← MediaQuery ←
I/flutter ( 7255):        │   WidgetsApp-[GlobalObjectKey
_MaterialAppState#d0498] ←
I/flutter ( 7255):        │   ScrollConfiguration ← MaterialApp ← …
I/flutter ( 7255):        │ parentData: <none> (can use size)
I/flutter ( 7255):        │ constraints: BoxConstraints(w=411.4, h=797.7)
I/flutter ( 7255):        │ size: Size(411.4, 797.7)
I/flutter ( 7255):        │
I/flutter ( 7255):        └child: RenderPointerListener#9b873
I/flutter ( 7255):          │ creator: Listener ←
Navigator-[GlobalObjectKey<NavigatorState>
I/flutter ( 7255):          │   _WidgetsAppState#74612] ← IconTheme ← IconTheme
←
I/flutter ( 7255):          │   _InheritedCupertinoTheme ← CupertinoTheme ←
_InheritedTheme ←
I/flutter ( 7255):          │   Theme ← AnimatedTheme ← Builder ←
DefaultTextStyle ←
I/flutter ( 7255):          │   CustomPaint ← …
I/flutter ( 7255):          │ parentData: <none> (can use size)
I/flutter ( 7255):          │ constraints: BoxConstraints(w=411.4, h=797.7)
I/flutter ( 7255):          │ size: Size(411.4, 797.7)
I/flutter ( 7255):          │ behavior: deferToChild
I/flutter ( 7255):          │ listeners: down, up, cancel
I/flutter ( 7255):          │
I/flutter ( 7255):          └child: RenderAbsorbPointer#52153
I/flutter ( 7255):            │ creator: AbsorbPointer ← Listener ←
……
```

实际输出量很大,不过,对于这些转储信息通常只关注 size 和 constrains 参数就可以了,因为它们表示了大小和约束条件。此外,针对盒约束,还有可能存在 relayoutSubtreeRoot,它表示有多少父控件依赖该组件的尺寸。

14.7.3 转储层级关系

如果要调试有关合成的问题,就需要转储层级关系的信息,用到的方法是 debugDumpLayerTree()。我们继续添加一个按钮,其操作就是触发 debugDumpLayerTree() 方法。如下:

```
RaisedButton(
    onPressed: () => debugDumpLayerTree(),
    child: Text("Create layer tree dump"))
```

运行并点击该按钮,得到控制台输出:

```
I/flutter (10050): TransformLayer#256a4
I/flutter (10050):  │ owner: RenderView#6c917
I/flutter (10050):  │ creator: [root]
I/flutter (10050):  │ offset: Offset(0.0, 0.0)
I/flutter (10050):  │ transform:
I/flutter (10050):  │   [0] 2.625,0.0,0.0,0.0
I/flutter (10050):  │   [1] 0.0,2.625,0.0,0.0
I/flutter (10050):  │   [2] 0.0,0.0,1.0,0.0
I/flutter (10050):  │   [3] 0.0,0.0,0.0,1.0
I/flutter (10050):  │
I/flutter (10050):  ├─child 1: OffsetLayer#03fdc
I/flutter (10050):  │ │ creator: RepaintBoundary ← _FocusScopeMarker ← Semantics ←
I/flutter (10050):  │ │   FocusScope ← PageStorage ← Offstage ← _ModalScopeStatus ←
I/flutter (10050):  │ │   _ModalScope<dynamic>-[LabeledGlobalKey<_ModalScopeState<dynamic>>#ea0b8]
I/flutter (10050):  │ │   ←
I/flutter (10050):  │ │   _OverlayEntry-[LabeledGlobalKey<_OverlayEntryState>#d7b44] ←
I/flutter (10050):  │ │   Stack ← _Theatre ←
I/flutter (10050):  │ │   Overlay-[LabeledGlobalKey<OverlayState>#404b4] ←
...
I/flutter (10050):  │ │ offset: Offset(0.0, 0.0)
I/flutter (10050):  │ │
I/flutter (10050):  │ └─child 1: OffsetLayer#9ca96
```

```
I/flutter (10050): │  │creator: RepaintBoundary-[GlobalKey#71e3e] ←
IgnorePointer ←
I/flutter (10050): │  │ FadeTransition ← FractionalTranslation ←
SlideTransition ←
I/flutter (10050): │  │ _FadeUpwardsPageTransition ← AnimatedBuilder ←
RepaintBoundary
I/flutter (10050): │  │ ← _FocusScopeMarker ← Semantics ← FocusScope ←
PageStorage ← ⋯
I/flutter (10050): │  │offset: Offset(0.0, 0.0)
I/flutter (10050): │  │
I/flutter (10050): │  └─child 1: PhysicalModelLayer#9986e
I/flutter (10050): │    │creator: PhysicalModel ← AnimatedPhysicalModel
← Material ←
I/flutter (10050): │    │ PrimaryScrollController ← _ScaffoldScope ←
Scaffold ←
I/flutter (10050): │    │ MyHomePage ← Semantics ← Builder ←
I/flutter (10050): │    │ RepaintBoundary-[GlobalKey#71e3e] ←
IgnorePointer ←
I/flutter (10050): │    │ FadeTransition ← ⋯
I/flutter (10050): │    │elevation: 0.0
I/flutter (10050): │    │color: Color(0xfffafafa)
I/flutter (10050): │    │
I/flutter (10050): │    ├─child 1: PictureLayer#1f44b
I/flutter (10050): │    │   paint bounds: Rect.fromLTRB(0.0, 0.0, 411.4,
797.7)
I/flutter (10050): │    │
I/flutter (10050): │    ├─child 2: PhysicalModelLayer#e486c
I/flutter (10050): │    │ │creator: PhysicalShape ← _MaterialInterior ←
Material ←
I/flutter (10050): │    │ │ ConstrainedBox ← _InputPadding ← Semantics
← RawMaterialButton
I/flutter (10050): │    │ │ ← RaisedButton ← Column ← Center ← MediaQuery ←
I/flutter (10050): │    │ │ LayoutId-[<_ScaffoldSlot.body>] ← ⋯
I/flutter (10050): │    │ │elevation: 2.0
I/flutter (10050): │    │ │color: Color(0xffe0e0e0)
I/flutter (10050): │    │ │
I/flutter (10050): │    │ └─child 1: PictureLayer#225de
I/flutter (10050): │    │     paint bounds: Rect.fromLTRB(130.2, 403.9,
281.2, 439.9)
I/flutter (10050): │    │
I/flutter (10050): │    ├─child 3: PhysicalModelLayer#f4d9a
```

```
    I/flutter (10050): |       | | creator: PhysicalShape ← _MaterialInterior ←
Material ←
    I/flutter (10050): |       | |   ConstrainedBox ← _InputPadding ← Semantics
← RawMaterialButton
    I/flutter (10050): |       | |   ← RaisedButton ← Column ← Center ← MediaQuery
←
    I/flutter (10050): |       | |   LayoutId-[<_ScaffoldSlot.body>] ← ⋯
    I/flutter (10050): |       | | elevation: 2.0
    I/flutter (10050): |       | | color: Color(0xffe0e0e0)
    I/flutter (10050): |       | |
    I/flutter (10050): |       | └child 1: PictureLayer#c7baf
    I/flutter (10050): |       |     paint bounds: Rect.fromLTRB(105.2, 451.9,
306.2, 487.9)
    I/flutter (10050): |       |
    I/flutter (10050): |       ├child 4: PhysicalModelLayer#eb57b
    I/flutter (10050): |       | | creator: PhysicalShape ← _MaterialInterior ←
Material ←
    I/flutter (10050): |       | |   ConstrainedBox ← _InputPadding ← Semantics
← RawMaterialButton
    I/flutter (10050): |       | |   ← RaisedButton ← Column ← Center ← MediaQuery ←
    I/flutter (10050): |       | |   LayoutId-[<_ScaffoldSlot.body>] ← ⋯
    I/flutter (10050): |       | | elevation: 2.0
    I/flutter (10050): |       | | color: Color(0xffe0e0e0)
    I/flutter (10050): |       | |
    I/flutter (10050): |       | └child 1: PictureLayer#2350d
    I/flutter (10050): |       |     paint bounds: Rect.fromLTRB(111.2, 499.9,
300.2, 535.9)
    I/flutter (10050): |       |
    I/flutter (10050): |       ├child 5:
AnnotatedRegionLayer<SystemUiOverlayStyle>#a5e42
    I/flutter (10050): |       | | value: {systemNavigationBarColor: 4278190080,
    I/flutter (10050): |       | |   systemNavigationBarDividerColor: null,
statusBarColor: null,
    I/flutter (10050): |       | |   statusBarBrightness: Brightness.dark,
statusBarIconBrightness:
    I/flutter (10050): |       | |   Brightness.light,
systemNavigationBarIconBrightness:
    I/flutter (10050): |       | |   Brightness.light}
    I/flutter (10050): |       | | size: Size(411.4, 80.0)
    I/flutter (10050): |       | | offset: Offset(0.0, 0.0)
    I/flutter (10050): |       | |
```

```
I/flutter (10050): |       | └child 1: PhysicalModelLayer#32968
I/flutter (10050): |       | | creator: PhysicalModel ←
AnimatedPhysicalModel ← Material ←
I/flutter (10050): |       | | AnnotatedRegion<SystemUiOverlayStyle> ←
Semantics ← AppBar ←
I/flutter (10050): |       | | FlexibleSpaceBarSettings ← ConstrainedBox
← MediaQuery ←
I/flutter (10050): |       | | LayoutId-[<_ScaffoldSlot.appBar>] ←
CustomMultiChildLayout ←
I/flutter (10050): |       | | AnimatedBuilder ← …
I/flutter (10050): |       | | elevation: 4.0
I/flutter (10050): |       | | color: MaterialColor(primary value:
Color(0xff2196f3))
I/flutter (10050): |       | |
I/flutter (10050): |       | └child 1: PictureLayer#e562b
I/flutter (10050): |       |    paint bounds: Rect.fromLTRB(0.0, 0.0, 411.4,
80.0)
I/flutter (10050): |       |
I/flutter (10050): |       └child 6: TransformLayer#4e3f3
I/flutter (10050): |         | offset: Offset(0.0, 0.0)
I/flutter (10050): |         | transform:
I/flutter (10050): |         |   [0]
1.0,2.4492935982947064e-16,0.0,-1.7053025658242404e-13
I/flutter (10050): |         |   [1]
-2.4492935982947064e-16,1.0,0.0,1.1368683772161603e-13
I/flutter (10050): |         |   [2] 0.0,0.0,1.0,0.0
I/flutter (10050): |         |   [3] 0.0,0.0,0.0,1.0
I/flutter (10050): |         |
I/flutter (10050): |         └child 1: PhysicalModelLayer#79c2c
I/flutter (10050): |           | creator: PhysicalShape ← _MaterialInterior ←
Material ←
I/flutter (10050): |           | ConstrainedBox ← _InputPadding ← Semantics
← RawMaterialButton
I/flutter (10050): |           | ← Semantics ← Listener ← RawGestureDetector
← GestureDetector ←
I/flutter (10050): |           |   Tooltip ← …
I/flutter (10050): |           | elevation: 6.0
I/flutter (10050): |           | color: Color(0xff2196f3)
I/flutter (10050): |           |
I/flutter (10050): |           └child 1: PictureLayer#0e8dc
I/flutter (10050): |              paint bounds: Rect.fromLTRB(339.4, 725.7,
```

```
                            395.4, 781.7)
   I/flutter (10050):    │
   I/flutter (10050):    └─child 2: PictureLayer#1ae80
   I/flutter (10050):        paint bounds: Rect.fromLTRB(0.0, 0.0, 1080.0, 2094.0)
   I/flutter (10050):
```

由于界面层级之间的结合非常简单，因此这部分的日志比较短。在上面的日志中，RepaintBoundary 组件在渲染树中创建 RenderRepaintBoundary，从而在层级的树形结构中创建了一个新层。这一步用来满足减少重新绘图的需求。

14.7.4 语义调试

语义调试通常用于提供系统辅助功能的 App 中，当系统辅助功能开启时，系统会根据 App 提供的语义理解某个组件的用处，或简单地表明组件的内容。

调试语义实际上就是输出"语义树"。和前两个小节不同，要获得语义树首先要在开始做声明，如下：

```
class MyApp extends StatelessWidget {
  @override
  Widget build(BuildContext context) {
    return MaterialApp(
      showSemanticsDebugger: true,
      title: 'Flutter Demo',
      theme: ThemeData(
        primarySwatch: Colors.blue,
      ),
      home: MyHomePage(title: 'Flutter Demo Home Page'),
    );
  }
}
```

在上述代码中，

```
showSemanticsDebugger: true
```

就是开启语义调试的前提。接下来就是添加语义树输出的方法，这一步和前两个小节中的类似，如下：

```
RaisedButton(
    onPressed: () => debugDumpSemanticsTree(DebugSemanticsDumpOrder.traversalOrder),
    child: Text("Create semantics tree dump"))
```

此时，运行 App，如果显示如图 14.11 的界面，则表示配置成功。

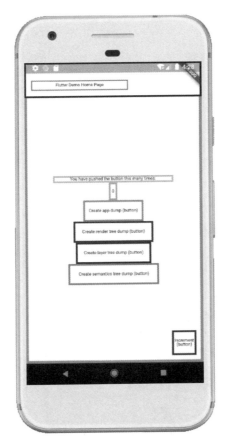

图 14.11　配置成功的界面

此时，我们点击调试语义按钮，观察控制台的输出：

```
I/flutter ( 8341): SemanticsNode#0
I/flutter ( 8341):  │ Rect.fromLTRB(0.0, 0.0, 1080.0, 1794.0)
I/flutter ( 8341):  │
I/flutter ( 8341):  └─SemanticsNode#1
I/flutter ( 8341):    │ Rect.fromLTRB(0.0, 0.0, 411.4, 683.4) scaled by 2.6x
I/flutter ( 8341):    │ textDirection: ltr
I/flutter ( 8341):    │
I/flutter ( 8341):    └─SemanticsNode#2
I/flutter ( 8341):      │ Rect.fromLTRB(0.0, 0.0, 411.4, 683.4)
I/flutter ( 8341):      │ flags: scopesRoute
I/flutter ( 8341):      │
I/flutter ( 8341):      ├─SemanticsNode#9
I/flutter ( 8341):      │ │ Rect.fromLTRB(0.0, 0.0, 411.4, 80.0)
```

```
I/flutter ( 8341):    │  │ thicknes: 4.0
I/flutter ( 8341):    │  │
I/flutter ( 8341):    │  └─SemanticsNode#10
I/flutter ( 8341):    │    Rect.fromLTRB(16.0, 40.5, 242.0, 63.5)
I/flutter ( 8341):    │    flags: isHeader, namesRoute
I/flutter ( 8341):    │    label: "Flutter Demo Home Page"
I/flutter ( 8341):    │    textDirection: ltr
I/flutter ( 8341):    │    elevation: 4.0
I/flutter ( 8341):    │
I/flutter ( 8341):    ├─SemanticsNode#3
I/flutter ( 8341):    │  Rect.fromLTRB(65.7, 257.7, 345.7, 273.7)
I/flutter ( 8341):    │  label: "You have pushed the button this many times:"
I/flutter ( 8341):    │  textDirection: ltr
I/flutter ( 8341):    │
I/flutter ( 8341):    ├─SemanticsNode#4
I/flutter ( 8341):    │  Rect.fromLTRB(195.7, 273.7, 215.7, 313.7)
I/flutter ( 8341):    │  label: "0"
I/flutter ( 8341):    │  textDirection: ltr
I/flutter ( 8341):    │
I/flutter ( 8341):    ├─SemanticsNode#5
I/flutter ( 8341):    │  Rect.fromLTRB(135.7, 313.7, 275.7, 361.7)
I/flutter ( 8341):    │  actions: tap
I/flutter ( 8341):    │  flags: isButton, hasEnabledState, isEnabled
I/flutter ( 8341):    │  label: "Create app dump"
I/flutter ( 8341):    │  textDirection: ltr
I/flutter ( 8341):    │  thicknes: 2.0
I/flutter ( 8341):    │
I/flutter ( 8341):    ├─SemanticsNode#6
I/flutter ( 8341):    │  Rect.fromLTRB(113.2, 361.7, 298.2, 409.7)
I/flutter ( 8341):    │  actions: tap
I/flutter ( 8341):    │  flags: isButton, hasEnabledState, isEnabled
I/flutter ( 8341):    │  label: "Create render tree dump"
I/flutter ( 8341):    │  textDirection: ltr
I/flutter ( 8341):    │  thicknes: 2.0
I/flutter ( 8341):    │
I/flutter ( 8341):    ├─SemanticsNode#7
I/flutter ( 8341):    │  Rect.fromLTRB(118.2, 409.7, 293.2, 457.7)
I/flutter ( 8341):    │  actions: tap
I/flutter ( 8341):    │  flags: isButton, hasEnabledState, isEnabled
I/flutter ( 8341):    │  label: "Create layer tree dump"
```

```
I/flutter ( 8341):     │   textDirection: ltr
I/flutter ( 8341):     │   thicknes: 2.0
I/flutter ( 8341):     │
I/flutter ( 8341):     ├─SemanticsNode#8
I/flutter ( 8341):     │   Rect.fromLTRB(100.7, 457.7, 310.7, 505.7)
I/flutter ( 8341):     │   actions: tap
I/flutter ( 8341):     │   flags: isButton, hasEnabledState, isEnabled
I/flutter ( 8341):     │   label: "Create semantics tree dump"
I/flutter ( 8341):     │   textDirection: ltr
I/flutter ( 8341):     │   thicknes: 2.0
I/flutter ( 8341):     │
I/flutter ( 8341):     └─SemanticsNode#11
I/flutter ( 8341):       │ merge boundary ⊖▫
I/flutter ( 8341):       │ Rect.fromLTRB(0.0, 0.0, 56.0, 56.0) with transform
I/flutter ( 8341):       │
[1.0,2.4492935982947064e-16,0.0,339.42857142857144;
I/flutter ( 8341):       │
-2.4492935982947064e-16,1.0,0.0,611.4285714285714;
I/flutter ( 8341):       │  0.0,0.0,1.0,0.0; 0.0,0.0,0.0,1.0]
I/flutter ( 8341):       │ label: "Increment"
I/flutter ( 8341):       │ textDirection: ltr
I/flutter ( 8341):       │
I/flutter ( 8341):       └─SemanticsNode#12
I/flutter ( 8341):           merged up ↑▫
I/flutter ( 8341):           Rect.fromLTRB(0.0, 0.0, 56.0, 56.0)
I/flutter ( 8341):           actions: tap
I/flutter ( 8341):           flags: isButton, hasEnabledState, isEnabled
I/flutter ( 8341):           thicknes: 6.0
I/flutter ( 8341):
```

14.7.5 调试调度

调试调度可以帮助我们找出与某一事件对应的帧在绘制开始与结束时的详细情况。开发者可以使用布尔值——debugPrintBeginFrameBanner 和 debugPrintEndFrameBanner 来打印帧的开始和结束。

回到我们一直修改的计数器工程，尝试把上述两个布尔量置于 _counter 发生自增的前后。

```
import 'package:flutter/scheduler.dart';
void _incrementCounter() {
```

```
    debugPrintBeginFrameBanner = true;
    setState(() {
      _counter++;
    });
    debugPrintEndFrameBanner = true;
}
```

这里需要注意,如果要使用上述两个变量,就需要导入 package:flutter/scheduler.dart 库。它已经内置在 SDK 中,无须额外声明。

运行 App,并点击界面右下角的 FloatingActionButton,观察控制台输出:

```
I/flutter (19489): ▬▬▬▬▬▬▬▬ Frame 3        25s 440.318ms ▬▬▬▬▬▬▬
I/flutter (19489): ▬▬▬▬▬▬▬▬▬▬▬▬▬▬▬▬▬▬▬▬▬▬▬▬▬▬▬▬▬▬▬▬▬▬▬▬▬▬▬▬▬▬▬
I/flutter (19489): ▬▬▬▬▬▬▬▬ Frame 4        25s 540.256ms ▬▬▬▬▬▬▬
I/flutter (19489): ▬▬▬▬▬▬▬▬▬▬▬▬▬▬▬▬▬▬▬▬▬▬▬▬▬▬▬▬▬▬▬▬▬▬▬▬▬▬▬▬▬▬▬
I/flutter (19489): ▬▬▬▬▬▬▬▬ Frame 5        25s 556.911ms ▬▬▬▬▬▬▬
I/flutter (19489): ▬▬▬▬▬▬▬▬▬▬▬▬▬▬▬▬▬▬▬▬▬▬▬▬▬▬▬▬▬▬▬▬▬▬▬▬▬▬▬▬▬▬▬
I/flutter (19489): ▬▬▬▬▬▬▬▬ Frame 6        25s 573.569ms ▬▬▬▬▬▬▬
I/flutter (19489): ▬▬▬▬▬▬▬▬▬▬▬▬▬▬▬▬▬▬▬▬▬▬▬▬▬▬▬▬▬▬▬▬▬▬▬▬▬▬▬▬▬▬▬
I/flutter (19489): ▬▬▬▬▬▬▬▬ Frame 7        25s 590.225ms ▬▬▬▬▬▬▬
I/flutter (19489): ▬▬▬▬▬▬▬▬▬▬▬▬▬▬▬▬▬▬▬▬▬▬▬▬▬▬▬▬▬▬▬▬▬▬▬▬▬▬▬▬▬▬▬
I/flutter (19489): ▬▬▬▬▬▬▬▬ Frame 8        25s 606.880ms ▬▬▬▬▬▬▬
I/flutter (19489): ▬▬▬▬▬▬▬▬▬▬▬▬▬▬▬▬▬▬▬▬▬▬▬▬▬▬▬▬▬▬▬▬▬▬▬▬▬▬▬▬▬▬▬
I/flutter (19489): ▬▬▬▬▬▬▬▬ Frame 9        25s 623.535ms ▬▬▬▬▬▬▬
I/flutter (19489): ▬▬▬▬▬▬▬▬▬▬▬▬▬▬▬▬▬▬▬▬▬▬▬▬▬▬▬▬▬▬▬▬▬▬▬▬▬▬▬▬▬▬▬
I/flutter (19489): ▬▬▬▬▬▬▬▬ Frame 10       25s 640.190ms ▬▬▬▬▬▬▬
I/flutter (19489): ▬▬▬▬▬▬▬▬▬▬▬▬▬▬▬▬▬▬▬▬▬▬▬▬▬▬▬▬▬▬▬▬▬▬▬▬▬▬▬▬▬▬▬
I/flutter (19489): ▬▬▬▬▬▬▬▬ Frame 11       25s 656.845ms ▬▬▬▬▬▬▬
I/flutter (19489): ▬▬▬▬▬▬▬▬▬▬▬▬▬▬▬▬▬▬▬▬▬▬▬▬▬▬▬▬▬▬▬▬▬▬▬▬▬▬▬▬▬▬▬
```

可以看到,日志以帧为单位进行了输出。你可以尝试把 debugPrintBeginFrameBanner 和 debugPrintEndFrameBanner 置于更加复杂的逻辑前后,再观察日志输出。这对于跟踪某些性能问题十分有效。

14.8 可视化调试

除了上述在日志中获取信息,Flutter 还提供了一种可视化调试 UI 界面的方法。要启用可视化调试并不难,只需导入 rendering.dart 库,并将 debugPaintSizeEnabled 的值设为 true 即可。如下:

```
import 'package:flutter/rendering.dart';
void main() {
  debugPaintSizeEnabled = true;
  runApp(MyApp());
}
```

上述代码是经过改动的计数器应用，运行后的结果如图 14.12 所示。

从图 14.12 中可以看出，所有组件的边界都以青色的边框标记；对齐方式以黄色箭头标记等。

除 debugPaintSizeEnabled 布尔值外，还有布尔值分别对应不同的调试开关，如下：

◎ debugPaintBaselinesEnabled：对于具有基线的组件，其中文字基线以亮绿色显示、表意基线以橙色显示。

◎ debugPaintPointersEnabled：该布尔值开启后可以点击组件，被点击的组件以深青色高亮显示，而且不论点在任何组件上，效果都相同。

14.9 调试动画

Flutter 为开发者提供了 timeDilation 变量，它位于 scheduler 库中，因此如果要调试动画，则需要引入这个库。

timeDilation 变量代表执行动画的时间，一般被赋予大于 1.0 的浮点值，也可以把动画的执行速度放慢，实现一种慢动作的效果，以便开发者借此机会观察到动画的不妥之处。在通常情况下，该值只在 App 启动后设置一次，否则可能会引发一些副作用。

图 14.12

14.10 性能优化

对于 Flutter App 而言，一旦发生莫名的重新布局（Relayouts）或重新绘制（Repaints），我们就可以认为它发生了性能问题。本节将通过 App 启动时间和代码执行时间两种场景来阐述如何定位性能问题。

14.10.1 启动时间分析

Flutter SDK 自身提供了分析 App 启动时间的工具，通常使用
```
flutter run --trace-startup --profile
```
方式运行 App，即可得到 App 启动过程所耗时间的详细信息。不过，使用虚拟设备是无法完成分析的。

在完成启动后，所有的启动时间记录会被保存到所在工程 build 目录下的 start_up_info.json 文件中。很明显，它是 Json 格式的，如下所示：

```
{
  "engineEnterTimestampMicros": 96025565262,
  "timeToFirstFrameMicros": 2171978,
  "timeToFrameworkInitMicros": 514585,
  "timeAfterFrameworkInitMicros": 1657393
}
```

其中，它们所代表的含义如下：
◎ engineEnterTimestampMicros：进入 Flutter 框架引擎所需要的时间。
◎ timeToFirstFrameMicros：在显示第一帧内容时所花费的时间。
◎ timeToFrameworkInitMicros：初始化 Flutter 框架开始的时间。
◎ timeAfterFrameworkInitMicros：完成初始化 Flutter 框架所花费的时间。

注意，这里的时间都是值微秒。

14.10.2 代码执行时间分析

对于 App 运行过程中的代码性能，可以通过测量执行对应 Dart 代码片所花费的时间来衡量，这有点类似于 Android 平台的 Systrace。

要测量一段代码执行所消耗的时间，需要导入 dart:developer 库，并使用 Timeline 工具来跟踪。下面是使用该工具测量时间的基本用法：

```
Timeline.startSync("代码执行开始");
// Dart 代码
Timeline.finishSync();
```

在添加好 Timeline 测试后，重新运行 App。在 Android Studio 的 Run 视图中依次打开 More Actions 菜单，选择 Open Timeline View 项。此时，系统会打开浏览器（推荐你使用 Chrome，保证更佳的兼容性）。在网页中，勾选 Dart 复选框，然后通过 App 的运行使测试代码得到执行，即可看到精确的耗时测量。

14.11 使用性能图表

为了监视 CPU 和 GPU 的运行负荷，Flutter 框架为我们提供了相关性能图表的显示，只需在 MaterialApp 中将 showPerformanceOverlay 属性赋值为 true 即可。如下：

```
class MyApp extends StatelessWidget {
  @override
  Widget build(BuildContext context) {
    return MaterialApp(
      showPerformanceOverlay: true,
      title: 'Flutter Demo',
      theme: ThemeData(
        primarySwatch: Colors.blue,
      ),
      home: MyHomePage(title: 'Flutter Demo Home Page'),
    );
  }
}
```

图 14.13 性能图表

运行 App，反复点击右下角的 FloatingActionButton，运行结果如图 14.13 所示。

对于 Cupertino 及其他没有用到 MaterialApp 的情况，可以将整个程序包装在一个 stack 中，并将一个 widget 放在通过 PerformanceOverlay.allEnabled()方法创建的 Stack 上来实现性能图表的显示。

图 14.13 中的图表包含两部分，上半部分是 GPU 时间，下半部分是 CPU 时间。当 App 的 UI 处于空闲状态时，图表不会有变化，因此需要点击 FloatingActionButton 使图表移动。

无论是 GPU 还是 CPU，最理想的状态是大约 16ms 的时间刷新一帧，即每秒 60 帧。每个图表下方都有灰色的文字显示毫秒值，以便发现卡顿现象。

使用性能图表的最佳实践是在发布版本中进行测试，而非调试版本。由于某些调试工具（如 assert 断言）会牺牲一部分性能，因此在这种状态下得到的测试结果往往是有偏差的。

14.12　Material 基线网格

在开发 Material Design 风格的 App 时，将基线覆盖在 UI 层上有利于检验组件是否已经对齐。

和上一节类似，要显示 Material 基线网格，只需在 MaterialApp 中将 debugShowMaterialGrid 设置为 true 即可。如下：

```
class MyApp extends StatelessWidget {
  @override
  Widget build(BuildContext context) {
    return MaterialApp(
      debugShowMaterialGrid: true,
      title: 'Flutter Demo',
      theme: ThemeData(
        primarySwatch: Colors.blue,
      ),
      home: MyHomePage(title: 'Flutter Demo Home Page'),
    );
  }
}
```

程序运行效果如图 14.14 所示。

图 14.14　Material 基线网格

14.13　使用组件检查器

组件检查器（Flutter Inspector）提供了更加实时和直观的可视化调试方法，使用它可以解决复杂的布局结构及调整修复布局的问题。

组件检查器在 App 运行后可用，它的默认视图的开启位于 Android Studio 的右上方。本节主要介绍通过它了解布局结构和浏览组件树。图 14.15 所示是新建的默认项目——计数器应用的布局结构。

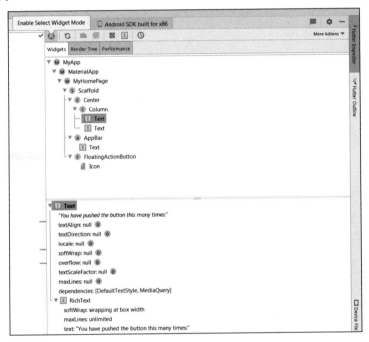

图 14.15　开启 Flutter Inspector 视图

为了更加直观地浏览组件树，我们还可以开启 Select widget 模式。在该模式下，当在组件树形图中选中某个组件时，相应的组件将会以突出形式显示，如图 14.16 所示。

除上述功能外，Flutter Inspector 视图中还提供了 Render Tree，它可以提供更详细的数据，如图 14.17 所示。

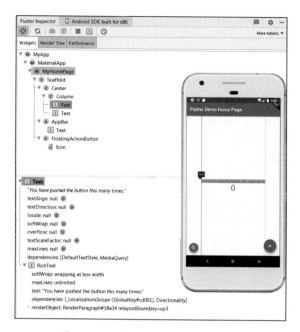

图 14.16 启用 Select widget 模式

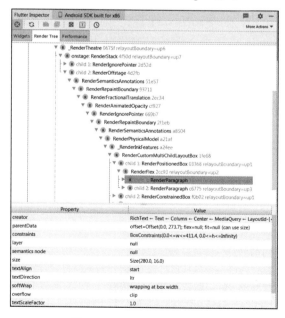

图 14.17 Render Tree 视图

最后需要注意，目前 Flutter Inspector 工具仅在 Android Studio 和 IntelliJ IDEA 中提供。

第 15 章
发布应用

一个 App 在完成设计、开发、测试后，终于来到了发布环节。当我们每次使用 flutter run 命令，或通过 Android Studio 直接将 App 安装在设备上时，Flutter 构建的是调试（Debug）版本，而将 App 发布到应用商店上需要发布（Release）版本。

虽然 Flutter 本身有跨平台的特性，但是在编译发布版本程序时，仍需要区分不同的平台，本章将对 Android 和 iOS 平台分别进行讲解。

15.1 Android 平台

本节将讨论在 Android 平台上构建发布版本的 Apk。

15.1.1 自定义 App 图标

经过前面的学习，我们发现，新建后的 Flutter 工程包含一种默认样式的应用图标。通常会在发布前修改这个图标，相应的文件位于工程目录下 android/app/src/main/res/ 的每个 mipmap 字样的目录中。

我们可以根据 Android 启动图标设计指南来设计图标，并将其放置于相应的 mipmap 目录下。一种比较简单易行的方法是先观察每个 mipmap 目录中 ic_launcher 的尺寸,然后根据这个图片的尺寸制作自己的图标。

在制作并替换完图标资源后,回到 Android Studio,打开 /android/app/src/main/AndroidManifest.xml,并在 application 的属性中补充图标声明:

```
<application android:icon="@mipmap/ic_launcher"
```

如此,就可以重新运行 App 来验证我们的修改了。

15.1.2 签名

如果要发布一款 App,对其进行签名是必不可少的环节,这也是 Android 系统所要求的,否则这个应用程序将无法安装到系统中。Android 系统通过数字签名来标识应用程序的作者,并保证安装程序的安全性。比如,仿冒的 App 通常和原版的很像,包括图标、Apk 文件大小等,这对于普通用户而言是难以分辨的。但有了签名之后,系统就可以从签名中看出二者的差别,因为数字签名通常是无法被仿冒的。

在默认情况下,每一部配置好开发环境的电脑中都有一个 debug.keystore 文件,它提供调试模式的签名。而对于发布版本,需要创建专门的 keystore 文件。

创建 keystore 文件,只需使用 JDK 中的 keytool 命令即可:

```
keytool -genkey -v -keystore ~/key.jks -keyalg RSA -keysize 2048 -validity 10000 -alias key
```

这里要特别留意~/key.jks,它表示生成的 key.jks 的文件路径。在执行上述指令前,请将其修改为自己电脑上的路径。在简短的互动式问答后,key.jks 文件就生成了。该文件生成后,请勿将其随意分发,要杜绝仿冒 App 的出现。

接下来,需要在工程根目录下的 android 目录下创建 key.properties,该文件包含了对 keystore 文件的声明。文件内容如下:

```
storePassword=上一步输入的密码
keyPassword=上一步输入的密码
keyAlias=key
storeFile=~/key.jks
```

这里依然要注意 alias 和 storeFile,需要根据刚刚进行过的配置进行修改。该文件依旧要保持私密,因为它包含了访问 keystore 的密码。

最后再修改工程目录下的 android/app/build.gradle 文件,即找到 android 节点,并在其上方添加以下内容:

```
def keystoreProperties = new Properties()
def keystorePropertiesFile = rootProject.file('key.properties')
```

```
    if (keystorePropertiesFile.exists()) {
        keystoreProperties.load(new FileInputStream(keystorePropertiesFile))
    }
```

然后找到其中的 **buildTypes** 子节点，将

```
buildTypes {
    release {
        // TODO: Add your own signing config for the release build.
        // Signing with the debug keys for now, so `flutter run --release` works.
        signingConfig signingConfigs.debug
    }
}
```

替换为

```
signingConfigs {
    release {
        keyAlias keystoreProperties['keyAlias']
        keyPassword keystoreProperties['keyPassword']
        storeFile file(keystoreProperties['storeFile'])
        storePassword keystoreProperties['storePassword']
    }
}
buildTypes {
    release {
        signingConfig signingConfigs.release
    }
}
```

以上便完成了 keystore 的配置过程。当需要打包 release 版本的 Apk 时，这时就会自动使用生成的 keystore 进行签名。

15.1.3 代码混淆

代码混淆可以有效地防止代码被反编译。在默认情况下，Flutter 并不会开启代码混淆。

开启代码混淆的第一步是要创建工程根目录/android/app/proguard-rules.pro 文件，并添加如下内容：

```
## Flutter wrapper
-keep class io.flutter.app.** { *; }
-keep class io.flutter.plugin.** { *; }
-keep class io.flutter.util.** { *; }
```

```
-keep class io.flutter.view.** { *; }
-keep class io.flutter.** { *; }
-keep class io.flutter.plugins.** { *; }
```

上述配置排除了一些 Flutter 自身的库，目的在于规避在运行中出现不正常的问题。对于其他库而言，通常会在相应的文档中对代码混淆做说明，只需要按照文档中的说明来做即可。

第二步是开启混淆开关。它位于工程根目录/android/app/build.gradle 文件中的 buildTypes 节点中，添加以下代码可启用混淆和压缩：

```
buildTypes {
    release {
        signingConfig signingConfigs.release
        minifyEnabled true
        useProguard true
        proguardFiles getDefaultProguardFile('proguard-android.txt'),
'proguard-rules.pro'
    }
}
```

15.1.4　检查 AndroidManifest.xml

AndroidManifest.xml 包含了 Android App 的重要配置，包括权限、应用名、图标等信息，其位于工程根目录/android/app/src/main 目录中。这里我们主要关注两个位置：

application 节点：修改 android:label，表示最终应用名。

uses-permission：如果 App 无须访问网络，就去掉 android.permission.INTERNET permission。在调试过程中，它用于和 Flutter 工具的通信中，而在发布版本中是不必要的。

15.1.5　复查 App 兼容性配置

最后，需要复查 build.gradle，它位于工程根目录/android/app 目录中。这里我们主要关注以下三点：

defaultConfig 中的 applicationId：这里表示应用程序的 ID，它是保证该应用程序唯一性的标识。对于 Android 系统而言，具有相同 ID 的应用程序就是同一个应用程序，区别只有版本的新旧。

defaultConfig 中的 versionCode 和 versionName：这两个值分别代表版本号和版本字符串，前者只能赋值为数字，后者可复制为文本。在系统设置的应用程序列表中，通常显示 versionName。

defaultConfig 中的 minSdkVersion 和 targetSdkVersion：这两个值表示该应用程序支持的最低系统版本和设计运行的系统版本。如果 minSdkVersion 设置得过高，则会造成低于该版本的 Android 系统无法运行这个 App。

15.1.6 编译用于发布的 Apk

在完成前面所有的步骤后，就可以生成 release 版本的 Apk 了。具体做法是在工程根目录下执行

```
flutter build apk
```

即可。生成的 Apk 安装文件位于工程根目录/build/app/outputs/apk/app-release.apk 中。

在整个编译的过程中，如果出现

```
The Gradle failure may have been because of AndroidX incompatibilities in
this Flutter app.
See https://goo.gl/CP92wY for more information on the problem and how to fix
it.
```

错误，则需要单独打开 Android 工程，并将 Android 项目迁移到 AndroidX 中再进行编译。

15.1.7 将 Apk 发布到应用市场

众所周知，由于 Google Play 在国内无法使用，因此出现了很多应用市场。比如，应用宝、百度手机助手，还有手机厂商自家的市场，如小米应用商店、魅族应用商店等。

我们可以把应用发布到上述市场中，具体做法不再介绍。

15.2　iOS 平台

本节将讲述如何编译 release 版本的 iOS 应用程序，以及如何将其发布到 App Store 上。和 Android 平台的 Google Play 不同，苹果的应用商店有且只有一个——App Store。因此，首先要注册 Apple 开发者计划，然后检查应用程序是否符合 Apple 的 Review Guideline。

15.2.1 在 iTunes Connect 上注册

借助 iTunes Connect 平台，我们可以管理 App，如修改应用名称、添加说明、修改屏幕截图、设置收费价格等。另外，还可以利用它管理发布到 TestFlight 和 App Store 上的版本。

首先，要注册唯一的 Bundle ID，然后创建应用程序记录。

Bundle ID 和 iOS 应用程序相关联，每个 iOS 程序对应一个 Bundle ID。注册 Bundle ID 的步骤如下：

（1）打开开发者账号的 App IDs 页面。

（2）点击"+"创建一个新的 Bundle ID。

（3）输入应用名，选择 Explicit App ID，并完成输入。

（4）选择应用程序要用到的服务，然后选择 Continue，进入下一步。

（5）复查提交的信息，确认无误后点击 Register 完成注册。

接下来，在 iTunes Connect 上创建应用程序记录，这一步的目的是在 iTunes Connect 平台上注册应用程序。创建应用程序记录的步骤如下：

（1）在 iTunes Connect 的主页面上点击 My Apps。

（2）在 My Apps 页面上点击"+"，选择 New App。

（3）按照要求填写应用程序详情，确保选中 iOS 平台，完成后点击 Create 创建应用程序。

（4）找到应用程序详情页，在边栏处选择 App Information。

（5）在 General Information 上选取注册的 Bundle ID。

15.2.2 复查 XCode 项目属性

和 Android 平台类似，iOS 平台在编译 release 版本之前也需要进行项目配置的复查。要开始复查项目配置，如图 15.1 所示，首先要打开 iOS 目录下的 Runner.xcworkspace 文件；然后在项目导航处选择 Runner，在主视图的边栏处选择 Runner target；最后选择 General 选项卡。

在该页面中，我们依次检查以下内容。

在 Identity 中：

◎ Display Name：应用名，它将显示在用户的 Home 屏幕上。

◎ Bundle Identifier：将其修改为在 iTunes Connect 平台上注册的 App ID。

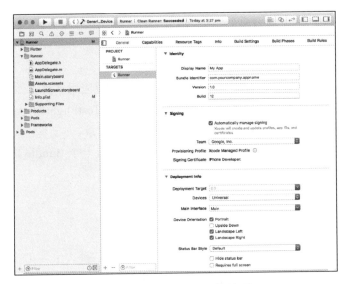

图 15.1　XCode 项目属性页

在 Signing 中：
◎ Automatically manage signing：保持该值为 true 即可，它表示让 XCode 自动管理 App 的签名。
◎ Team：选取与使用的 Apple 开发者账户关联的开发团队。

在 Deployment Info 中，Deployment Target 指明该应用程序支持的最低 iOS 版本，Flutter 框架只支持 iOS 8.0 及以上版本的操作系统。

15.2.3　自定义 App 图标

默认新建的 Flutter App 的图标是 Flutter Logo，通常我们会想要使用自己的图标替换它。在 iOS 平台中，要自定义应用图标，只需替换工程目录.xcassets.appiconset 下的文件即可。由于它包含了适用于 iPhone 及 iPad 的应用图标，因此在数量上比较多。

一个简单的方法是制作较大尺寸的图标，然后按照默认图标文件的图像尺寸依次缩小，然后替换即可。在通常情况下，该目录中最大的图像尺寸是 1024 像素×1024 像素，它显示在 App Store 中。

15.2.4 构建发布版本

接下来,就可以编译 release 版本了。在工程根目录下执行

```
flutter build ios
```

即可。当然,编译 iOS 版本的程序只支持在 Mac 上完成。最后,还需要生成 Archive,以便上传到 TestFlight 或 App Store 上,这一步需要在 XCode 中完成。具体操作方法如下:

(1)依次选择 Product->Archive,生成 Archive。

(2)在 XCode Organizer 窗口边栏处,选择相应的 iOS 应用程序,然后选择上一步生成的 Archive。

(3)点击"Validate…"按钮,解决出现的问题并尝试重新构建,直到不再出错为止。

(4)点击"Upload to App Store…"可以在 app store connect 上的 app 详细信息页面的活动选项卡中跟踪构建状态。

稍等片刻,会收到电子邮件,告知构建状态。到此,便可以在 TestFlight 上分发应用程序进行测试了,或直接将现有程序发布到 App Store 上,供用户下载使用。

15.2.5 在 TestFlight 上分发 App

TestFlight 平台是开发者和测试人员的桥梁,通过它开发人员可以将应用程序提供给测试人员,当然,这个步骤是可选的。

在 TestFlight 平台上分发 App,可以遵循以下步骤:

(1)在 iTunes Connect 页面上,找到应用程序详情页面的 TestFlight 选项卡。

(2)在侧栏中点击 Internal Testing。

(3)选择为测试者构建和发布,然后点击 Save。

(4)添加测试人员的邮箱地址。

15.2.6 将 App 发布到 App Store

当一款 App 成功发布到 App Store 后,将可以被全世界的用户下载和使用。上线 App Store 的方法也很简单,按照以下步骤操作即可。

(1)在 App Store Connect 的应用程序详情页中,找到侧栏的 Pricing and Availability,填写必要的信息。

（2）从侧栏中选择状态，如果这是该应用程序的第一个 release 版本，其状态应是"1.0 Prepare for Submission"，然后填写所有的信息。

（3）点击 Submit for Review。

接下来就是审核。审核完成后，会收到 Apple 的通知。如果不幸审核未通过，需要查找未通过的原因，并加以修正，重新提交审核；如果审核通过，那么我们的程序就可以在 App Store 上下载和使用了。